Christian Zippel

Existiert der Mond, wenn keiner hinschaut?

Über die Illusion der Objektivität und warum die Welt untrennbar mit uns verbunden ist

Zippel, Christian: Existiert der Mond, wenn keiner hinschaut? Über die Illusion der Objektivität und warum die Welt untrennbar mit uns verbunden ist, Hamburg, disserta Verlag, 2014

Buch-ISBN: 978-3-95425-784-3
PDF-eBook-ISBN: 978-3-95425-785-0
Druck/Herstellung: disserta Verlag, Hamburg, 2014

Bibliografische Information der Deutschen Nationalbibliothek:
Die Deutsche Nationalbibliothek verzeichnet diese Publikation in der Deutschen Nationalbibliografie; detaillierte bibliografische Daten sind im Internet über http://dnb.d-nb.de abrufbar.

Das Werk einschließlich aller seiner Teile ist urheberrechtlich geschützt. Jede Verwertung außerhalb der Grenzen des Urheberrechtsgesetzes ist ohne Zustimmung des Verlages unzulässig und strafbar. Dies gilt insbesondere für Vervielfältigungen, Übersetzungen, Mikroverfilmungen und die Einspeicherung und Bearbeitung in elektronischen Systemen.

Die Wiedergabe von Gebrauchsnamen, Handelsnamen, Warenbezeichnungen usw. in diesem Werk berechtigt auch ohne besondere Kennzeichnung nicht zu der Annahme, dass solche Namen im Sinne der Warenzeichen- und Markenschutz-Gesetzgebung als frei zu betrachten wären und daher von jedermann benutzt werden dürften.

Die Informationen in diesem Werk wurden mit Sorgfalt erarbeitet. Dennoch können Fehler nicht vollständig ausgeschlossen werden und die Diplomica Verlag GmbH, die Autoren oder Übersetzer übernehmen keine juristische Verantwortung oder irgendeine Haftung für evtl. verbliebene fehlerhafte Angaben und deren Folgen.

Alle Rechte vorbehalten

© disserta Verlag, Imprint der Diplomica Verlag GmbH
Hermannstal 119k, 22119 Hamburg
http://www.disserta-verlag.de, Hamburg 2014
Printed in Germany

Inhaltsverzeichnis

Einleitung...7
1. Weltbilder..8
   1.1. Sie und die Welt..9
   1.2. Eine objektive Welt?..10
   1.3. Idealisierte Wahrheit..13
2. Klassische Mechanik..16
   2.1. Kontinuierlichkeit...16
   2.2. Reversibilität..17
      2.2.1. Ontologie..17
      2.2.2. Determinismus..17
3. Intersubjektivität..19
4. Gödel und die Unvollständigkeit..22
5. Präsuppositionen der klassischen Mechanik..25
   5.1. Gleichzeitigkeit..25
   5.2. Materie..25
   5.3. Der Griff nach dem Feuer..25
6. Klassische Welten...26
   6.1 Die abstrakte Welt...26
   6.2. Die Welt an sich...28
7. Relativität...33
   7.1. Die Grundlage der Relativitätstheorien..33
   7.2. Die Spezielle Relativitätstheorie (SRT) - Zur Elektrodynamik bewegter Körper (Annalen der Physik 17, 1905, 891ff.) 35
   7.3. Relative Gleichzeitigkeit..37
   7.4. $E = mc^2$..39
   7.5. Die vierdimensionale Minkowski Raumzeit..40
   7.6. Das Raumzeit-Intervall..41
   7.7. Kontinuierliche Raumzeit..42
   7.8. Kausalität und Zeitrichtung in der SRT...44
   7.9. Die physikalische Struktur der Raumzeit...45
   7.10. Determinismus und kosmologische Einordnung der SRT.....................45
   7.11. Ihr relatives Welterleben...46
   7.12. Die Allgemeine Relativitätstheorie (ART) - Die Grundlage der allgemeinen Relativitätstheorie (Annalen der Physik. 49, 1916, S. 769–822).........47
   7.13. Der Begriff des Feldes..49
   7.14. Erneute Bestätigung der physikalischen Struktur der Raumzeit............50
   7.15. Kosmologische Aussichten..51
   7.16. Ihr ART-Zimmer..52
8. Solitonen..54
   8.1. Iteration..57
   8.2. Experimentelles..62
   8.3. Stehende Wellen..64
9. Der Weltprozess im Mikrokosmos...65
   9.1. Der Disput zwischen Welle und Teilchen..65
   9.2. Das Planksche Wirkungsquantum..67
   9.3. Einsteins photoelektrischer Effekt - Über einen die Erzeugung und Verwandlung des Lichtes betreffenden heuristischen Gesichtspunkt (Annalen der Physik 17, 1905, 132ff.). 68
   9.4. Der Doppelspalt...69
   9.5. Die Heisenbergsche Unbestimmtheitsrelation...72

9.6. Nachtrag zum photoelektrischen Effekt..81
9.7. Konsequenzen für die Raumzeit...83
10. Quantenphänomene..87
    10.1. Die Wellenmechanik...87
    10.2. Der Sprung in die klassischen Welt...92
    10.3. Die Kopenhagener Deutung..93
    10.4. Die Dekohärenztheorie...95
    10.5. Die Qual der Wahl..98
    10.6. Kritik an der Quantenmechanik...101
11. Außerhalb von Raum und Zeit..106
    11.1 Wie viele Engel können auf der Spitze Ihres Kugelschreibers tanzen?.....106
    11.2. Instantane Zustandsübertragungen und diskrete Bahnübergänge............110
    11.3. Das Phänomen der Selbstinterferenz..114
12. Chaos und Kosmos..116
13. Das neue Bild der Raumzeit..118
    13.1. Die diskrete Raumzeit..118
    13.2. Dimensionalitäten..124
    13.3. Die Richtung der Raumzeit..129
14. Die Komplementarität von ARZ und diskreter Raumzeit.......................................131
    14.1. Ist die Ausdehnung unserer Welt bloßer Schein?...131
    14.2. Das Pendant der Expansion...134
    14.3. Der Casimir-Effekt..139
    14.4. Dunkle Materie..140
15. Eine mathematische Welt?..141
16. Realprozesse..145
    16.1. Pauli in neuem Licht...145
    16.2. Gebrochene Symmetrie..146
    16.3. Iterationshemmung durch Higgs-WiPro 147
    16.4. Prozess und Materiewellen..148
    16.5. Die Grenze zwischen quantenmechanischer und quasiklassischer Welt.....153
    16.6. Der Tunneleffekt..155
    16.7. A watched pot never boils...155
17. Kosmologie...157
    17.1. Menschliche Perspektiven und ihre Grenzen 157
    17.2. Ein diskretes Universum 160
    17.3. Das subjektive Weltbild 162
18. Ihre Welt liegt in Ihrer Verantwortung...167
19. non fingo?...169
20. Praktische Konsequenzen...171
Literaturverzeichnis...173
Internetnachweis..184
Bildnachweis..184

Einleitung

Welchen Einfluss hat Ihr Weltbild auf Ihr Leben?
Die Beschäftigung mit einem derartigen Thema ist alles andere als ein nebensächlicher Zeitvertreib für müßige Stunden am abendlichen Kaminfeuer. Jedes Lebewesen nimmt seine Welt durch einen eigenen einzigartigen und subjektiven Denkrahmen wahr. Auf den folgenden Seiten soll untersucht werden, inwiefern der Mensch dazu in der Lage ist, sein Weltbild zu hinterfragen und selbst zu bestimmen. Im Zuge dieser Gedanken streifen Sie, verehrter Leser, an Fragen vorbei, die Sie und Ihr Verhältnis zu der Welt betreffen. Inwiefern kann man der Welt Realität zusprechen? Kann man sich überhaupt ein objektives Bild von ihr machen?
Inwiefern orientieren Sie Ihr Weltbild an wissenschaftlichen Paradigmen? Erwin Schrödinger ist ein bedeutender Physiker. Gerade deswegen erstaunt es, dass er selbst die Erkenntnisse der Naturwissenschaften für derartige Gedankengänge als weniger bedeutend erachtet. (vgl. Schrödinger, Erwin: Mein Leben, meine Weltansicht, 2007, 43f.) Es soll hier jedoch aufgezeigt werden, dass derartige Positionen immer nur auf Meinungen beruhen, denen eine enorme metaphysische Gewichtung zuzusprechen ist. Schließlich stellt sich die Frage inwiefern überhaupt einer menschlichen Aussage Wahrheit zugesprochen werden kann. Gibt es überhaupt so etwas wie Wahrheit in unserer Welt, eine absolut *richtige* Sicht auf die Dinge?
Die Naturwissenschaften haben mit ihren Erkenntnissen maßgeblichen Einfluss auf unser jeweiliges Weltbild – vielleicht sogar mehr, als es Schrödinger ahnt. Unsere grundlegenden Vorstellungen von uns und der Welt beruhen auf dem Wissen, welches große Wissenschaftler durch ihren Forscherdrang der Welt zugänglich gemacht haben. Doch welchen Status hat dieses Wissen? Wie sollen wir damit umgehen?
Ein Weltbild befasst sich wesentlich mit unserem Sein in Raum und Zeit. Hier wird die Entwicklung dieser Gedanken anhand der sich entwickelnden physikalischen Paradigmen noch einmal durchlebt. Dabei wird sich eine bedeutende Umschichtung der Bedeutung von Raum und Zeit offenbaren. Das *Sein* hingegen scheint sich insbesondere in der Auseinandersetzung mit der Quantentheorie einem Abgrund zu nähern. Inwiefern ontologische Weltbilder heutzutage überhaupt noch vertretbar sind, soll sich abschließend zeigen. Als das Instrument der Wahl um derartige Fragen behandeln zu können, wird sich das des komplementären Denkens erweisen. Denn nur dort kann Einsicht erlangt werden, wo auch der Zwiespalt herrscht: In unserem Geist!

1. Weltbilder

Wenn Sie, verehrter Leser, Ihr Leben retrospektiv betrachten, dann erinnern Sie sich an Ihre Vergangenheit als eine Folge von Erfahrungen, die Sie zu gewissen Zeiten an gewissen Orten erlebt zu haben scheinen. Die Summe dieser Erfahrungen und Erlebnisse sitzt nun leibhaftig in Ihnen verkörpert in einem Raum und liest diese Zeilen. Doch was sind diese Erinnerungen? Können Sie räumlich und zeitlich zu ihnen zurückkehren und sie erneut erleben? Denken Sie, dass diese Erfahrungen objektiv seien?

Jegliche Handlung Ihrerseits, die Sie in Ihrem Leben getätigt haben, hat sie zu diesem heutigen Tag, dieser Stunde, dieser Minute und dieser Sekunde an genau diesen Ort geführt und dazu veranlasst, just in diesem Moment diesen Satz zu lesen. War dieser Werdegang Ihres Lebens vorherbestimmt und determiniert? Folgte er zumindest einer kontinuierlichen Folge von kausalen Verknüpfungen?

Jede Handlung, mit der Sie in das Geschehen der Welt eingegriffen haben, jeder Gedanke, der in Ihrem Geist erschienen ist und jedes Wort, welches je über Ihre Lippen gekommen ist, beruht auf Ihrem Verständnis der Welt. Ihr Weltbild ist die Grundlage Ihres Werdeganges. Die Menschen, mit denen Sie sich heute umgeben, die gegenwärtige Gestaltung Ihres Lebens und die Einordnung Ihres Lebens in das kosmische Ganze ist die Folge Ihres Weltbildes. Dieser Zusammenhang muss nicht unbedingt bewusst sein und doch beruht all unser Geschick auf diesem Bild.

Jedes Lebewesen besitzt ein solches Weltbild und die Beschränkung unseres eigenen Weltbildes lässt sich erkenntlich machen, wenn man den Rahmen des Weltbildes anderer Lebewesen betrachtet. Der Antrieb der Insekten trotz scheinbarem Widerstand unvermindert gegen eine Glasscheibe anzufliegen, da sie Helligkeit mit ihrem Verständnis von Freiheit gleichsetzen, lässt erahnen, dass wir, die wir oft geneigt sind, ob eines solch beschränkt erscheinenden Verhaltens über das Insekt zu lächeln, ebensolchen Beschränkungen in der Gewahrwerdung unseres Verständnisses der Welt unterliegen. Bedenken wir den Frosch, der nur Bewegungen wahrnehmen kann. Selbst wenn er auf einem Haufen toter Fliegen sitzen würde, wäre er verdammt dazu, zu verhungern, da in seinem Weltbild Fliegen erst als real erscheinen, wenn sie sich als kleine sich bewegende Etwasse äußern. Grundlegend für ein Weltbild ist somit immer das Reale. Der Fliege ist die Glasscheibe nicht real, dem Frosch ist die tote Fliege nicht real. Zumindest erfahren sie diese nicht wie wir als reale Elemente. Doch was ist unsere Glasscheibe? Und was bedeutet überhaupt real?

1.1. Sie und die Welt

Nehmen wir einmal an, Sie sitzen gerade in einem Zimmer und beginnen nun dieses Kapitel zu lesen. Eventuell halten Sie einen Stift in der Hand oder in greifbarer Nähe, um sich im Bedarfsfall Notizen zu machen. Es ist hell genug, um die einzelnen Wörter lesen zu können. Lassen Sie nun Ihren Blick vom Papier abschweifen und über die Dinge in ihrem Zimmer wandern, kurz bei emotiven Bildern und Fotografien verharren, mit denen der Mensch sich gerne umgibt und schlussendlich durch ein Fenster die Enge des Raumes verlassen. Draußen verweilt Ihr Blick kurz auf einem Baum oder einem benachbarten Gebäude, dann löst er sich von den nah erscheinenden Dingen der Umgebung und erhebt sich in die Weite des Himmels. Ist es bewölkt oder hat es bereits gedämmert?

Diese kleine Umschau mag trivial erscheinen und doch liegt in dieser Ihr gesamtes Weltbild verborgen: Die Wahrnehmung ihrer Umwelt, Gedanken und Empfindungen über Vergangenes, Mitmenschen, Ziele und das eigene Ich.

Dieses Zimmer, in dem Sie sich gerade befinden, soll den Rahmen für die vorliegende Arbeit darstellen. Bitte beachten Sie nicht bloß den Inhalt dieser Schrift, sondern vielmehr Ihre Umgebung und wie im Laufe dieser Arbeit das Verständnis jener einen Wandel erfährt. Spüren Sie den Druck an den Füßen, der Rückseite der Oberschenkel, dem Gesäß und dem Rücken, der durch die Sitzmöglichkeit hervorgerufen wird? Machen Sie sich bitte die Weite des Raumes und die Anordnung der Gegenstände in diesem bewusst! Empfinden Sie das Voranschreiten der Zeit mit jedem Pulsschlag, jedem Atemzug und jeder Sekunde auf der Uhr! Betrachten Sie die Farben und die Oberflächenbeschaffenheit der Dinge um sie herum! Befinden sich Geräusche in Ihrer Umgebung, Gerüche im Zimmer, die durch ein geöffnetes Fenster oder den Türspalt dringen? Ist es kalt oder doch eher angenehm warm? Umso fester Sie den Stift in der Hand halten, desto intensiver spüren Sie diesen. Wenn Ihnen der Stift aus der Hand fällt, dann fällt er hinunter.

Betrachten Sie bitte erneut die soeben gelesenen Sätze! Bereits in der Form ihrer Darstellung äußert sich eine bestimmte Weltsicht: *der* Stift, *die* Dinge, *die* Enge *des* Raumes, Druck an *den* Füßen, *das* Voranschreiten *der* Zeit. Hinzu kommt die Verwendung des Substanz-Attribut-Schemas: *die Farben* und *die Oberflächenbeschaffenheit der Dinge, Geräusche* und *Gerüche im Zimmer, ist es kalt* oder *warm*.

Die Verwendung dieser Begrifflichkeiten soll hier mit einem Weltbild in Konnotation gesetzt werden, welches als **naiver Realismus** bezeichnet wird. Diesem liegt eine Spaltung zwischen Subjekt und Objekt zugrunde, die in der Überschrift dieses Kapitels „Sie und die Welt" bereits angekündigt worden ist. Diese Weltsicht beruht auf der Vorstellung einer Trennung des eigenen Selbst, des Subjekts von den Objekten, die die Außenwelt um einen herum darstellen. Diese Objekte haben bestimmte Eigenschaften wie Farben, Gerüche, Greifbarkeit, Temperatur oder ihr Hinunterfallen. Das Subjekt kann all diese Objekte über seine Sinne wahrnehmen und erlangt somit eine objektive Ansicht der Realität. Raum und Zeit nehmen im naiven Realismus keine bedeutende Rolle ein. Sie sind einzig die Bühne der Welt, die überall und jederzeit gleich ist.

1.2. Eine objektive Welt?

Schließen Sie nun bitte die Augen und stellen Sie sich Ihr Zimmer in Ihrer Abwesenheit vor! All die Eigenschaften, die Sie soeben sinnlich wahrgenommen haben, erscheinen nun wieder rein objektiv als Eigenschaften der Realität des Zimmers und somit unabhängig von Ihnen. Diesem Gedankengang liegt eine Abstraktion zugrunde, in der das Subjekt außen vorgelassen wird. So wird eine objektive Welt *geschaffen*. Beachten Sie diese Schöpfung in den Aussagen Ihrer Mitmenschen oder auch in Ihren eigenen Gedanken: „Zwei plus zwei *ist* gleich vier." *„Es ist* kalt." „Der Film *ist* langweilig." „Die Pizza *ist* ungenießbar." „Das Gemälde *hat* schöne Grüntöne." „Vier Bier *sind* ein Schnitzel." „*Das ist* Diebstahl." „Jesus *ist* Gottes Sohn." *„Die Zeit verfließt* gleichförmig." Die objektive Welt des naiven Realismus ist eine „*Das ist* so"-Welt. Dabei wird von einem denkenden, sprechenden, empfindenden, rechnenden und somit bedeutungs- und strukturgebenden Subjekt abstrahiert. Es wird eine reale objektive Welt postuliert, indem man die Eindrücke, die jeder einzelne Mensch subjektiv hat, von seinen Wurzeln abschneidet. Dieser Schnitt führt ein Ideal des Menschen ein, welches Ursache vieler Konflikte geworden ist. Aus „Ich sehe das so!" und „Ich sehe es aber nicht so, sondern so!" wurde im naiven Realismus „Das ist so!" und „Nein, es nicht so, sondern so!"

Indem vom Subjekt abstrahiert wird, entschwindet die Fehlbarkeit des menschlichen Denkens und an dessen Stelle tritt die objektive Wahrheit. Seitdem diese Wahrheit sprachlich formuliert werden kann, wird sie von vielen beansprucht. Religionen berufen sich auf die Wahrheit der Aussagen und Schriften, die ihren Glauben begründen und auch alle Rechtssysteme beruhen auf dieser, denn jede objektive Aussage nimmt Wahrheit für sich in Anspruch. Auch liegt es im Wesen und in der Intention der Naturwissenschaften, objektives Wissen zu erarbeiten. Als Beleg für die Objektivität der Realität wird oft die Mathematik angeführt. Nun gibt es viele Autoren, insbesondere aus den Reihen des Konstruktivismus, aber auch Vertreter des Realismus sowie sogar Größen der modernen Physik, die diesen Aspekt der Objektivität bezweifeln. So stellt Erwin Schrödinger in seinem Werk *Geist und Materie* fest:

> „Die Welt gibt es für mich nur einmal, nicht eine existierende und eine wahrgenommene Welt. Subjekt und Objekt sind nur eines. Man kann nicht sagen, die Schranke

zwischen ihnen sei unter dem Ansturm neuester physikalischer Erfahrungen gefallen; denn diese Schranke gibt es gar nicht." (Schrödinger, Erwin: Geist und Materie, 1959, 38)

Es gibt viele Argumente, die auf den Erkenntnissen der QM beruhen sowie ebensolche aus dem Bereich der Erkenntnislehre, welche verständlich darstellen, dass das Postulat einer Objektivität in der Realität und in der Wahrnehmung in Frage gestellt werden muss. Diese Argumente werden im Zuge der Arbeit wieder und wieder Eingang finden. Hier soll jedoch ein gewichtigeres Argument angebracht werden, welches nicht nur der Wahrnehmung und der Realität die Objektivität abspricht, sondern die Objektivität an sich und somit auch das Postulat einer absoluten Wahrheit demaskiert.

Zu diesem Zweck soll die Festung der Objektivität und der Wahrheit – die Mathematik - in ein neues Licht gestellt werden: Ist die Gleichung 2+2=4 objektiv wahr? - Nein, ist sie nicht!

Sie erscheint uns nur objektiv wahr, da wir wissen, was diese Zeichen bedeuten. Zeigen wir diese Zeichen einem Menschen, der keinerlei mathematische Grundkenntnisse besitzt, so kann er damit nichts anfangen. Nun werden Sie einwenden, dass er halt die Bedeutung dieser Zeichen lernen müsse, um die objektive Wahrheit hinter dieser Gleichung erblicken zu können. Aber genau hier scheitert die Objektivität. Sollte eine objektive Wahrheit – wenn es sie gäbe - nicht sofort jedem Subjekt klar werden? Ist es nicht vielmehr erst die Bedeutungsgebung, -vermittlung und -erfahrung, die in uns den Anschein von Objektivität erweckt? Zeichen wie „2", „+" oder „=" haben an sich keinerlei Bedeutung. Sie bekommen sie erst durch ein Subjekt wie ein Etikett angeheftet.

In dem von Herbert Meschkowski herausgegebenen Sammelband *Das Problem des Unendlichen* liest man folgende Ansicht von Richard Dedekind:

> „Die Zahlen sind freie Schöpfungen des menschlichen Geistes, sie dienen als ein Mittel, um die Verschiedenheit der Dinge leichter und schärfer aufzufassen." (Dedekind, Richard: zitiert in Meschkowski, Herbert: Das Problem des Unendlichen. Mathematische und philosophische Texte von Bolzano, Guthberlet, Cantor, Dedekind, 1977, 132)

Jeglicher Gedanke ist der eines Subjektes. Auch wenn ein Gedanke oder eine Gleichung von vielen nachvollzogen und wiederholt werden kann, so ist dies noch lange kein Anzeichen von Objektivität. Diese Vermittlung von Erkenntnissen beruht auf Intersubjektivität durch die Übereinkunft gleiche Zeichen mit gleichen Etiketten zu versehen. Stellen Sie sich bitte vor, Sie hätten durch ein Unglück Ihre gesamte mathematische Versiertheit verloren und würden nun ein mathematisches Fachbuch öffnen. Sie würden dort nur unverständliche Abfolgen von diversen Zeichen wahrnehmen. Ohne ein anderes Subjekt würden sie dort keine Ordnung mehr erkennen. Ähnliche Ansichten vertritt auch Michael Guillen, indem er in seinem Buch *Brücken ins Unendliche* schreibt, „dass die Mathematik nur eine Erfindung der menschlichen Vorstellungskraft ist und nicht die zusammengetragenen universellen Wahrheiten, die auf dem gesunden Menschenverstand beruhen." (Guillen, Michael: Brücken ins Unendliche. Die menschliche Seite der Mathematik 1984, 132) Die Forderung vieler Mathematiker ist die, dass die Ordnungen der Mathematik, die sich auf Ordnungen in der Welt übertragen lassen, objektiv wahr seien. Dies ist die Forderung, dass Gedanken ohne einen Denkenden existieren. Der Gedankenfehler ist hier der der Pythagoreer, die das Sein mit der Zahl gleichsetzen und somit eine Ontologisierung ihrer eigenen Konstrukte durchführen.

Ähnlich wäre es, wenn man dem Wort „Rot" die gleiche Realität wie der entsprechenden Farbe zusprechen würde. Pythagoreer blicken in einen Farbmalkasten, sehen die Farbe Rot und den Schriftzug „Rot" und denken beides sei das Gleiche, dabei ist beides subjektiv und der Schriftzug sogar nur ein intersubjektiv anerkanntes Etikett der Farbe. Es gibt sogar keinerlei Anhaltspunkte dafür, ob zwei Subjekte das Gleiche Rot sehen. Schließlich gibt es keine objektive Vergleichsmöglichkeit. Ein Vergleich wäre immer nur mit anderen Farben möglich:

Subjekt A: „Das Rot hier sieht aus, wie das Rot von dem Auto dahinten."

Subjekt B: „Das sehe ich genau so. Somit sehen wir das gleiche Rot."

Dabei sind diese Aussagen rein subjektiv. Subjekt B könnte das erste Rot als eine Farbe empfinden, die Subjekt A als gelb empfindet. Wenn nun beide auf das Auto blicken, sehen beide ihr subjektives Verständnis von der Farbe bestätigt, welche im allgemeinen intersubjektiven Sprachkonsens mit dem Etikett „Rot" bedacht wird. Somit sieht jedes Subjekt sein eigenes Rot. Die Frage, wie nun Rot *an sich* aussehe beruht auf einem Widerspruch, der dem Glauben der Objektivität zu verdanken ist. Denn bereits die Frage nach einem Aussehen ohne einen Sehenden ist ein Widerspruch in sich. Farben sind eine rein spezifische und subjektive Wahrnehmung eines Lebewesens.

Wenn Sie, verehrter Leser, sich nun erneut Ihr Zimmer in Ihrer Abwesenheit vorzustellen versuchen, was Ihnen unter dem Deckmantel des naiven Realismus so einfach erschien, sind Sie nun auf dieser Stufe der Arbeit dazu angehalten, sich Ihr Zimmer ohne Farbe vorzustellen, da diese ein Konstrukt ihres Selbst ist. Nun wird bewusst, dass für den Menschen Farbe und Sehen auf einem gemeinsamen Akt der Wahrnehmungsverarbeitung beruhen und somit ein objektives Sehen überhaupt nicht möglich ist. Ihr Zimmer dürfen Sie sich nun somit nicht farblos und dunkel vorstellen, sondern eher wie ein von Geburt an Blinder. Dieser hätte einen Eindruck von Ihrem Zimmer, wie Sie etwas hinter Ihrem Rücken wahrnehmen würden. Aspekte des Sehens haben hier keine Bedeutung. Nun wird klar, dass auch die Geräusche, die Wärme, die Gerüche, die Greifbarkeit der Dinge, der Druck am Boden und an der Sitzmöglichkeit alles subjektive Wahrnehmungen sind, die in Ihrer Abwesenheit nicht gegeben sind. Das vorerst so plausibel erscheinende Weltbild auf der Grundlage des naiven Realismus, welches Sie als Subjekt von der objektiven

Welt abgespalten hat und somit die Aussicht auf absolute Wahrheiten eröffnet, hat sich als ungenügend herausgestellt. Nun gibt es nur noch *ihre* Farben, *ihren* Fuß, *ihre* Temperatur und *ihren* Stift. Sie sind Ihre Welt. Hier wird die Verwendung des Subjekt-Objekt- sowie des Substanz-Attribut-Schemas hinfällig. Auf Grundlage dieser Erkenntnis sollte jegliche Trennung von Subjekt und Objekt überwunden werden. Schließlich ist jede Aussage, die Objektivität postuliert, immer die Aussage eines Subjektes und somit unabhängig von diesem nicht möglich. Jeder Mensch der Objektivität postulieren möchte, müsste dies außerhalb seines eigenen subjektivens Denken bewerkstelligen. Doch dies ist nicht möglich.

1.3. Idealisierte Wahrheit

Trotz alledem sind Sie sich sicher, dass die Dinge in Ihrem Zimmer auch dort sind, wenn Sie sich gerade nicht in diesem aufhalten, dass das Universum und die Erde auch bereits existiert haben, bevor sie von einem Lebewesen erfahren worden sind. Sie sind sich sicher, dass diese Außenwelt existiert. Die Realität *an sich* ist es, die Sie zu erkennen trachten, nicht Ihre subjektive Wahrnehmung dieser. Bernard d'Espagnat, formuliert dies in seinem Werk *Auf der Suche nach dem Wirklichen* folgendermaßen:

> „Zu Beginn jedes wissenschaftlichen Unterfangens stellt man fundamentale Grundforderungen, dass die Natur eine objektive Realität besitzt, die unabhängig ist von unseren Sinneswahrnehmungen oder von den Mitteln, mit denen wir sie untersuchen. Die Absicht der physikalischen Theorie ist es, einen verständlichen Rechenschaftsbericht über diese objektive Wirklichkeit zu geben." (d'Espagnat, Bernard: Auf der Suche nach dem Wirklichen. Aus der Sicht eines Physikers, 1983, 59)

Nun befinden Sie sich in einem Dilemma, mit dem sich bereits Immanuel Kant konfrontiert sieht. Auch dieser große Königsberger Philosoph postuliert eine vom Subjekt unabhängige Realität *an sich*, hat jedoch bereits den Irrtum des naiven Realismus erkannt und erarbeitet in seinem Werk *Kritik der reinen Vernunft*, dass der Mensch als Subjekt diese Realität immer nur als Erscheinung wahrnehmen könne. (vgl. Kant, Immanuel: Kritik der reinen Vernunft, 1983) Weiterhin kommt er jedoch zu dem Schluss, dass der forschende Mensch durch diese Erscheinungen auf Strukturen der dahinterliegenden Realität folgern könne. Somit erkennt er, dass es auf subjektiver Ebene des naiven Realismus keine absoluten Wahrheiten geben könne. Aber in der realen Welt außerhalb des Zusammenspiels von Subjekt und Objekt gebe es absolute Wahrheiten, denen man sich durch Forschung annähern könne. Diese Weltsicht des **kritischen Realismus** ist die Grundlage aller Naturwissenschaft, die eine sukzessive Annäherung an eine nicht erreichbare absolute Wahrheit in sich trägt. Es ist die Sehnsucht nach dieser Fackel, die die Forscher der Erde antreibt, wissend, dass sie sich bei jedem Versuch, dieses Feuer in ihre geistige Welt der Vorstellung zu tragen, verbrennen würden. Somit lässt sich hier ein Grundcharakter des wissenschaftlichen Wissens postulieren:

Synopsis
Jegliches naturwissenschaftlich erarbeitetes Wissen ist nie absolut. Es trägt den Charakter des Übergangs in sich und ist immer nur eine weitere Stufe auf der Treppe Richtung absoluter nicht greifbarer Wahrheit im Sinne des kritischen Realismus. Diese Wahrheit ist somit stets Ziel, doch nie Hafen.

Der Weg Richtung Wahrheit ist jedoch keiner, der die früheren Erkenntnisse bewahrt und auf diesen aufbaut. Erst die Falsifikation, die Widerlegung der jeweiligen Paradigmen ermöglicht ein Verständnis der Welt auf einer tiefer liegenden Ebene. Ein von Hugo von Hofmannsthal zitiertes Wort verdeutlicht diesen Charakter der fortschreitenden Erkenntnis durchaus passend:

„Da sinkt mein Kahn und sinkt zu neuen Meeren." (Hofmannsthal, Hugo von: zitiert in Zimmer, Ernst: Umsturz im Weltbild der Physik, 1961, 144)

Max Born beschreibt diesen Schritt vom naiven Realismus, den er einer Aussage von Werner Heisenberg zuschreibt, hin zum kritischen Realismus in Bezug auf die Naturgesetze in seinen *Bemerkungen zur statistischen Deutung der Quantenmechanik*:

„Die Auffassung HEISENBERGS ist wohl zutreffend, wenn man voraussetzt, dass die in dem Formalismus ausgedrückten Naturgesetze sich direkt auf die natürlichen Objekte beziehen. Diese Annahme scheint mir aber nicht notwendig. Vielmehr ist folgende Auffassung möglich. Die Naturgesetze beziehen sich auf unser Wissen über die Objekte. Dieses Wissen ist jederzeit unvollständig und ungenau. Die sogenannten Naturgesetze erlauben, aus dem Wissen über den Zustand zu einer Zeit Aussagen über das zu einer andern Zeit zu Erwartende zu machen.
Dies wird allen praktisch tätigen Naturforschern (und Ingenieuren) selbstverständlich erscheinen, ist aber vom philosophischen Standpunkte ein Wechsel der Einstellung, dessen Radikalität mir nur langsam bewusst geworden ist." (Born, Max: Bemerkungen zur statistischen Deutung der Quantenmechanik; Aufsatz in: Ausgewählte Abhandlungen, Band 2, 1963, 457)

Diese Erkenntnis ist ein bedeutender Schritt in Bezug auf den Umgang mit absoluten Wahrheiten. In Bezug auf die wissenschaftstheoretische Auffassung die Werner Heisenberg vertritt, muss jedoch darauf hingewiesen werden, dass dieser selbst einen vergleichlichen kritischen Realismus wie Max Born vertritt:

„Auch in der Naturwissenschaft ist also der Gegenstand der Forschung nicht mehr die Natur an sich, sondern die der menschlichen Fragestellung ausgesetzte Natur, und insofern begegnet der Mensch auch hier wieder sich selbst." (Heisenberg, Werner: Das Naturbild der heutigen Physik, 1955, 18)

Dementsprechend hat ihn Max Born wohl eher bei einer Formulierung ertappt, die den großen Zwiespalt der modernen Physik verdeutlicht. Obwohl viele Forscher grundlegend kritisch gegenüber dem Realismus eingestellt sind, sehen sie sich dennoch mit einer Sprache und einem System von Begrifflichkeiten konfrontiert, welche auf naivem Realismus beruhen. Ihnen, verehrter Leser, fallen sicher spontan viele Aussagen Ihrer Mitmenschen und auch von Ihnen selbst ein, in denen Sie für sich beanspruchen einen kleinen Funken der Wahrheit von Ihren Reisen in Gedankenexperimenten in unsere subjektive Welt mitzubringen. Hören Sie einmal genauer hin, wenn Naturwissenschaftler von ihren Entdeckungen berichten: „Das Elektron bewegt sich in der Nebelkammer." „Die Gravitation zieht zwei Körper an." „Der Meteorit schlägt auf dem Jupiter ein." „Die Planeten des Sonnensystems bewegen sich auf bestimmten Bahnen um die Sonne." Somit gilt, dass auch wenn Naturwissenschaftler in ihrer Schule zu kritischen Realisten ausgebildet werden (müssten), so formulieren sie ihre Erkenntnisse zumeist so, wie es ein naiver Realist machen würde, indem man vor jeden ihrer Sätze hinzufügen könnte: „Es ist so, dass...". Dies kann bei weiterführenden Interpretationen zu großen Irrtümern führen, indem diese naiv realistischen Formulierungen unhinterfragt für bare Münze genommen werden. So entstehen die Pythagoreer der Moderne und der Begriff des Objektes wird unhinterfragt übernommen und somit ontologisiert. Auf diesem Wege verkommt der absolute Begriff des Ideals einer unumstößlichen Wahrheit zu einer von den jeweiligen Paradigmen abhängenden volatilen Geltung der Wahrheit. Hans Reichenbach formuliert dies folgendermaßen:

> „Darum bedeutet Wahrheit für die Naturwissenschaft nicht Übereinstimmung mit dem Ding – das wäre eine unmögliche Forderung – sondern innere Widerspruchslosigkeit dieses Begriffssystems." (Kamlah, Andreas (Hrsg.); Reichenbach, Maria (Hrsg.): Hans Reichenbach. Gesammelte Werke. Band 3. Die philosophische Bedeutung der Relativitätstheorie, 1979, 374)

Flüchtige Schatten treten an die Stelle des Lichtes der Wahrheit.

2. Klassische Mechanik

Betrachten Sie bitte erneut die soeben willkürlich angeführten Aussagen und Sie werden erkennen, dass allen eine Bewegung zwischen Körpern zugrunde liegt. Diese Bewegungen werden durch **Kräfte** hervorgerufen. Dies ist die Welt der klassischen Mechanik. In der klassischen Mechanik ist der **Zustand** eines Körpers durch seinen Ort und seinen Impuls definiert.

Der Impuls ist das Produkt aus der Masse und der Geschwindigkeit eines Körpers. Zusätzlich findet eine **Idealisierung** des Körpers statt, indem er mit seiner Masse gleichgesetzt und zu einem **Massenpunkt** abstrahiert wird. Sein Volumen und seine Form werden dabei vernachlässigt. Somit ist die Welt der klassischen Mechanik eine Welt von Massenpunkten, die Kräfte aufeinander ausüben. Indem ein Physiker den Zustand eines solchen Massenpunktes zu einem bestimmten Zeitpunkt kennt und auch die Kräfte, die auf ihn einwirken, kann er die Bewegung dieses Massenpunktes im Raum vorwärts und rückwärts bis in alle Ewigkeit berechnen. Die Zeit ist hier nur eine Bewegungsgröße, die in den Gleichungen der klassischen Mechanik invariant gegenüber ihrer Umkehr ist: $t \rightarrow -t$. Somit ist ein Körper durch seinen Zustand in Raum und Zeit verankert und seine Bewegung auf seiner „Weltbahn" ist durch Raumkoordinaten vollständig erfasst und determiniert. Derartige Weltbahnen werden als **Trajektorien** bezeichnet. Diese Weltsicht birgt schwerwiegende Implikationen in sich.

2.1. Kontinuierlichkeit

Die Bewegung eines Massenpunktes auf einer Trajektorie impliziert, dass diese Bewegung kontinuierlich erfolgt. In diesem Sinne können Zeit und Raum kontinuierlich und absolut aufgefasst werden, so wie es bereits bei Newton und im naiven Realismus geschehen ist:

> „I. Die absolute, wahre und mathematische Zeit verfließt an sich und vermöge ihrer Natur gleichförmig und ohne Beziehung auf irgendeinen äußeren Gegenstand. Sie wird so auch mit dem Namen: Dauer belegt. (...)
> II. Der absolute Raum bleibt vermöge seiner Natur und ohne Beziehung auf einen äußeren Gegenstand stets gleich und unbeweglich. (...)
> III. Der Ort ist ein Teil des Raumes, welchen ein Körper einnimmt, und, nach Verhältnis des Raumes, entweder absolut oder relativ. (...)
> IV. Die absolute Bewegung ist die Übertragung des Körpers von einem absoluten Orte nach einem anderen absoluten Orte; die relative Bewegung die Übertragung von einem relativen Orte nach einem andern relativen Orte." (Newton, Isaac: Mathematische Prinzipien der Naturlehre, 1963, 25)

Die mathematische Grundlage zu dieser Kontinuierlichkeit ist die **Infinitesimalrechnung**. (vgl. Laugwitz, Detlef: Zahlen und Kontinuum. Eine Einführung in die Infinitesimalmathematik, 1986)

2.2. Reversibilität

Indem die Zeit nur eine Bewegungsgröße ist, die einem Massenpunkt die Koordinaten seiner Trajektorie zuschreibt, tritt das uns bekannte Vergehen der Zeit nicht auf. Die Zeit ist reversibel, indem die Trajektorie des Massenpunktes uns das Sein des Körpers und all seine Bewegung vorwärts und rückwärts bis ins Infinitesimale auf einen Blick aufzeigen kann. Das Vergehen der Zeit scheint nur eine Illusion aus menschlicher Sicht zu sein. Zumindest wenn man diesen Aspekt der klassischen Dynamik auf die Realität überträgt und als absolute Wahrheit anerkennt. Eine derartige Übernahme trägt die Handschrift des naiven Realismus und führt zu den folgenden metaphysische Weltsichten.

2.2.1. Ontologie

Indem ein Körper zu einem Massenpunkt, dessen Trajektorie im Koordinatensystem darstellbar wird, idealisiert ist, wird postuliert, dass die einzige Veränderung der Körper in der Welt ihre Bewegung auf ihrer Trajektorie sei. Jegliche Veränderung des Körpers selbst, eine Umwandlung, ein Enstehen und Vergehen sind hier nicht gegeben. Lediglich das Sein, nicht das Werden des Körpers sei somit real. Die daraus folgende Weltsicht ist die der Ontologie, die einzig das Sein im Sinne einer Substanzmetaphysik als oberstes Prinzip der Welt postuliert.
Ilya Prigogine behandelt in seinem Werk *Vom Sein zum Werden* diesen Gedankengang und zeigt eine weitere metaphysische Position auf, die sich aus der klassischen Dynamik entwickelt:

> „Das Bild einer stabilen Welt, einer Welt, die dem Prozess des Werdens sich entzieht, ist bis heute das Ideal der theoretischen Physik geblieben. Die Dynamik eines Newton, vervollständigt durch seine großen Nachfolger, wie etwa Laplace, Lagrange und Hamilton schien ein *geschlossenes* Universalsystem zu bilden, das auf jede Frage eine Antwort hatte." (Prigogine, Ilya: Vom Sein zum Werden. Zeit und Komplexität in den Naturwissenschaften, 1979, 25)

2.2.2. Determinismus

Prigogine weist in diesem Zitat darauf hin, dass in diesem Weltsystem der Trajektorien, in dem die Körper nur durch Druck, Zug und Stoß Kräfte aufeinander ausüben und sich somit in ihrer Bewegung gegenseitig beeinflussen, eine strenge Notwendigkeit herrscht. In dieser Billardwelt ist das Kausalgesetz oberste Maxime. Jede Veränderung der Bewegung eines Körpers sei eine Wirkung, die in der Wechselwirkung mit einem anderen Körper ihre Ursache habe. Da sich die Entwicklung der Zeit als Illusion herausgestellt habe und jeder Körper durch seine Trajektorie bestimmt sei, so sei auch die gesamte Welt als geschlossenes System vollständig durch das Wechselwirkungsspiel aller Trajektorien bestimmt und somit determiniert.

Diese Weltsicht des Determinismus erzielt wohl einen seiner größten Triumphe, indem Leverrier 1845/46 einzig auf der Grundlage der klassischen Dynamik die Existenz eines bisher empirisch nicht beobachteten Planeten aus den Unregelmäßigkeiten in der Bewegung des Uranus berechnen kann. Der Berliner Astronom Galle entdeckt auf der Grundlage dieser Berechnung bereits in der ersten Nacht der Suche diesen Planeten, der fortan den Namen Neptun trägt. (vgl. Zimmer: Umsturz im Weltbild der Physik, 1961, 27) Der von 1749 bis 1827 lebende Mathematiker und Astronom Pierre-Simon (Marquis de) Laplace entwirft 1814 ein diesem Zeitgeist entsprechendes Gedankenexperiment, welches er in dem Vorwort seines *Essai philosophique sur les probabilités* darstellt:

> „Ein Geist, der für einen Augenblick alle Kräfte kennte, welche die Natur beleben, und die gegenseitige Lage aller Wesenheiten, aus denen sie besteht, müßte, wenn er umfassend genug wäre, um alle diese Daten der mathematischen Analyse unterwerfen zu können, in derselben Formel die Bewegung der größten Himmelskörper und des leichtesten Atoms begreifen, nichts wäre ungewiß für ihn, und Zukunft wie Vergangenheit läge seinem Auge offen dar." (Laplace, Pierre-Simon; zitiert in: Zimmer, Ernst: Umsturz im Weltbild der Physik, 1961, 27)

Der Laplacesche Dämon, wenn es ihn gäbe und er alle gegebenen Zustände kennen würde, müsste auch alle seine eigenen Zustände kennen, da er ja schließlich die Welt nur durch eine Wechselwirkung mit dieser erfahren könnte und somit notwendigerweise ebenfalls ein Teil der Welt sein müsste. In diesem Sinne müsste er, wissender als er selbst sein, da er ja zu einem derartigen Akt ein außenstehender Beobachter seiner selbst sein müsste. Schließlich ist es nicht möglich, ein System zu verstehen, wenn man selbst Teil des Systems ist, da jeder Akt des Verstehens bereits wieder das System verändern würde. In diesem Sinne widerlegt sich der Laplacesche Dämon selbst, da er in jedem Fall seiner Zustandsbestimmung der Welt spätestens an sich selbst scheitern würde. Somit erweist sich nicht nur der Determinismus als unvollständig; auch die Allgemeingültigkeit einer Objektivität lässt sich so ad absurdum führen. Eine Zustandserfassung ist immer eine Erfassung aus Sicht eines denkenden Lebewesens und in diesem Sinne nicht von einem Subjekt zu trennen. Spätestens an dem Zeitpunkt, an dem dieses denkende Lebewesen seine eigenen Zustände bestimmen möchte, wird es die Unmöglichkeit der Objektivität feststellen, denn um sich selbst objektiv erfassen zu können, müsste es klüger, als es selbst sein. Dies ist unmöglich und doch begegnet uns diese „Das ist so"-Welt, in der jedermann allzugerne die Verantwortung seiner Subjektivität von sich weist, alltäglich.

3. Intersubjektivität

Stellen Sie sich bitte nun aus Sicht einer fiktiven Betrachterperspektive selbst vor, wie Sie gerade in Ihrem Zimmer sitzen und lesen. Sehen Sie, wie Sie angezogen sind, wie Sie atmen, den Stift festhalten und in die Gesamtkomposition des Raumes eingehen. Versuchen Sie sich rein „objektiv" vorzustellen. Was für einen Eindruck würden sie wohl auf einen völlig Unbekannten machen? Wie würden Sie sich aus Sicht Ihrer Sekretärin, Ihres Arbeitskollegen, Ihrer Frau oder Ihres Freundes vorstellen?

Wenn man all diesen Menschen ein Bild von Ihnen zeigen würden, dann würden alle aussagen, dass Sie das auf diesem Bild seien. In diesem Sinne erscheint Ihre Existenz rein objektiv gegeben und sogar experimentell bestätigt. Doch was bedeutet hier „objektiv"? Jeder der soeben aufgezählten Menschen hat Sie an verschiedenen Orten zu verschiedenen Zeiten aus verschiedenen Perspektiven verschiedenen erlebt und empfindet verschieden für oder gegen Sie. Diese Menschen können Sie scheinbar nicht so „objektiv" sehen, wie Sie selbst aus Ihrer fiktiven „objektiven" Perspektive. Doch wessen Perspektive ist dies? Ihr „objektiver" Eigenbeobachter ist nur eine subjektive Projektion ihrer eigenen Vorstellung von Ihnen selbst. Und was könnte in Bezug auf sich selbst subjektiver sein, als das eigene Subjekt? Was verbleibt nun jedoch als das objektiv Gegebene an Ihrer Person? Ist es Ihr Name?

Jeder Mensch und auch Sie selbst werden Ihren Namen jedoch jedesmal anders aussprechen, betonen, niederschreiben und diverses dabei empfinden. Auch Ihr Name ist rein objektiv nicht gegeben. Es ist immer der Name eines Subjektes, der von anderen Subjekten mit Konnotationen behaftet ist und verschieden gedacht und vertont wird. Wenn Ihr Name weder gedacht und gesprochen, noch niedergeschrieben wäre, was wäre er dann? - Er wäre in der Welt nicht gegeben. Dieses Nicht-Gegebensein in der Welt verwechseln viele mit Objektivität. Jeder Mensch der ausspricht, dass er Sie kenne, kennt nicht Sie, sondern seine eigene Vorstellung von Ihnen. Sie selbst kennen sich ebenfalls nicht, da Sie zu diesem Zwecke auf Ihren fiktiven „objektiven" Beobachter zurückgreifen müssten, der mehr über Sie wissen müsste, als Sie selbst. Da Sie selbst jedoch der Urheber dieses Beobachters sind, widerspricht sich dies. Somit kennen Sie selbst nur Ihre Vorstellung von sich selbst. Wenn Sie mit all den Menschen, die Sie mit Namen kennen, in einer riesigen Halle versammelt wären und über Lautsprecher derartige Schallwellen erzeugt würden, dass diese in den Ohren all der Anwesenden eine wiederum subjektive Vorstellung Ihres Namens enstehen ließe, dann würden alle mit dem Finger auf Sie zeigen. Diese Handlung beweist jedoch keineswegs Objektivität. Sie beruht einzig und allein auf einem Akt der Intersubjektivität. Schließlich ist es keinem der Anwesenden möglich, seine Vorstellung von Ihnen mit der eines anderen zu vergleichen. Indem die Anwesenden im Diskurs versuchen ein „objektives" Bild von

Ihnen zu entwerfen, vergleichen sie immer nur ihre jeweils eigene Vorstellung mit ihrer jeweils eigenen Vorstellung. Denn mehr, als die jeweils eigene Vorstellung von Ihnen, haben all diese Leute nicht zur Verfügung. Indem die Anwesenden nun ihre jeweils eigene Vorstellungen von Ihnen disputieren, vollzieht sich keine Objektivierung, sondern nur eine Angleichung von intersubjektiven Vorstellungen. Desweiteren sind die Schallwellen von den Lautsprechern ebenfalls nicht objektiv beschreibbar. Auch wenn viele Wissenschaftler behaupten würden, dass der Schall auf simplen und objektiv leicht nachvollziehbaren sich wellenartig und adiabatisch ausbreitenden Druckschwankungen innerhalb eines Mediums beruhe, ist diese Aussage jedoch nur eine fragmentarische und intersubjektivierbare Vorstellung eines Menschen. Schließlich kann nicht erklärt werden, was diese „Energie" wirklich sei, auf der diese Druckschwankungen beruhen und auch eine mikroskopisch genaue Zustandsklärung des jeweiligen Mediums ist derzeit nicht gegeben und in Bezug auf die später zu behandelnde Heisenbergsche Unbestimmtheitsrelation wird sich zeigen, dass dies im Detail nicht einmal möglich ist. In diesem Sinne von objektiver Wahrheit zu reden, beruht auf einer beständigen Selbsttäuschung, welche sich noch stärker in Bezug auf die scheinbar „objektive" Erklärung unserer Wahrnehmung von Schall offenbart.

Was bedeutet denn „hören"? All unsere Empfindungen von der Außenwelt beruhen auf einer Vermittlung von qualitativ gleichen elektrischen Impulsen in unserem zentralen Nervensystem. Erstaunlich, wie in unserem Geist so eine Welt entsteht, die wir in Bilder, Töne, Gerüche, Geschmäcker und Tastgefühle aufteilen. Doch diese Bilder, usw. und diese Aufteilung gibt es in der Welt „objektiv" nicht. Diese Welt ist unsere subjektive Vorstellung. Objektivität gibt es nicht! Der Glaube an eine objektive Welt beruht auf dem Glauben an einen jeweils eigenen fiktiven „objektiven" Beobachter, der mehr weiß, als man selbst. Es wäre übrigens auch nur dieser außenstehende fiktive Beobachter, der dazu fähig wäre, uns eine Wahrheit zuzuflüstern. Eine Wahrheit, die nun als Illusion erkenntlich wird. Es ist für die Naturwissenschaftler und die Philosophen von enormer Bedeutung, diese Geister auszutreiben und die Verantwortung für die eigenen Gedanken zu übernehmen! Erst in einer „Ich sehe das so!"-Welt ist ein fruchtbarer Diskurs möglich, der nicht zu einer Verteidigung scheinbar objektiver Wahrheiten verkommt, sondern vielmehr die Fallibilität jeglichen Wissens als Wert anerkennt, der es ermöglicht, Andersdenkende als Bereicherung und nicht als Kontrahenten anzusehen. Grundlegende Konflikte auf unserem Planeten beruhen auf dem Glauben an eine objektive Wahrheit – und die Betonung liegt hier bewusst auf dem Begriff „Glaube". Eine objektive Wahrheit kann man nicht wissen, da es sie nicht gibt – glauben kann man dennoch an sie. Während unzählige Anhänger der tausenden von Religionen auf unserem Planeten glauben, sie selbst würden die absolute objektive Wahrheit über die Welt verkünden und alle Anhänger anderer Religionen befänden sich im Irrtum, beweisen z.B. Wissenschaftler verschiedener Nationen, dass sie gemeinsam an Projekten wie der Raumfahrt arbeiten können, ebenso wie Sportler aus aller Welt gemeinsam an den Olympische Spielen teilnehmen können. Zu glauben, dass eine derzeitige wissenschaftliche Aussage eine objektive Wahrheit verkörpere gleicht dem Glauben, dass eine derzeitige sportliche Leistung eines Menschen eine absolute Leistungsgrenze für die Menschen insgesamt darstelle. Die sportlichen Leistungen verbessern sich im Zuge der Entwicklung der Menschheit ebenso sukzessive, wie die Erkenntnisse der Wissenschaft. Sportler verfallen jedoch nicht in den Glauben, dass es absolute Leistungsgrenzen gebe, geschweige denn, dass es objektive Leistungsgrenzen ohne einen Leistenden gebe. Jede Leistung ist immer die Leistung eines Menschen; dies gilt auch in der Wissenschaft. An dem Punkt jedoch, an dem der Glaube die Bühne des Schaffens betritt, verkommt die Wissenschaft zur Religion. Dann weiß der religiös orientierte Mensch, was er glaubt und der wissenschaftlich orientierte Mensch glaubt, was er weiß. Im Bilde des Sportlers entstehen dann Konflikte, die dazu führen, dass die derzeitigen Leistungsgrenzen verbal angegriffen und verteidigt werden, das eigentliche Schaffen, der Sport wird dadurch jedoch gehemmt oder ganz eingestellt. Damit eine Wissenschaft wirklich Wissen schaffen kann, muss sie die volatile Verwendung des Begriffs „Wahrheit" vollständig aus ihrem Repertoire streichen.

4. Gödel und die Unvollständigkeit

Wissenschaftliche Systeme streben eine innere Widerspruchslosigkeit an, um einen möglichst konsistenten Charakter aufweisen zu können. In der Physik wird diese Widerspruchslosigkeit durch eine mathematische Formalisierung angestrebt.
Der Mathematiker Kurt Gödel hat einen nach ihm benannten Unvollständigkeitssatz aufgestellt, nach dem es in jedem beliebigen System immer eine Annahme gibt, die sich nicht innerhalb des Systems selbst beweisen lässt. (vgl. Nagel, Ernest; Newman, James R.: Der Gödelsche Beweis, 1987)
Holger Lyre fasst dies in der Synopsis 1.33 seiner *Quantentheorie der Information* folgendermaßen zusammen:

> „Jegliche Semantik setzt bereits Semantik voraus, dies ist die unvermeidliche inhärente Zirkularität des Informationsbegriffes." (Lyre, Holger: Quantentheorie der Information. Zur Naturphilosophie der Theorie der Ur-Alternativen und einer abstrakten Theorie der Information, 1998, 65)

Lyre beschränkt seinen Gedankengang zwar auf die Bedeutung von Informationen, doch wir sind bereits bei der Überprüfung der Objektivität der Mathematik zu dem Schluss gekommen, dass es immer nur Bedeutung von Subjekten für Subjekten geben kann. In diesem Sinne kann der Mathematik und auch den Informationen keine objektive Realität unabhängig von Subjekten zugesprochen werden. Falls Außerirdische je die 1972 hergestellten Plaketten, die an den interstellaren Pioneer Sonden 10 und 11 angebracht sind, die 1977 mit Voyager 1 und 2 gestarteten goldenen „Sounds of Earth" Datenplatten oder die am 16. November 1974 gesendete Arecibo-Botschaft, die im Rahmen diverser SETI (Search for Extraterrestrial Intelligence) – Projekte irdische Informationen an fremde Lebensformen übermitteln sollen, wahrnehmen, dann beruht die einzige Möglichkeit einer interstellaren Informationsübertragung auf Intersubjektivität. Die Informationen sind auf ihrem langen Weg nicht objektiv auf ihren Datenträgern vorhanden. Vorhanden sind nur subjektiv angeordnete Strukturen von Materie. Erst eine ähnliche Intelligenz einer Lebensform, der ähnliche Denkstrukturen zugrunde liegen, kann diese materiellen Anordnungen als Informationen subjektiv wahrnehmen. So müssen sie z.B. der optischen Wahrnehmung mächtig sein, um überhaupt die Bilder auf den Plaketten visuell wahrnehmen zu können. Falls sie kein entsprechendes Intelligenzniveau erreicht haben, werden sie in den Daten jedoch nicht mehr erkennen, als ein Deutscher Schäferhund im Neuen Testament. Eine Informationsübertragung setzt somit immer eine Permanenz der materiell angeordneten Strukturen und eine Intersubjektivität von Wahrnehmungsfähigkeiten voraus und nicht eine Objektivität der Informationen an sich.
Deswegen mag es uns erlaubt sein, die von Lyre beschriebene semantische Zirkularität ebenfalls auf formale Systeme zu übertragen. John D. Barrow schreibt in seinem Buch *Die Entdeckung*

des Unmöglichen:

> „Gödel beweist folgendes: Wenn ein formales System
> 1. endlich spezifiziert ist,
> 2. umfassend genug ist, um die Arithmetik einzuschließen, und
> 3. widerspruchsfrei ist,
>
> dann ist es unvollständig." (Barrow, John D.: Die Entdeckung des Unmöglichen. Forschung an den Grenzen des Wissens, 1999, 326)

Gödel hat genau diese jedem System notwendig inhärente Unvollständigkeit mathematisch nachgewiesen. Marcus du Sautoy fasst Gödels Erkenntnis in seinem Werk *Die Musik der Primzahlen* folgendermaßen zusammen:

> „Es kann widerspruchsfreie Theorien geben, aber man kann innerhalb dieser Theorie nicht beweisen, dass es keine Widersprüche gibt.
> Man kann lediglich die Konsistenz von einem anderen System aus beweisen, dessen Konsistenz dann in Frage steht. Es mutet geradezu ironisch an, dass man mit Hilfe der Mathematik beweisen kann, dass die Kraft des Beweises selbst begrenzt ist."
> (Sautoy, Marcus du: Die Musik der Primzahlen. Auf den Spuren des größten Rätsels der Mathematik, 2004, 224)

Dies bedeutet, dass jedes wissenschaftliche System immer nur auf begrifflichen Paraphernalien beruht, welche nicht aus sich selbst heraus begründet werden können. Es wäre notwendig, auf eine höhere begriffliche Ebene zu wechseln, um die jeweiligen Begriffe fassen zu können. Doch dies hätte einen infiniten Regress zur Folge, da diese Ebene zur ihrer begrifflichen Klärung wiederum einer höheren Ebene bedürfe. Daraus folgt jedoch nicht unbedingt das Postulat des kritischen Realismus einer unerreichbaren Wahrheit, sondern erst einmal folgende Erkenntnis, die Roger Penrose in seinem Werk *Schatten des Geistes* darstellt:

> „Gödels Satz spricht nicht zugunsten unzugänglicher mathematischer Wahrheiten. Was er tatsächlich aussagt, ist, dass menschliche Einsicht jenseits von formalen Beweisen und berechenbaren Verfahren liegt." (Penrose, Roger: Schatten des Geistes. Wege zu einer neuen Physik des Bewusstseins, 1996, 526)

Penrose mag seine Formulierung in Bezug auf eine Kritik der KI (Künstlichen Intelligenz) treffen. Dennoch kann sie auch dahingehend verstanden werden, dass das Zutreffen des Gödelschen Unvollständigkeitssatzes belegt, dass kein formales wissenschaftliches System, welches (inter)subjektiv durch menschliche Einsicht geschaffen worden ist, einer absoluten Wahrheit entsprechen kann. Eine solche absolute Wahrheit müsste alles, die gesamte Welt umfassen und für immer von Bestand sein. Da jeder menschliche Gedanke bereits abstrahierend und somit trennenden Charakters ist, kann es keine absolut allumfassende Wahrheit für den Menschen geben. Jegliches Festhalten an volatilen Wahrheiten führt das Wissen schaffende Subjekt in den Glauben hinein und aus seiner Produktivität des Nichtwissens heraus.

Die Vergänglichkeit jeglichen Wissens ist die Grundlage aller Wissenschaft. Wenn es keine Vergänglichkeit des bestehenden Wissens gäbe, dann könnte es auch keine fortschreitende Entwicklung desselben geben. Bernulf Kanitscheider erweitert diesen Grundsatz in seinem Artikel *Es hat keinen Sinn, die Grenzen zu verwischen*:

> „In der Wissenschaft gilt die Überzeugung, (...), dass nichts, absolut nichts sicher ist und wir niemals bei der Erklärung der Welt auf etwas Außerweltliches Bezug nehmen dürfen." (Kanitscheider, Bernulf: Es hat keinen Sinn, die Grenzen zu verwischen; Artikel in: Spektrum der Wissenschaft, November 1999, 81)

Die notwendige Beschränkung auf das Innerweltliche und die Erkenntnis des Gödelschen Unvollständigkeitssatzes, dass man das Innerweltliche nicht aus sich selbst heraus vollständig erklären könne, vernichtet den absoluten Wahrheitsanspruch jedes weltlichen Lebewesens. Goethe hat dies in seinem Werk *Faust* in trefflicher Weise umschrieben:

> „MEPHISTOPHELES:
> Es ist gewiß das Erst in Eurem Leben,
> Daß Ihr falsch Zeugnis abgelegt.
> Habt Ihr von Gott, der Welt, und was sich drinne regt,
> Vom Menschen, und was ihm in Kopf und Herzen schlägt,
> Definitionen nicht mit großer Kraft gegeben?
> Und habt davon in Geist und Brust
> So viel als von Herrn Schwerdleins Tod gewußt."
> (Goethe: Faust (in ursprünglicher Gestalt). Faust. Anthologie einer deutschen Legende, 2006, 4015; [vgl. Goethe-HA Bd. 3, 398f.] http://www.digitale-bibliothek.de/band120.htm)

Da die absolute für ein Subjekt nicht zu erreichende und somit objektive Wahrheit ebensowenig in der Welt gegeben sein kann, wie andere scheinbar objektive Begriffe mit Bedeutung, kann die fortschreitende Wissensentwicklung nicht zu einer objektiven und absoluten Wahrheit über die Realität tendieren, sondern nur eine immer bessere, intersubjektiv nachvollziehbare Beschreibung der Welt erarbeiten.

Synopsis
Wahrheit ist ein menschliches Ideal des naiven und kritischen Realismus. Der Mensch kann das Universum nicht mit seinen Begriffen belegen und dabei postulieren, dass es den Inhalt dieser Begriffe objektiv und ohne ein zugrundeliegendes Subjekt geben könne! Wahrheit ist im Universum ebenso wenig gegeben wie Liebe oder Gerechtigkeit. In diesem Sinne ist Wahrheit ein menschliches Ideal, welches aus intrinsischen Bestrebungen generiert wurde und somit extrinsisch nicht gegeben sein kann. Auf dieser Grundlage findet der gesamte Begriff „Wahrheit" insbesondere in seiner volatilen Verwendung in der Welt keine Entsprechung und sollte in der Wissenschaft nicht mehr verwendet werden, da er den Glauben in diese einführt.

5. Präsuppositionen der klassischen Mechanik

Aus der Formulierung des Laplace und der Position des Determinismus lassen sich verschiedene Implikationen herauskristallisieren, die bereits präsupponiert – stillschweigend vorausgesetzt – werden. Oft lassen sich aus den Präsuppositionen in naturwissenschaftlichen und philosophischen Aussagen mehr über die Weltsicht des Autors erfahren, als aus dessen Aussage selbst.

5.1. Gleichzeitigkeit

Im absoluten Koordinatensystem der klassischen Dynamik durch welches jede Trajektorie verläuft kann allen Körper zu jedem Zeitpunkt gleichzeitig ein bestimmter Ort zugesprochen werden. Dies ist der „Augenblick", den Laplace als selbstverständlich in seinen Gedankengängen präsupponiert und der noch auf dem Raum und Zeit-Verständnis des naiven Realismus beruht.

5.2. Materie

Laplace präsupponiert desweiteren die Gleichartigkeit und Teilbarkeit aller Körper, indem er „in derselben Formel die Bewegung der größten Himmelskörper und des leichtesten Atoms begreifen" möchte. (Laplace, Pierre-Simon; zitiert in: Zimmer, Ernst: Umsturz im Weltbild der Physik, 1961, 27) Er setzt voraus, dass die Billardkugeln selbst aus kleineren Billardkugeln zusammengesetzt sind, die gleichen Gesetzen auf ihren Trajektorien folgen und durch ihren Zustand ebenso greifbar sind. Die Vorstellung durch Billardkugeln beruht auf einer Ontologisierung der Massenpunkte, die bis in die heutige Teilchenphysik übernommen wird:

> „Statt Massenpunkt werden wir oft Teilchen sagen." (Landau, L.D.; Lifschitz, E.M.:
> Lehrbuch der theoretischen Physik I. Mechanik, 1987, 1)

5.3. Der Griff nach dem Feuer

Durch die Erfolge des klassischen Mechanik benebelt verfallen große Naturwissenschaftler in den naiven Realismus zurück, ontologisieren ihre Erkenntnisse und sehen bereits das Feuer der absoluten Wahrheit in greifbarer Nähe. Hermann von Helmholtz formuliert:

> „Das Ziel aller Naturwissenschaft ist, sich in Mechanik aufzulösen." (Helmholtz, Hermann von; zitiert in Zimmer, Ernst: Umsturz im Weltbild der Physik, 1961, 23)

Droht uns der Rückfall in die „Das ist so"-Welt des naiven Realismus?

6. Klassische Welten

Stellen Sie, verehrter Leser, sich nun bitte Ihr Zimmer aus Sicht der klassischen Mechanik auf der Grundlage des kritischen Realismus vor. Sie wissen, dass ihre Vorstellung von dem Zimmer auf Ihrer subjektiven Wahrnehmung beruht, dass aber hinter diesen Erscheinungen ein nicht greifbares Sein *an sich* ruht. Ihr Körper verläuft Ihr gesamtes Leben lang auf seiner *gleichförmigen* und *kontinuierlichen Trajektorie* im Koordinatensystem von Raum und Zeit. Ihr gesamtes Denken, Handeln und Sein basiert auf Wechselwirkungen in Ihrer scheinbaren Vergangenheit mit anderen Körpern in dem *abgeschlossenen System* des Universums. Sie sehen das Bild an der Wand, *weil* die kleinen Licht*teilchen* auf ihrer Trajektorie von der Sonne oder der Lampe von den *Teilchen*, aus denen das Bild besteht, *reflektiert* werden und so zu den Teilchen gelangen, aus denen ihre Augen bestehen. Ihr Stift fällt zu Boden, *weil* er von der Schwer*kraft*, die zwischen zwei *Massenpunkten* wirkt, beeinflusst wird. Wenn der Tennisball des Nachbarjungen in der scheinbaren Zukunft durch Ihre Scheibe fliegen wird, werden Sie nicht mehr böse sein. Schließlich hat er es ja nicht mutwillig getan. Es war so vorherbestimmt.

Unser gesamtes Rechtssystem muss nun auf eine andere Grundlage gestellt werden. Warum sollte man Menschen bestrafen für Handlungen, zu denen sie die äußeren Umstände gezwungen haben?

Es wird hier deutlich, dass trotz des Ideals des kritischen Realismus die Subjekt-Objekt-Spaltung in der klassischen Physik überlebt, zu neuer Blüte gefunden hat und munter weiter absolute Wahrheiten formuliert werden, die in entsprechende metaphysische Weltsichten münden.

Das Argument der Verteidigung von Seiten der klassischen Mechanik lautet, dass sie in ihrer Disziplin von allen Erscheinungen absehe und somit den Fallstrick des naiven Realismus außen vor lasse. Dies trifft auch zu. Aber welchen Weg wählen ihre Protagonisten, wenn sie die Realität der Außenwelt zu erforschen glauben?

6.1 Die abstrakte Welt

Indem die Vertreter der klassischen Mechanik materielle Körper zu Massenpunkten auf Trajektorien idealisieren, sagen sie nicht aus, *was* sie sind, sondern nur, *dass* sie sind, *wo* sie sind. Das gesamte Wesen eines Körpers, seine Identität wird als Erscheinung abgetan und von seinem Sein, seiner **Entität** getrennt. Dies ist eine Reaktion auf den kritischen Realismus, deren Wurzeln bis in die Antike Philosophie zurückreichen. Dort hat bereits Aristoteles die materiellen Körper in ihre Substanz und ihre Form unterteilt. Doch welche Legitimation hat solch ein Schnitt? Was ist Ihr Stift ohne sein Wesen des Stiftes? Descartes trennt den Körper (res extensa) von dem Geist (res cogitans) in seinem strikten Dualismus. Es mag uns leicht fallen, uns einen Körper ohne Geist vorzustellen. Aber können wir uns den Geist ohne seinen Körper vorstellen? Wo wird dieser Schnitt angesetzt?

Der Schnitt findet im Denken des Subjekts statt! Der Mensch kreiert die Begriffe der Substanz und der Form und fällt zugleich dem Pythagoreismus zum Opfer, indem er diese Begriffe ontologisiert. Er haucht ihnen Sein ein und setzt sie gleich der Realität. A. N. Whitehead schreibt dazu in *Wissenschaft und moderne Welt*:

> „Hier liegt ein Irrtum vor; aber es handelt sich bloß um den unwesentlichen Fehler, das Abstrakte mit dem Konkreten zu verwechseln. Es ist ein Beispiel für das, was ich den >Trugschluss der unzutreffenden Konkretheit< nennen werde. Dieser Trugschluss hat in der Philosophie große Verwirrung angerichtet." (Whitehead, Alfred North: Wissenschaft und moderne Welt, 1984, 66)

Noch viel größere Verwirrung richtet dieser Trugschluss an, wenn man die Aussagen der Naturwissenschaftler für ontologische, objektive und absolute Wahrheiten hält, denn so sind sie zumeist formuliert.

Wenn wir diesen Gedankengang auf die Begriffe der klassischen Mechanik übertragen, dann wird bewusst, dass Begriffe wie Massenpunkt, Trajektorie und Kausalität Abstraktionen sind, die auf bewussten Vorstellungen beruhen und nicht mit den Körpern der Realität gleichgesetzt werden dürfen. In ihrem Drang die Subjektivität aus der Forschung herauszudrängen, schlugen die Vertreter der klassischen Mechanik fehl. Schließlich sind Abstraktionen in gewissem Sinne subjektiver als Wahrnehmungen. Wahrnehmungen beruhen auf einer Einheit aus dem Wahrnehmenden und dem Wahrgenommenen. Abstraktionen sind Begriffe die auf Vorstellungen beruhen und sind somit rein subjektiv.

Die Paradigmen der Naturwissenschaften sind abstrakte Theoriengebilde, die auf subjektiven Vorstellungen von der Welt beruhen. George Berkeley handelt diesen Gedankengang der subjektiven Abstraktion im 10. Abschnitt des vierten Dialogs *Alciphron* ab:

> *Euphranor*: Sagen Sie mir, Alciphron, können Sie die Türen, Fenster und Zinnen jenes Schlosses dort unterscheiden?
> *Alciphron*: Nein. In dieser Entfernung sieht es nur wie ein kleiner, runder Turm aus.
> *Euphranor*: Aber ich, der ich dort war, weiß, daß es kein kleiner, runder Turm ist, sondern ein großes, viereckiges Gebäude mit Zinnen und Türmchen, die Sie, wie es scheint, nicht sehen.
> *Alciphron*: Was wollen Sie daraus schließen?
> *Euphranor*: Ich möchte daraus schließen, daß der Gegenstand, den Sie im strengen und im eigentlichen Sinne durch das Gesicht wahrnehmen, nicht das Ding ist, welches da einige Meilen entfernt ist.
> *Alciphron*: Wieso?
> *Euphranor*: Weil ein kleiner, runder Gegenstand etwas anderes ist als ein großer, viereckiger, nicht wahr?
> *Alciphron*: Ich kann es nicht leugnen.

Euphranor: Sagen Sie mir, ist nicht die sichtbare Erscheinung allein der eigentliche Gegenstand des Gesichtssinns?
Alciphron: Ja
(...)
Euphranor: Ist es also nicht klar, daß weder das Schloß noch der Planet noch die Wolke, die Sie hier sehen, die wirklichen dort sind, von denen Sie annehmen, daß sie in einer Entfernung existieren?" (Berkeley, George: Alciphron oder der Kleine Philosoph, 1996, 165f.)

Der Stift, den Sie in Ihrer Hand halten, ist nicht ein realer Stift *an sich*. Erst ihre subjektive Einordnung ihrer subjektiven Wahrnehmung in die abstrakte Gruppe der Stifte in Ihrer Vorstellung kreiert den Stift. Somit ist es wahrlich *Ihr* Stift, denn kein anderer Mensch wird diesen Stift so wahrnehmen und einordnen, wie Sie es in Ihrer Vorstellung machen. In gewissem Sinne ließe der Stift, wie Sie ihn wahrnehmen, Rückschlüsse auf Ihre Weltsicht erlauben. Das Bild, welches sie von diesem Stift haben, ist ein Teil von Ihnen. Dies gilt für alles, was Sie in Ihrer Umwelt wahrnehmen. Es ist Ihre Welt. Sie sind Ihre Welt.

Wenn uns bewusst wird, dass jeder Mensch seine eigene subjektive Welt *ist*, wie sollen wir dies mit der Tatsache in Einklang bringen, dass andere Menschen auch existieren? Wie bringen wir unsere Welt mit ihren Welten in Einklang. Wie können wir die Realität und ihre Strukturen, die allen Welten gemein ist erforschen?

6.2. Die Welt *an sich*

Um die Realität hinter den Erscheinungen verstehen zu können, muss der Zugang zu dieser erforscht werden. Jegliche Realität wird subjektiv wahrgenommen, gedacht und konstruiert. Jedes Subjekt nimmt die Realität aus seiner Perspektive wahr. Gelten für jede Perspektive die gleichen Naturgesetze? Können die Perspektiven ineinander überführt werden? Wie verhalten sich die Perspektiven relativ zueinander? Was bedeutet überhaupt „Relativität"? - Relativität ist die Ersetzung der Absolutheit durch komplementäre Perspektiven. Komplementär sind zwei (oder mehrere) Aspekte dann, wenn sie sich widersprechen, jedoch auf einer höheren Ebene auf *Eines* zurückgeführt werden können. Der komplementäre *Zwiespalt* kann durch *Einsicht* überwunden werden. Stellen Sie sich bitte einmal vor, Sie besäßen keinerlei astronomisches Wissen. Dann erschiene ihnen der regelmäßige Wandel von Tag und Nacht auf der Erde als zwiespältiger Widerspruch. Wenn der Tag erscheint, entschwindet die Nacht und umgekehrt. Dennoch würden Sie vermuten, dass dieses Kommen und Gehen von Licht und Schatten auf einen einzigen Zusammenhang zurückgeführt werden könne. Sie wären in diesem Fall mit einer Komplementarität konfrontiert. Erst die Einsicht, des Wechselspiels von Sonne und Erde kann diese Komplementarität überwinden. Die Einsicht käme Ihnen in dem Moment zu, indem sie erkennen würden, dass der vormals offensichtliche Widerspruch zwischen Tag und Nacht nur zwei Aspekte darstellt, die in Ihnen aufgrund ihrer Perspektive erwachsen sind. Die Akzeptanz Ihrer Perspektivenhaftigkeit, Ihrer Subjektivität der Wahrnehmung würde es Ihnen so ermöglichen, Tag und Nacht nur als zwei Betrachtungsweisen eines höheren Zusammenhangs zu erkennen. So hätten Sie diese Komplementarität überwunden. Sie dürfen diese Überwindung jedoch nicht als Hinführung zu einer objektiven Wahrheit ansehen. Es ist ein Trugschluss, anzunehmen, dass eine Komplementarität durch eine Überwindung der Subjektivität aufgelöst werden könne. Es trifft zu, dass eine Komplementarität immer im Denken eines Subjektes und nicht in der Welt manifestiert ist – so wie es für die Begriffe „Tag" und „Nacht" gilt. Dennoch beruht die Akzeptanz einer objektiven Weltsicht auf einem Denkfehler. Auch wenn man von der Perspektive des Erdlings abstrahiert und imaginiert, man würde Erde und Sonne aus der Sicht eines Astronauten erblicken, dann hat man nicht zugleich von seiner Perspektive abstrahiert. Dennoch ist es genau dieser Schritt der Abstraktion, der viele Menschen dazu veranlasst, Objektivität zu postulieren. Indem man dann auch noch von dem Subjekt des Astronauten abstrahiert, gelangt man zu einer scheinbar äußerst objektiven Vorstellung von Sonne, Mond und Erde. Können Sie sich dieses Bild vorstellen? - Ja, so ziemlich jeder kann das. Doch stellt diese Imagination den Zusammenhang *an sich* dar? - Nein, dieses Bild ist nur eine subjektive Vorstellung, die unsere Perspektive nicht aufhebt, sondern in das Weltall verschiebt. Die menschliche Phantasie hat ein schier unerschöpfliches Potential. Sie kann alle Wahrnehmungen, die ein Mensch je erfahren hat, wahllos miteinander verknüpfen und so neue Vorstellungen erschaffen. So fällt es vielen modernen Menschen leicht, sich das Sonnensystem oder sogar ferne Galaxien vorzustellen, da sie bereits Bilder von diesen zu Gesicht bekommen haben. Ob die Menschen des Jahres 1054 von der sogar tagsüber sichtbaren Supernova an ihrem Himmel so eine detaillierte Vorstellung gehabt haben mögen, wie sie heutige Menschen von dem daraus entstandenen Krebsnebel haben, ist fraglich. Es ist jedoch ziemlich sicher, dass es auch zu der damaligen Zeit mannigfaltige Vorstellungen, wie diese Explosion wohl *an sich* und objektiv ausgesehen habe, gegeben haben wird. Die Akzeptanz der Objektivität durch Abstraktion von der eigenen subjektiven Perspektive hat somit tiefe Wurzeln, die bis zu den Anfängen des menschlichen Denkens führen mögen. Schlussendlich ist es heute Zeit, diese Wurzeln zu kappen.

Synopsis
Heute muss erkannt werden, dass die Akzeptanz der Objektivität auf einem Irrtum beruht! Die Abstraktion von der eigenen subjektiven Perspektive beruht auf einem Trugschluss. Scheinbar objektive Abstraktionen beruhen auf subjektiven Vorstellungen, in denen die eigene subjektive Perspektivenhaftigkeit ausgeblendet wird. In diesem Sinne sind diese Abstraktionen, welche als objektiv bezeichnet werden, in der Form ihrer Vorstellungen noch subjektiver als direkte Wahrnehmungen. Je mehr die Menschen somit glauben, sich durch Abstraktion der Objektivität zu nähern, desto

mehr entfernen sie sich von dieser (Illusion). In diesem Sinne ist der Gebrauch des Begriffes „objektiv" in der Wissenschaft ebenso zu vermeiden, wie der der Wahrheit. Beide Begriffe bedingen sich einander und basieren auf einem Glauben, der weder belegbar noch widerlegbar ist. Dementsprechend mündet das Festhalten an der Vorstellung der Objektivität nicht in eine Zuwendung, sondern in eine Abkehr von der Wissenschaft.

Die moderne Astronomie ermöglicht es uns, diese Mannigfaltigkeit der Perspektiven zu verdeutlichen, indem sie andere Perspektiven in unsere zu überführen vermag:

1. Hier sehen Sie die wohl bekannteste Aufnahme des Krebsnebels vom Hubble-Weltraumteleskop. Viele Menschen stellen sich den Krebsnebel so vor. Es fällt leicht, daran zu glauben, dass der Krebsnebel objektiv wirklich so aussehen würde:

Abbildung 1: Der Krebsnebel im optischen Bereich aufgenommen vom Hubble-Weltraumteleskop (http://www.spacetelescope.org/images/html/heic0515a.html)

2. Während Abb. 1 einen Aspekt des für einen Menschen optisch wahrnehmbaren Spektrums der elektromagnetischen Strahlung darstellt, sehen wir in Abb. 2 eine Aufnahme der Infrarotstrahlung, die vom Krebsnebel ausgeht. Damit sie für den Menschen sichtbar ist, wird das Bild in gewissem Sinne in Farben *übersetzt*, die der Mensch wahrnehmen kann:

Abbildung 2: Der Krebsnebel im infraroten Bereich aufgenommen vom Spitzer-Weltraumteleskop.
(http://de.wikipedia.org/wiki/Bild:Crab_3.6_5.8_8.0 microns_spitzer.png);
(http://creativecommons.org/licenses/by/2.5/deed.de)

3. Das folgende Bild zeigt eine Collage der Abb. 1 (in grün) + 2 (in rot) sowie der *Übersetzung* einer Röntgenaufnahme des Krebsnebels durch den Chandra X-Ray Observatory-Satelliten (in blau):

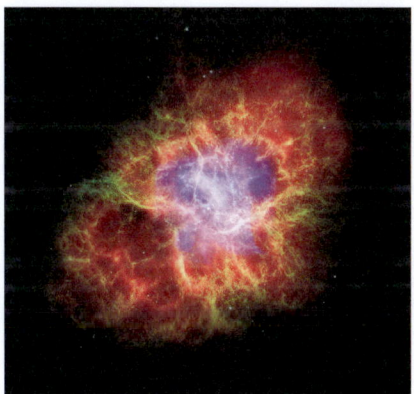

Abbildung 3: Eine Collage des Krebsnebels
(http://gallery.spitzer.caltech.edu/Imagegallery/im age.php?image_name=sig06-028)

Durch Abb. 1-3 lässt sich aufzeigen, dass unsere visuelle Wahrnehmung nur einen kleinen Ausschnitt des elektromagnetischen Spektrums beinhaltet. Jede Perspektive offenbart somit einen anderen subjektiven komplementären Aspekt von...von was eigentlich? Was ist der Krebsnebel *an sich* unabhängig von seiner perspektivischen Wahrnehmung? Dies wäre die absolute Realität hinter den Erscheinungen, die der kritische Realismus anstrebt. Wir sind jedoch bereits zu der Einsicht gelangt, dass jegliches Engagement des Menschen einer solchen objektiven Erkenntnis der Realität widerspricht. Übrig bleibt die subjektive Glaubensentscheidung, ob solch eine objektive Realität *an sich* in der Welt gegeben sein mag oder nicht. Eine Glaubensentscheidung deswegen, da jede menschliche Einmischung, jeder menschliche Gedanke über Objektives bereits wieder subjektiv ist. Die Annahme einer Realität hinter den Erscheinungen beruht somit einzig und allein auf dem Glauben des Einzelnen. Im Sinne Wittgensteins trifft seine Aussage: „Wovon man nicht sprechen kann, darüber muss man schweigen." (Wittgenstein, Ludwig: Tractatus logico-philosophicus, 1984, 85) für eine Realität *an sich* genau ins Schwarze. (Aus diesem Grund ist das „*an sich*" hier immer kursiv gesetzt.) Deswegen vollführen Naturwissenschaften weniger eine Erforschung einer Realität *an sich*. Vielmehr betreiben sie die Erforschung der Welt, wie sie uns subjektiv erscheint. Genau hier liegt die enorm große Bedeutung einer Akzeptanz der Relativität.

7. Relativität

Stellen Sie sich bitte vor, wie an Ihrem Haus ein Zug vorbeifährt. Da es ein Wohngebiet ist, betätigt der Zugführer seine Hupe, um die Anwohner rechtzeitig zu warnen. Auch Sie hören die Hupe schon von weitem. Der Zug teilt Ihnen sein Herannahen durch einen immer höher werdenden Ton mit, der seinen Höhepunkt auf der Höhe ihres Hauses erreicht. Mit zunehmender Entfernung nimmt die Höhe des Tons ab, bis er schließlich ganz verstummt.

Der naive Realist würde annehmen, dass der Ton und seine Höhenveränderung real und absolut sind. Der kritische Realist hingegen kennt bereits den Doppler-Effekt und erklärt die variierende Tonhöhe als beobachtergebundene Wahrnehmungserscheinung. Es gibt nämlich keinen absolut realen Ton. Der Zugführer z.B. hört seine Hupe im Gegensatz zu Ihnen als andauernden konstanten Ton, da er sich relativ zu der Hupe in Ruhe befindet. Gibt es nun zwei reale absolute Töne? Wenn man jedoch bedenkt, dass es sehr viele Bewohner in Ihrer Nachbarschaft gibt, dann müsste es ja genau so viele reale Töne geben, wie Zuhörer. Dies erscheint fragwürdig. Die jeweiligen Wahrnehmungen beruhen schließlich auf einem einzigen Hupen eines Zuges. Sie sind komplementäre Aspekte des einen Hupens. Ist es nicht faszinierend, dass ein einziges Hupen auf so mannigfaltig verschiedene Arten wahrgenommen werden kann?

Das Hupgeräusch entsteht erst im Geist des jeweiligen Beobachters und ist somit eine Auswirkung der relativ zu diesem bewegten Schallwellen. Ein objektiv reales Hupgeräusch gibt es nicht. Erst die subjektive Wahrnehmung lässt es wirklich werden. In diesem Sinne erlangt die Perspektive eine bedeutende Stellung, die die Absolutheit des naiven Realismus vollständig verbannt. Diese Weiterentwicklung des kritischen Realismus, die bedeutend auf die Relativitätstheorien von Albert Einstein aufbaut, wird als **lokaler Realismus** bezeichnet.

Im Paradigma des lokalen Realismus liegt die wahre Realität hinter den lokalen Erscheinungen verborgen. In unserem Beispiel wären die Schallwellen *an sich* diese Realität des Hupgeräusches.

7.1. Die Grundlage der Relativitätstheorien

Albert Einstein ist kritischer Realist und glaubt fest an eine Realität *an sich* hinter den Erscheinungen. Bereits in jungen Jahren öffnet er sich der Erforschung der Welt und wird durch das **Machsche Prinzip** von der Vorstellung einer relationalen Welt fasziniert. Ernst Mach vertritt in seinem Werk *Erkenntnis und Irrtum* die Ansicht, dass der absolute Raum und die absolute Zeit der klassischen Mechanik, wie Newton sie postuliert hat, auf unzulässigen Abstraktionen beruhen. (Abstraktionen werden als unzulässig bezeichnet, wenn angenommen wird, dass ihnen keine Verankerung in der Welt zugesprochen werden kann.):

> „In physikalischer Hinsicht sind Zeit und Raum besondere Abhängigkeiten der physikalischen Elemente voneinander." (Mach, Ernst: Erkenntnis und Irrtum. Philosophie von Platon bis Nietzsche, 1998, 51725; [vgl. Mach-Erkenntnis, 1905, 434] http://www.digitale-bibliothek.de/band2.htm)

Einstein vertraut inständig auf eine von Gott geschaffene Welt und er weiß, dass er dessen Gedanken einzig und allein über die Aspekte der Welt erforschen kann:

> *„Ich möchte wissen, wie Gott diese Welt geschaffen hat. Ich bin nicht so sehr an diesem oder jenem speziellen Phänomen, dem Spektrum dieses oder jenes Elementes interessiert. Ich möchte Seine Gedanken wissen: Alles andere sind Details."* (Einstein, Albert; zitiert in Zee, Anthony: Magische Symmetrie. Die Ästhetik in der modernen Physik, 1990, 21)

In diesem Sinne gleicht Einstein in seiner Motivation eher einem Theologen. Der Glaube Einsteins geht einher mit seiner enormen Feinfühligkeit für die Schönheit der Welt. Er ist sich nicht nur sicher, dass die Welt symmetrisch aufgebaut ist. Vielmehr erkennt er in der Symmetrie einen fundamentalen Wegweiser, der ihn den Gedanken Gottes näher führen wird. Diese Vertrauen in die Symmetrie, der die Erscheinungen der Welt zugrunde liegen, erlebt Hermann Bondi am eigenen Leib:

> *„Ich erinnere mich deutlich daran, daß Einstein seine Kritik an einem Vorschlag, der mir selbst vernünftig und zwingend erschien, lediglich dadurch zum Ausdruck brachte, daß er sagte: `Oh, wie unschön!' Sobald ihm eine Gleichung häßlich erschien, verlor er fast jedes Interesse an ihr und konnte nicht verstehen, wie jemand bereit dazu war, seine Zeit damit zu vertun. Er war vollständig davon überzeugt, daß der Ästhetik bei der Suche nach wichtigen Erkenntnissen der theoretischen Physik eine führende Rolle zukommt."* (Bondi, Hermann; zitiert in Zee, Anthony: Magische Symmetrie. Die Ästhetik in der modernen Physik, 1990, 15)

Dies ist die Grundlage für Einsteins Forschung. Er hat ein Ziel und feste Prinzipien. Doch wo soll er ansetzen? Er folgt dem Gedankengang seines anfänglichen Vorbildes Ernst Mach, den dieser in seinem Werk *Die Mechanik in ihrer Entwicklung* als Notwendigkeit aller Wissenschaft formuliert:

> „Die historische Untersuchung des Entwicklungsvorganges einer Wissenschaft ist sehr notwendig, wenn die aufgespeicherten Sätze nicht allmählich zu einem System von halbverstandenen Rezepten oder gar zu einem System von Vorurteilen werden sollen."
> (Mach, Ernst: Die Mechanik in ihrer Entwicklung, 1991, 251)

7.2. Die Spezielle Relativitätstheorie (SRT) - *Zur Elektrodynamik bewegter Körper*
(Annalen der Physik 17, 1905, 891ff.)

In Anlehnung an das Machsche Prinzip beginnt Einstein die Absolutheit von Raum und Zeit zu hinterfragen. Sind in der klassischen Mechanik die Beobachter aller denkbaren Perspektiven gleichberechtigt?

Einstein vertraut der Symmetrie und postuliert, dass die Naturgesetze für alle Beobachter unabhängig von ihrer Bewegung gleich gelten müssen. In der klassischen Mechanik gilt das **Galileische Relativitätsprinzip**:

> *„Wenn die Gesetze der Mechanik in einem bestimmten System gelten, so gelten sie auch für alle anderen Systeme, die sich relativ zu jenem gleichförmig bewegen."* (Einstein, Albert; Infeld, Leopold: Die Evolution der Physik, 1987, 144)

Bezugssysteme in denen diese Gesetze gelten, heißen **Inertialsysteme**. Sie sind **galilei-invariant**. Das Postulat der Invarianz aller Inertialsysteme führt zu der Annahme, dass es im Universum keine bevorzugten Inertialsysteme geben kann. Bereits diese Annahme zwingt Einstein jedoch dazu, mit dem Galileischen Relativitätsprinzip zu brechen. Wenn es nämlich keine bevorzugten Inertialsysteme geben darf, dann darf es auch keine divergierenden Geschwindigkeiten des Lichtes geben, da eine höhere Geschwindigkeit des Lichtes in einem Inertialsystem eben dieses gegenüber allen anderen auszeichnen würde. Dies wäre ein Symmetrieverstoß.

Ein Verstoß, den das Galileische Relativitätsprinzip jedoch zulässt. Gemäß diesem Prinzip werden Geschwindigkeiten unabhängig von ihrer Ausgangsgeschwindigkeit addiert. Wenn aus dem Zug, der vorhin an Ihrem Haus entlang gefahren ist, ein Pfirsichkern geworfen wurde, dann addieren sich die Geschwindigkeiten des Zuges v_z und des Pfirsichkerns v_p zu einer Gesamtgeschwindigkeit v_g relativ zu der aus Ihrer Sicht ruhenden Umgebung: $v_g = v_z + v_p$ So kann ein arglos weggeworfener Pfirsichkern zu einem gefährlichen Geschoss werden. Für diese galilei-invariante Gleichung ist es unbedeutend, ob der Zug mit 300 oder mit 300 000 km/h fährt. Er bewegt sich immer gegenüber dem absoluten Raum und die Geschwindigkeit des Pfirsichkernes v_p wird zu dieser v_z hinzuaddiert. Die Geschwindigkeit des Zuges könnte sogar Lichtgeschwindigkeit erreichen und der Kern würde sich somit relativ zu seiner Umgebung mit Überlichtgeschwindigkeit bewegen. Das Licht des Scheinwerfers des Zuges müsste sich dann ebenfalls mit Überlichtgeschwindigkeit bewegen.

Die Maxwellschen Feldgleichungen postulieren jedoch, dass die Geschwindigkeit des Lichtes konstant ist. (vgl. Maxwell, James Clerk: Über physikalische Kraftlinien, 1976) In diesem Sinne führt das Postulat der Invarianz aller Bezugssysteme zu einer Abkehr vom Galileischen Relativitätsprinzip, welches nur für die klassische Mechanik gilt, jedoch nicht für die Maxwellschen Feldgleichungen. Diese Abkehr ist von großer Bedeutung. Drückt sie doch aus, dass in unserer Welt

Phänomene auftreten, die nicht mit den Erwartungen der klassischen Mechanik in Einklang gebracht werden können. Die Erforschung der Phänomene des Elektromagnetismus eröffnet den Forschern eine neue Welt und Einstein ist der Brückenbauer zwischen dieser und der mechanischen Welt.

> „Nehmen wir dieses Argument ernst, und das ist unabweisbar, und kann zudem auf Signalprozesse aus prinzipiellen Gründen nicht verzichtet werden, dann bleibt, gerade im Sinne des Relativitätsprinzips, allein die Annahme möglich, dass als Signalbewegung nur ein Bewegungsvorgang in Betracht kommt, der dem Relativitätsprinzip selbst nicht unterliegt und in diesem Sinne kein normaler Bewegungsvorgang ist."
> (Wandschneider, Dieter: Raum, Zeit, Relativität. Grundbestimmungen der Physik in der Perspektive der Hegelschen Naturphilosophie, 1982, 164)

Die Konstanz der Lichtgeschwindigkeit führt Einstein zu der Revision der Absolutheit von Raum und Zeit. Er wechselt die Galilei-Transformation durch die **Lorentz-Transformation**, die die Konstanz der Lichtgeschwindigkeit berücksichtigt, aus. Ziel ist es, eine Invarianz für alle relativ zueinander ruhenden, bzw. gleichförmig bewegten Inertialsysteme zu erreichen. In der Galilei-Transformation ist die Zeit t eines ruhenden Inertialsystems gleich der Zeit t′ eines relativ zu diesem gleichförmig bewegten Inertialsystems. Die Lorentz-Transformation führt die lokale Zeit: $t' = \beta(t - vx/c^2)$ ein. „x" stellt hier eine Bezugnahme auf das ruhende Inertialsystem mit seiner eigenen lokalen Zeit t dar. „v" ist die Relativgeschwindigkeit. „β" ist der entscheidende Faktor der Lorentz-Transformation und ist gleich $1/\sqrt{(1 - v^2/c^2)}$. Der Nenner dieses Bruches stellt den Faktor für die **Zeitdilatation** und die **Längenkontraktion** dar.

Wenn nun die Relativgeschwindigkeit v gleich null ist, dann gilt: t′ = t. Die zwei Systeme befinden sich so relativ zueinander in Ruhe und es findet keine Lorentztransformation statt.

Wenn nun v ansteigt, dann scheint auch die Zeitdilatation und die Längenkontraktion des anderen zuzunehmen.

Wenn v gleich c ist, scheinen Zeitdilatation und Längenkontraktion vollkommen zu sein. Deswegen kann nichts schneller als c sein, da nichts langsamer als der Stillstand und keine Länge kürzer als null sein kann. Dies gilt für beide Inertialsysteme. Somit wird die invariante Perspektive an Stelle der Absolutheit gesetzt.

Durch die Einführung der Lorentz-Transformation sprengt Einstein die Absolutheit von Raum und Zeit und baut auf deren Trümmern seine spezielle Relativitätstheorie auf, die eine Invarianz für alle mechanischen und elektromagnetischen Vorgänge, die sich in einem relativen Zustand der Ruhe oder gleichförmigen Bewegung befinden, gewährt:

> „In allen Inertialsystemen herrschen die gleichen Naturgesetze, und der Übergang von einem System in das andere wird durch die Lorentz-Transformation geregelt."
> (Einstein, Albert; Infeld, Leopold: Die Evolution der Physik, 1987, 170)

Nun sind soeben Begriffe eingeführt worden, die aus Gründen einer möglichst konsistenten Darstellung erst hier näher erläutert werden können. Die Lorentz-Transformation ist nämlich nicht nur von rein mathematischer Auswirkung. Vielmehr hat sie Auswirkungen auf unser Verständnis von Raum und Zeit, die Sie sich folgendermaßen vorstellen können (der gravitative Einfluss der Erde wird hier ausgeblendet):

Nehmen wir einmal an, dass sich vor Ihrem Haus eine Unterführung befindet, die so gelegen ist, dass sie deren beiden Enden von Ihrem Fenster aus genau überblicken können. Da kommt auch schon wieder einer dieser Verkehrsrowdys mit seiner modernen C-Klasse vorbeigerast. Die Wagen der C-Klasse können relativistische Geschwindigkeiten nahe c erreichen. Sie wissen zufällig, dass diese Autos eine Länge von vier Metern haben. Die Länge der Unterführung beträgt ebenfalls vier Meter. Ein klassischer Mechaniker würde darauf tippen, dass just in dem Moment, in dem das Heck eines solchen Wagens in der Unterführung verschwunden ist, bereits gleichzeitig seine Front eben diese wieder verlassen hat. Sie kennen jedoch bereits die Lorentz-Transformation und können berechnen, dass der Wagen aus Ihrer Sicht gegenüber der Unterführung, die sich relativ zu Ihnen in einem Zustand der Ruhe befindet, in seiner Länge verkürzt erscheinen wird. Sie beobachten auch, dass der Wagen in Wirklichkeit für einen sehr kurzen Augenblick vollständig in der Unterführung verschwunden zu sein scheint, bevor er wieder hinausfährt. Ebenfalls können Sie durch die Lorentz-Transformation berechnen, dass Ihnen der Ablauf seiner Zeit verlangsamt erscheinen wird. Wenn Sie jedoch selbst in diesem Wagen mitfahren würden, dann würden Sie sich relativ zu diesem in Ruhe befinden und die Unterführung würde ihnen verkürzt vorkommen. Es würde Ihnen erscheinen, als wären Sie mit der Front des Wagens bereits aus der Unterführung herausgefahren, während Sie mit dem Heck noch nicht einmal in der Unterführung wären. Ein spontaner Uhrenvergleich aus dem Auto mit der Uhr in Ihrem Zimmer würde Ihnen verraten, dass diesmal die Uhr in Ihrem Haus langsamer zu gehen scheint. Zeit und Raum treten somit als beobachtergebundene Größen eines Inertialsystems auf, welche von dessen Geschwindigkeit relativ zu anderen Inertialsystemen abhängig sind. Doch worauf lässt sich dieses Verhalten von Raum und Zeit zurückführen?

7.3. Relative Gleichzeitigkeit

Der für die klassische Mechanik als selbstverständlich erscheinende Augenblick der Gleichzeitigkeit der alle Zustände der Welt zu einem absolut bestimmten Zeitpunkt enthält, hat sich in der SRT durch die Einführung der lokalen Zeit t' als unhaltbar erwiesen. Aufgrund der geschwindigkeitsgebundenen und somit nicht instantanen Ausbreitung der elektromagnetischen Strahlung entsteht eine relative Gleichzeitigkeit, die von dem Zustand des jeweiligen Inertialsystems abhängig ist.

Stellen Sie sich bitte einmal vor, dass Licht wäre sehr langsam. Wenn Sie nun Ihr Fenster öffnen und genau in dem Moment des Öffnens sehen Sie einen Fußgänger vor Ihrem Haus stolpern, dann erscheinen Ihnen diese beiden Ereignisse als gleichzeitig. Da das Licht vom Fußgänger jedoch einen weiteren Weg zurücklegt, muss er aus seiner Sicht ein wenig früher gestolpert sein, da die Wahrnehmung seines Stolperns und die des Fensteröffnens bei Ihnen gleichzeitig angekommen ist. Dem Fußgänger wird es deswegen so erscheinen, als hätten Sie das Fenster erst geöffnet, nachdem er gestolpert sei. Schließlich erfährt er sein Stolpern bereits direkt am eigenen Leibe, während das vom Fenster reflektierte Licht mit seiner beschränkten Geschwindigkeit erst eine gewisse Distanz zurücklegen muss, um von ihm wahrgenommen zu werden. Dies ist die Relativität der Gleichzeitigkeit, die den Vorfall auf subjektiver Ebene für Sie zufällig und für ihn kausal erscheinen lässt. Während Sie keinen Zusammenhang zwischen diesen beiden Ereignissen sehen werden, wird der Gestrauchelte womöglich denken, sie hätten das Fenster geöffnet, um zu Fragen, ob alles in Ordnung sei oder sogar, um über ihn zu spotten. Die zeitliche Wahrnehmung bestimmter Ereignisse ist somit durch die Eigenschaften der Lichtausbreitung und bei höheren Relativgeschwindigkeiten durch die Lorentz-Transformation bestimmt.

Eine weitere sehr gute Darstellung der relativen Gleichzeitigkeit lässt sich in Domenico Giulinis und Thomas Filks Gemeinschaftswerk *Am Anfang war die Ewigkeit. Auf der Suche nach dem Ursprung der Zeit* (2004) ab S. 159ff. finden.

Es lässt sich festhalten, dass die Beschränkung der Ausbreitungsgeschwindigkeit elektromagnetischer Strahlung bedeutende Konsequenzen für unser Weltbild in sich birgt. Wieder einmal offenbart sich die Notwendigkeit für die Metaphysik darin, dass sie sich auf empirische Erkenntnisse stützten sollte, um weltnahe Ansichten erarbeiten zu können. Ein reines Philosophieren ohne Bezug zu unserer Welt kann nicht fruchtbar sein:

> „Meine erste These ist, dass jede Philosophie und insbesondere jede philosophische Schule dazu tendiert, in einer solchen Weise zu degenerieren, dass ihre Probleme praktisch von Scheinproblemen ununterscheidbar werden, was dazu führt, dass ihre Fachsprache von sinnlosem Geplapper ununterscheidbar wird. Ich werde versuchen zu zeigen, dass dies eine Folge philosophischer Inzucht ist." (Popper, Karl R.: Vermutungen und Widerlegungen. Das Wachstum der wissenschaftlichen Erkenntnis. Teilband I: Vermutungen, 1994, 104)

Bernulf Kanitscheider hat 1985 diese Auffassung Poppers auf dem Internationalen Hermann-Weyl-Kongresses in Kiel treffend zusammengefasst:

> „Popper sagt hiermit nicht nur, dass es überhaupt sinnvolle philosophische Probleme gibt, die aus der Wissenschaft entspringen, sondern dass sogar alle echten philosophischen Fragen diese Herkunft besitzen und dass die philosophischen Schulen zu

Verbalismus, Pseudoproblemen, Haarspaltereien und unfruchtbarer Scholastik degenerieren, wenn sie versuchen sich rein zu erhalten." (Kanitscheider, Bernulf: Hermann Weyl und die Philosophie der Naturwissenschaft; Aufsatz in: Deppert, Wolfgang (Hrsg.); Hübner, Kurth (Hrsg.); Oberschelp, Arnold (Hrsg.); Weidemann, Volker (Hrsg.): Exakte Wissenschaften und ihre philosophische Grundlegung. Vorträge des Internationalen Hermann-Weyl-Kongresses, Kiel 1985, 1988, 424)

Die Erkenntnis, dass sich nichts schneller als das Licht bewegen könne, ist a priori kaum fassbar. Doch was ist der Grund dafür, dass sich nichts schneller als das Licht bewegen kann?

7.4. $E = mc^2$

In seinem 1905 erscheinenden Artikel *Ist die Trägheit eines Körpers von seinem Energiegehalt abhängig?* (Annalen der Physik 18, 1905, 639ff.) rechnet Einstein vor, dass ein Körper durch Abstrahlung von Licht der Energie L eine Masse vom Betrag L/c^2 verliert. Er erweitert diesen Gedanken und universalisiert den Betrag der Lichtenergie auf Energie insgesamt und gelangt so zu der Gleichung des Massenverlustes $m = E/c^2$, indem er L durch E austauscht. So gelangt er zu der Gleichung $E=mc^2$. Sie besagt, dass Energieveränderungen auch zu entsprechenden Massenveränderungen führen. Während in der klassischen Mechanik die Masse eines Körpers als unveränderlich und durch seine Ruhemasse bestimmt gilt, trifft dies im Rahmen der SRT nur für ruhende Körper zu. Falls ein Körper jedoch beschleunigt wird, widersetzt er sich dieser Beschleunigung sukzessive mit zunehmender Geschwindigkeit. Die dafür verwendete kinetische Energie scheint sich in zusätzliche Masse zu verwandeln. Diese Umwandlung von Energie in Masse gilt fundamental. Selbst die Wärmeenergie eines erhitzen Körpers lässt diesen schwerer erscheinen. Geht die Geschwindigkeit des Körpers gegen c, dann geht der Betrag seiner Masse gegen unendlich. Die Massenzunahme scheint verhindern zu wollen, dass zwei Körper ihre relative, lokale Korrelation in Raum und Zeit verlieren. Es ist ein bedeutender Grundsatz des bereits erwähnten **lokalen Realismus**, dass sich keine Wirkung und kein Körper schneller als das Licht bewegen kann. Dies ist das Prinzip der **Lokalität**. Desweiteren führt die Annahme, dass sich Licht nicht instantan ausbreiten kann, neben der Erkenntnis der Relativität von Raum und Zeit zu dem Postulat einer Trennbarkeit von Inertialsystemen. Diese Trennbarkeit, die ebenfalls ein grundlegendes Prinzip der SRT darstellt wird als **Seperabilität** bezeichnet.

Die klassische Mechanik benutzt zwei Substanzbegriffe mit entsprechenden Erhaltungssätzen. Sie sieht die Welt aus einem Wechselspiel von Materie und Energie aufgebaut. Die SRT hingegen vereinigt diese beiden zu einer Substanz:

„Energie hat Masse und Masse verkörpert Energie." (Einstein, Albert; Infeld, Leopold: Die Evolution der Physik, 1987, 178)

Selbst die Ruhemasse eines Körpers kann äquivalent zu seiner Ruheenergie aufgefasst werden. Das „c" in der Masse-Energieäquivalenzgleichung kann als Umrechnungsfaktor aufgefasst werden, der verdeutlicht, dass einerseits diese Umwandlung erst mit zunehmender Geschwindigkeit gegen c auftritt und andererseits in einer geringen Menge Materie ein enormes Potential an Energie gebunden ist.

Die von der SRT postulierte Massenzunahme ist durch viele Experimente, wie z.B. im CERN bewiesen worden, indem im dortigen Teilchenbeschleuniger beschleunigte Protonen bei einer Geschwindigkeit von 99,9997% c sich so verhalten, als wäre ihr Masse 430mal so hoch, wie ihre Ruhemasse. (vgl. Bodanis, David: Bis Einstein kam, 2003, 68)

Diese Erkenntnisse erschweren es, einen allgemeingültigen Begriff der Masse zu finden, der vormals in der klassischen Mechanik im Sinne ponderabler Körper noch so klar erschienen ist. In Verbindung zur Lorentz-Transformation entsteht auf diesem Weg ein neues Konzept, welches die Masse als relative Erscheinung in Abhängigkeit von Raum und Zeit zu stellen vermag:

> „Das heißt, letztlich ist die Geschwindigkeitsgrenze durch die relativistische Zeit und den relativistischen Raum festgelegt. Die 'Massenzunahme' ist nur eine newtonsche Sprechweise, um diese Geschwindigkeitsgrenze zu beschreiben." (Hoffman, Banesh: Einsteins Ideen. Das Relativitätsprinzip und seine historischen Wurzeln, 1991, 143)

7.5. Die vierdimensionale Minkowski Raumzeit

Die Absage der SRT an eine absolute Zeit aufgrund des Postulats der jeweiligen Eigenzeit eines Inertialsystems durch die Lorentz-Transformation sowie die gleichzeitige Darstellung der Zeitdilatation und Längenkontraktion durch den Faktor „β" in dieser, hat folgende Konsequenz für unser Verständnis von Raum und Zeit:

> „Der wesentliche Unterschied zwischen der Eigenzeit der SRT und der absoluten Zeit Newtons besteht darin, daß die zwischen zwei Punkten der Raum-Zeit verfließende Eigenzeit nicht von der verbindenden Weltlinie unabhängig ist. Newtons absolute Zeit ist 'integrabel', sie steht für zwei Punkte der Welt unabhängig vom Verbindungsweg fest, deswegen kann in Newtons Welt das Zeit-Kontinuum in eindeutiger Weise vom Raum-Kontinuum abgespalten werden. Für die Eigenzeit der SRT gilt dies nicht mehr. Zeit und Raum sind im Rahmen der SRT nicht mehr voneinander unabhängige Unterräume einer vierdimensionalen Raum-Zeit." (Bartels, Andreas: Grundprobleme der modernen Naturphilosophie, 1996, 56)

Hermann Minkowski tritt mit ähnlichen Gedanken bereits drei Jahre nach der Veröffentlichung der SRT an die Öffentlichkeit und verkündet in seinem Vortrag *Raum und Zeit,* den er am 21. September 1908 vor der 80. Versammlung Deutscher Naturforscher in Köln hält, die Vereinigung von Raum und Zeit zu einer vierdimensionalen Raumzeit:

„M.H.! Die Anschauungen über Raum und Zeit, die ich Ihnen entwickeln möchte, sind auf experimentell-physikalischem Boden erwachsen. Darin liegt ihre Stärke. Ihre Tendenz ist eine radikale. Von Stund an sollen Raum und Zeit für sich und Zeit für sich völlig zu Schatten herabsinken, und nur noch eine Art Union der beiden soll Selbständigkeit bewahren." (Minkowski, Hermann: Raum und Zeit; Vortrag in: Gesammelte Abhandlungen, Bd. 2, 1911, 431)

Es ist ein bedeutender Fortschritt der Physik, dass die Absolutheit von Raum, Zeit und Masse als unzulässige Abstraktion aufgedeckt worden ist. Als noch bedeutender mag jedoch die Umwandlung im Verständnis dieser drei vormals unabhängigen Eigenschaften der Welt zu drei sich gegenseitig beeinflussenden Aspekten der Welt gewertet werden. Paul Davies versucht in seinem Buch *Gott und die moderne Physik* diesen Reigen von Raum und Zeit verbal zu ergreifen:

„Wird die Zeit gedehnt, schrumpft der Raum. Die gegenseitige Verzerrung von Raum und Zeit lässt sich als Umwandlung des Raumes, der schrumpft, in der Zeit, die sich dehnt, ansehen." (Davies, Paul C. W.: Gott und die moderne Physik, 1986, 161)

7.6. Das Raumzeit-Intervall

Die bisherige Auseinandersetzung mit der SRT mag den Anschein erwecken, als würde jede Betrachterperspektive eine fremde und andersartige Welt mit sich bringen. Doch die Annahme, dass die Absolutheit der Relativität die Stelle der klassischen Absolutheit angetreten habe, stimmt nicht:

„Es gibt keine absolute Zeit, wohl aber ein invariantes Intervall zwischen Ereignissen." (Wheeler, John Archibald; Edwin, Taylor F.: Physik der Raumzeit. Eine Einführung in die spezielle Relativitätstheorie, 1994, 114)

Die Berechnung einer Entfernung r zwischen zwei Massenpunkten im absoluten Raum der klassischen Mechanik wird durch den Satz des Pythagoras ermöglicht: $r^2 = x^2 + y^2 + z^2$. Im Rahmen der Lorentz-Transformation, in der Raum und Zeit untrennbar miteinander verbunden sind, wird die Zeit als zusätzliche Dimension in die Gleichung eingeführt: $s^2 = x^2 + y^2 + z^2 - c^2 t^2$; wobei „s" für das Raumzeit-Intervall steht. Dieses stellt eine invariable Größe zwischen zwei bewegten Körpern dar:

„Dieses quasi-euklidisch bestimmte Intervall in der Raumzeit ist – und darin liegt seine große Bedeutung – eine bezugssystemunabhängige Größe." (Schonefeld, Wolfgang: Protophysik und Spezielle Relativitätstheorie, 1999, 34)

Die Existenz des Raumzeit-Intervalls s weist auf den wechselseitigen Charakter der Lorentz-Transformation hin. In gewissem Sinne stellt die jeweilige raumzeitliche Verbindung eine Art neutrale Vermittlung dar, die es verhindert, dass einem der beiden Inertialsysteme der Zustand der Ruhe oder der gleichförmigen Bewegung absolut zugeordnet werden kann. Erst die relative

Verbindung zu anderen Inertialsystemen erlaubt eine subjektive Weltsicht. Ingeborg Strohmeyer beschreibt diese Abkehr des lokalen Realismus von der objektiven Wahrheit des naiven Realismus in ihrem Buch *Transzendental-philosophische und physikalische Raumzeit-Lehre* folgendermaßen:

> „Die relativistische philosophische Position versteht sich als Negation der klassischen Lehre. Es gibt keinen objektiven Raum und keine objektive Zeit, in denen die Natur existiert. Vielmehr ist das Raumzeit-Ganze, auf das sie in der physikalischen Erkenntnis bezogen wird, eine mathematische Koordinatenbeschreibung empirischer Bezugssysteme, die keine Objektivität und Wahrheit im herkömmlichen Sinne besitzt." (Strohmeyer, Ingeborg: Transzendental-philosophische und physikalische Raumzeit-Lehre. Eine Untersuchung zu Kants Begründung des Erfahrungswissens mit Berücksichtigung der speziellen Relativitätstheorie, 1980, 172)

7.7. Kontinuierliche Raumzeit

Das klassische Bild von Raum und Zeit beschreibt diese als Kontinuum. Rein intuitiv würde man sich die Raumzeit kontinuierlich vorstellen. Es erscheint fast selbstverständlich, dass die Zeit kontinuierlich verfließt und der Raum kontinuierlich verläuft. Deswegen explodiert im Jahr 1900 das Postulat von Max Planck, dass die Teilchen unserer Welt gequantelt und somit diskret sind, in der Welt der Physik wie eine Bombe, die das so selbstverständlich erscheinende Kontinuum in kleine Stücke zu zerreißen vermag. Auch Einstein ist gut über diese Theorie informiert; veröffentlicht er doch 1905 die Schrift *Über einen die Erzeugung und Verwandlung des Lichtes betreffenden heuristischen Gesichtspunkt* in den Annalen der Physik (17, 1905, 132ff.). In dieser Schrift, für die Einstein 1921 der Nobelpreis zugesprochen wird, setzt er sich eingehend mit Plancks Erkenntnissen auseinander und kommt auf folgende Schlussfolgerung:

> „Es scheint mir nun in der Tat, daß die Beobachtungen über die 'schwarze Strahlung', Photolumineszenz, die Erzeugung von Kathodenstrahlen durch ultraviolettes Licht und andere die Erzeugung bez. Verwandlung des Lichtes betreffende Erscheinungsgruppen besser verständlich erscheinen unter der Annahme, daß die Energie des Lichtes diskontinuierlich im Raume verteilt sei. (Einstein Albert in: John Stachel (Hrsg.): Einsteins Annus mirabilis: Arbeit 5: Über einen die Erzeugung und Verwandlung des Lichtes betreffenden heuristischen Gesichtspunkt; Albert Einstein: Leben und Werk, 2005, 1537; [vgl. Stachel-Annus mirabilis, 2001, 198] http://www.digitale-bibliothek.de/band122.htm)

Indem er schreibt, dass die Energie diskontinuierlich im Raume verteilt sei, stellt er den Raum bereits über die Energie und trennt diese beiden voneinander - ebenso wie in der klassischen Mechanik. Er erachtet zwei Möglichkeiten, die Raumzeit zu verstehen, als adäquat:

> „a) Lagerungs-Qualität der Körperwelt
> b) Raum als 'Behälter' aller körperlichen Objekte.
> Im Falle a) ist Raum ohne körperliches Objekt undenkbar. Im Falle b) kann ein körperliches Objekt nicht anders als im Raum gedacht werden; der Raum erscheint dann

als eine gewissermaßen der Körperwelt übergeordnete Realität." (Einstein, Albert: Vorwort in: Jammer, Max: Das Problem des Raumes, 1960, XIII)
Wenn wir uns erinnern, dann steht Fall a) stellvertretend für das Machsche Prinzip im Sinne des Raumverständnisses von Leibniz - spatium est ordo coexistendi. (vgl. Weizsäcker, Carl Friedrich von: Die Einheit der Natur. Studien, 1984, 149) Einstein jedoch bricht mit Ernst Mach:

> „Von dem Machschen Prinzip aber sollte man meiner Meinung nach überhaupt nicht mehr sprechen. Es stammt aus einer Zeit, in der man dachte, dass die 'ponderablen Körper' das einzig physikalisch Reale seien. (Ich bin mir der Tatsache wohl bewusst, dass auch ich lange Zeit durch diese fixe Idee beeinflusst war)." (Einstein, Albert; zitiert in: Suchan, Berthold: Die Stabilität der Welt. Eine Wissenschaftsphilosophie der Kosmologischen Konstante, 1999, 88),

und übernimmt die Kontinuum-Hypothese der klassischen Mechanik:

> „Der Raum ist also ein *dreidimensionales Kontinuum*. Die Punkte des Raumes können einander beliebig angenähert gedacht werden, und so ist die Möglichkeit, die Etappen einer gedachten Verbindung zwischen weit voneinander entfernten Punkten beliebig klein wählen zu können, auch für das dreidimensionale Kontinuum charakteristisch, (...)" (Einstein, Albert; Infeld, Leopold: Die Evolution der Physik, 1987, 181)

Die Gemeinsamkeit von Raum und Zeit erlaubt zu folgern, dass Einstein die Zeit ebenfalls als kontinuierlich aufgefasst hat. Dies mag trivial erscheinen und doch weist es eindeutig auf eine bestimmte Präsupposition Einsteins hin, die im Lichte der nun aufstrebenden Quantenmechanik besonders zu gewichten ist. Einstein differenziert hier ganz eindeutig zwischen diskreter Teilchenwelt und kontinuierlicher Raumzeitwelt. Obwohl er in seiner SRT darlegt, dass jedem Körper sein eigenes Raumzeit-Inertialsystem zugesprochen werden muss, postuliert er zusätzlich eine von den ponderablen Körpern unabhängige Raumzeit. Bildlich kann man sich diese Raumzeit wie ein dreidimensionales Gitter im Raum, an dessen Schnittpunkten sich Uhren befinden, vorstellen. Es scheint, dass Einstein nicht nur die Kontinuum-Hypothese, sondern mit dieser auch noch die Raumzeitbühne aus der klassischen Mechanik übernommen hat, die selbst Bestand hat, wenn gerade kein Schauspiel aufgeführt wird. Wenn man bedenkt, dass die SRT postuliert, dass jedes Schauspiel seine eigene Bühne als Inertialsystem mit sich führt, dann stellt sich durchaus die berechtigte Frage, wessen Bühne diejenige sein soll, auf der kein Schauspiel stattfindet. Die Entscheidung zu b) wird sein gesamtes physikalisches Wirken beeinflussen und in seiner Allgemeinen Relativitätstheorie (ART) zu voller Geltung kommen. Desweiteren bringt die Annahme der Raumzeit als Behälter der weltlichen Dinge eine Menge neue Fragen mit sich: Wo ist der Rand dieses Behälters? Was ist hinter dem Rand? Worin befindet sich der Behälter? Wie ist der Behälter entstanden? Diese berechtigten Fragen behandelt Einstein in seiner ART. Es ist jedoch von Bedeutung, im Hinterkopf zu behalten, dass der Grundstein zu diesen durchaus problematischen Fragen bereits durch seine Übernahme der Kontinuum-Hypothese von der klassischen Mechanik sowie dem Postulat der Unabhängigkeit der Raumzeit von der Energie in der SRT gelegt worden ist. Hervorzuheben ist die äußerst wissenschaftliche Grundeinstellung Einsteins, die sich durch seine Negation volatiler Wahrheiten bemerkbar macht, indem er den beiden Raumbegriffen – ganz im Sinne des kritischen Realismus – keine objektive Wahrheit zuspricht. Er vermeidet den Fehler der Ontologisierung wissenschaftlicher Erkenntnisse:

> „Beide Raumbegriffe sind freie Schöpfungen der menschlichen Phantasie, Mittel ersonnen zum leichteren Verstehen unserer sinnlichen Erlebnisse." (Einstein, Albert: Vorwort in: Jammer, Max: Das Problem des Raumes, 1960, XIII)

7.8. Kausalität und Zeitrichtung in der SRT

Die Annahmen der Seperabilität und des Kontinuums ermöglichen es Einstein, in seiner welterfüllenden Raumzeit eine durchgängige Kausalität in alle möglichen Richtungen zu postulieren. Mögliche Richtungen sind solche, die im Sinne der Lokalität innerhalb des Raumzeitrahmens der Lichtgeschwindigkeit erreicht werden können. Sir Stanley Arthur Eddington entwirft im Sinne dieses lokalen Raumzeitrahmens in seinem 1931 erscheinenden Werk *Das Weltbild der Physik und ein Versuch seiner philosophischen Deutung* ab S. 52 einen Raumzeitkegel in der Form einer Sanduhr. Der obere Kegel umfasst all die Ereignisse, die sich in der Zukunft des Raumzeitkegels befinden und der untere Kegel steht für die Ereignisse, die in der Vergangenheit liegen. Die Grenzen des Raumzeitkegels sind durch die Lichtgeschwindigkeit auferlegt. Deswegen befinden sich im gesamten Raumzeitkegel nur Ereignisse, die das Prinzip der Lokalität wahren. Im Inneren des Raumzeitkegels und somit für jedes Inertialsystem entwickelt sich dadurch eine Richtung der Zeit von der Zukunft über das Jetzt hin zur Vergangenheit:

> „Raum und Zeit sind auf eine sehr geregelte Weise miteinander verknüpft. Wenn ein inertialer Beobachter feststellt, dass zwei Ereignisse in kausaler Beziehung zueinander stehen und folglich ein positives Zeitintervall T zwischen Ursache und Wirkung liegt, dann kommen auch alle anderen inertialen Beobachter zu diesem Ergebnis. Das bedeutet, dass sich beim Übergang zum Bezugssystem eines anderen Beobachters die zeitliche Reihenfolge zwischen Ursache und Wirkung nicht umkehren kann und ein negatives T somit unmöglich ist." (Schwinger, Julian: Einsteins Erbe. Die Einheit von Raum und Zeit, 2000, 67)

Ulrich Schröder erweitert diesen Aspekt der SRT in seinem Buch *Spezielle Relativitätstheorie*, indem er diese Zeitrichtung als notwendige Bedingung für eine Kausalität in der Welt hervorhebt:

> „Anders ausgedrückt, ein kausaler Zusammenhang zwischen zwei Ereignissen kann nur bestehen, wenn der Abstand zwischen ihnen zeitartig oder lichtartig ist. Die zeitliche Reihenfolge solcher Ereignisse kann also durch eine Lorentz-Transformation nicht vertauscht werden. Bei kausal verknüpfbaren Ereignissen kann man also in ei-

nem absoluten Sinn, d. h. unabhängig vom Inertialsystem, von früher oder später sprechen. Erst dadurch ist es möglich, Ursache und Wirkung als sinnvolle Begriffe einzuführen." (Schröder, Ulrich E.: Spezielle Relativitätstheorie 2005, 66)

Weiterhin fällt bei diesem Zitat auf, dass Schröder trotz des gegenseitigen Charakters von Kontinuierlichkeit und Diskretheit eine Gemeinsamkeit zwischen zeitlichen und lichtartigen Abständen erkennt.

7.9. Die physikalische Struktur der Raumzeit

Ebenso wie Schröder weist Edward Harrison in seiner Schrift zur *Kosmologie* darauf hin, dass die SRT es erlaubt, der Raumzeit eine physikalische Wirklichkeit zuzusprechen, die mit den Eigenschaften der elektromagnetischen Strahlung untrennbar verknüpft zu sein scheint:

„In Verbindung mit der Zeit besitzt der Raum eine physikalische Struktur. Der Raum besitzt seine eigene Realität in einer Art, welche die Lichtgeschwindigkeit für alle Personen, unabhängig von ihrer relativen Bewegung, gleichmacht." (Harrison, Edward R.: Kosmologie, 1983, 208)

Im weiteren Verlauf der Arbeit und in Auseinandersetzung mit der Quantenmechanik soll untersucht werden, inwiefern eine Identität von elektromagnetischen Wirkungen und der Raumzeit aufgefunden werden kann. Ein derartiges Verständnis steht in Konfrontation zu Einsteins Konitnuum-Hypothese. Zur Vorbereitung soll hier abschließend erwähnt werden, dass auch Werner Heisenberg in seiner Schrift *Die Plancksche Entdeckung und die philosophischen Probleme der Atomphysik* eine Verknüpfung zwischen elektromagnetischer Wirkungsausbreitung und der Raumzeit anerkennt:

„Die spezielle Relativitätstheorie Einsteins machte den Physikern klar, dass die Lichtgeschwindigkeit nicht, wie man früher in der Elektrodynamik vermutet hatte, die Eigenschaft eines speziellen Stoffes 'Äther' bezeichnet, der die Lichtfortpflanzung leistet, sondern dass es sich um eine Eigenschaft von Raum und Zeit, also um eine ganz allgemeine Eigenschaft der Natur handelt, die nichts mit speziellen Gegenständen oder Dingen in der Natur zu tun hat. Auch die Lichtgeschwindigkeit kann daher als eine Maßstabskonstante der Natur angesehen werden." (Heisenberg, Werner: Die Plancksche Entdeckung und die philosophischen Probleme der Atomphysik; Aufsatz in: Gesammelte Werke. Abteilung C: Allgemeinverständliche Schriften. Band 2: Physik und Erkenntnis. 1956 – 1968, 1984, 238)

7.10. Determinismus und kosmologische Einordnung der SRT

Die durchgängige Kontinuität der Raumzeit in Einsteins SRT sowie das Prinzip der Lokalität erlauben es, eine durchgängige Erhaltung der Kausalität in der Welt zu postulieren. Auf dieser Grundlage ist die SRT als deterministisch zu werten. Diese Akzeptanz des Determinismus erlaubt es, den Verlauf der Zeit als Illusion zu erachten. In diesem Sinne bewegt sich jeder Körper auf seiner Raumzeitlinie durch die kosmisch bereits vollständig gegebene Raumzeit. Einstein selbst entwickelt auf Basis der SRT ein zylinderförmiges vierdimensionales Blockuniversum. In diesem ist die Raumzeit ebenso wie in der klassischen Mechanik reversibel:

> „Denn in einem gewissen Sinn gibt es auch in Einsteins vierdimensionalem Blockuniversum keine Änderung. Alles ist da, so wie es eben ist, an seinem vierdimensionalen Ort; jede Änderung wird zu einer Art von scheinbarer Änderung; es ist nur der Beobachter, der sozusagen seiner Weltlinie entlang gleitet und sich nacheinander der verschiedenen Orte entlang seiner Weltlinie bewusst wird; das heißt seiner raumzeitlichen Umgebung (...)" (Popper, Karl R.: Vermutungen und Widerlegungen. Das Wachstum der wissenschaftlichen Erkenntnis. Teilband I: Vermutungen, 1994, 116)

Einstein begeht hier den Fehler der Ontologisierung, indem er die soeben aufgezeigten Konsequenzen der Kontinuum-Hypothese als objektive Wahrheit ansieht und auf die Realität überträgt. Hier verlässt er den Bereich der Wissenschaftlichkeit und betritt die Ebene des Glaubens, denn objektive Wahrheiten kann man nicht wissen; man kann sie nur glauben:

> „Für uns gläubige Physiker hat die Scheidung zwischen Vergangenheit, Gegenwart und Zukunft nur die Bedeutung einer wenn auch hartnäckigen Illusion." (Einstein, Albert: Albert Einstein – Michael Besso Correspondence, 1972, 638; zitiert in: Fraser, Julius T.: Die Zeit, 1991, 291)

7.11. Ihr relatives Welterleben

Wie wirkt sich nun die Erkenntnis der SRT als Grundlage des lokalen Realismus auf das Erleben ihres Zimmers aus?

Faszinierend ist, dass im Rahmen der SRT die Effekte der Zeitdilatation und der Längenkontraktion durch das invariante Raumzeit-Intervall wechselseitig wahrgenommen werden. Diese Effekte treten zwar erst bei relativistischen Geschwindigkeiten auf, doch wenn wir bedenken, dass es keinen ausgezeichneten Zustand der absoluten Ruhe geben kann, da dies ein Inertialsystem vor allen anderen auszeichnen würde, dann wird klar, dass Sie sich mit Ihrem Zimmer, Ihrem Haus und der Erde in rasanter Bewegung relativ zu der Sonne, anderen Sonnensystemen und anderen Galaxien befinden.

Es stellt sich nun die Frage, weshalb Sie nichts von der Zeitdilatation und der Längenkontraktion mitbekommen. Sie erfahren die Effekte der Lorentz-Transformation deswegen nicht bewusst, da Sie Länge und Dauer von Dingen und Abläufen immer nur durch die Länge und Dauer von anderen Abläufen vergleichen können. Da all die Maßstäbe und Uhren, die Sie dazu verwenden können, relativ zu Ihnen in Ihrem Zimmer ruhen, unterliegen diese selbst der Lorentz-Transformation. Mit einem Maßstab der 1cm länger geworden ist, können Sie nicht nachmessen, dass alle Gegenstände Ihrer Umgebung 1cm länger geworden sind. Alles, was relativ zu Ihnen ruht, wird Ihnen immer gleichlang und gleichdauernd erscheinen; selbst wenn Ihre Maßstäbe und Uhren aus Sicht eines anderen relativ zu Ihnen bewegten Beobachters enorm verkürzt und verlangsamt vorkommen mögen. Diese Erkenntnis der Relativität der Erscheinungen sowie die Eingebundenheit des menschlichen Körpers in diese Relativität der Raumzeit hat enorme metaphysische Konsequenzen. Alle Vorgänge, all die Maßstäbe unserer Welt, all unsere Zeitmesser, verlieren ihre absolute Gültigkeit. Je schneller man sich relativ zu anderen Gegenständen und Vorgängen bewegt, desto kürzer und langsamer erscheinen sie einem. Wenn man das Pariser Urmeter mit einem 10cm Maßstab in relativistischer Geschwindigkeit vermisst, dann wird es kürzer als 1m erscheinen. Die SRT eröffnet uns die Ansicht, dass die Welt, in der wir leben, jedem Beobachter anders erscheinen wird.

Inwiefern lässt sich dann noch von *einer einzigen* Welt reden, wenn jedes Inertialsystem eine andere Welt erfährt? Oder ist es nicht vielmehr diese subjektive Einzigartigkeit jedes einzelnen Individuums und sein subjektives Welterleben, welches diese eine Welt ausmacht?

Es scheint, dass die Verbindung von Energie und Materie sowie die Erweckung von Raum und Zeit aus dem Schlaf der Absolutheit ein äußerst wechselseitiges Weltbild generieren, welches aus Sicht der klassischen Mechanik nie denkbar gewesen wäre.

7.12. Die Allgemeine Relativitätstheorie (ART) - *Die Grundlage der allgemeinen Relativitätstheorie* (Annalen der Physik. 49, 1916, S. 769–822)

> „Den Kernpunkt des Problems bildet der Umstand, daß die Naturgesetze nur für eine Sonderklasse von Systemen, nämlich für die Inertialsysteme, gelten sollen. Es läßt sich nur dann lösen, wenn es uns gelingt, physikalische Gesetze aufzustellen, die für alle Systeme gelten, und nicht nur für die gleichförmig, sondern auch für die beliebig gegeneinander bewegten." (Einstein, Albert; Infeld, Leopold: Die Evolution der Physik, 1987, 190)

Indem die SRT in ihren Aussagen auf Inertialsysteme beschränkt ist, beschreibt sie nur ganz bestimmte Systeme der Welt. Sie ist auf den flachen Raum beschränkt, der durch die euklidische Geometrie beschrieben wird. In Euklids Werk *Die Elemente* (vgl. Euklid: Die Elemente. Buch I – XIII, 1980) nimmt das Parallelenaxiom eine besondere Stellung ein. Dieses besagt, dass es zu jeder Geraden G_1 und einem Punkt P nur eine Gerade G_2 gibt, die G_1 nicht schneidet. G_2 ist dann die Parallele zu G_1, die durch P geht. Aus diesem Axiom folgt unter anderem, dass die Winkelsumme eines Dreiecks 180° betragen müsse. Dies gilt jedoch nur für den flachen Raum der Ebene. In einer nicht-euklidischen Ebene mit positiver Krümmung, wie z.B. auf der Erde kann die Winkelsumme eines Dreiecks, welches über den Nullmeridian, den 90. Längengrad und den

Äquator gelegt wird, 270° betragen. In dieser elliptischen Geometrie ist somit das Parallelenaxiom des Euklid verletzt, da es in einem Raum mit positiver Krümmung keine Geraden geben kann, die sich nicht schneiden. Einstein überträgt diese Erkenntnis der nicht-euklidischen Geometrie in seiner ART auf die Welt:

> „Unsere Welt ist nichteuklidisch. Ihre geometrische Beschaffenheit wird durch Massen und deren Geschwindigkeiten bestimmt. Die Gravitationsgleichungen der allgemeinen Relativitätstheorie sind ein Versuch zur Bestimmung der geometrischen Eigenschaften unserer Welt." (Einstein, Albert; Infeld, Leopold: Die Evolution der Physik, 1987, 211)

Die gedankliche Grundlage für seine ART entwickelt Einstein im Labor des theoretischen Physikers. Durch ein Experiment in seinen Gedanken erforscht er den Zusammenhang von schwerer und träger Masse und formuliert deren Identität in seinem **Äquivalenzprinzip**. Dieses beruht auf der Grundlage, dass sich alle Körper in einem Schwerefeld unabhängig von ihrer Masse gleich bewegen. Somit kann unter Ausblendung der Wahrnehmung äußerer Einflüsse für einen Körper nicht unterschieden werden, ob sich dieser im freien Fall oder in Schwerelosigkeit befindet. Einstein erweitert dieses Szenario, indem er postuliert, dass für ein Bezugssystem der Einfluss einer Beschleunigung dem eines Schwerefeldes äquivalent sei. Er kann somit den Einfluss einer Beschleunigung auf ein vormals gleichförmig oder ruhendes Bezugssystem, welcher dessen Status als Inertialsystem zerstört und zugleich eine Massenzunahme des beschleunigten Bezugssystems mit sich bringt, mit Hilfe seiner Gravitationsgleichungen erfassen.

Gemäß der SRT bewegt sich ein gleichförmig bewegter Körper geradlinig auf seiner Weltbahn im flachen Minkowsi-Raum. In der ART beschreibt Einstein die Bewegung eines Körpers durch den metrischen Tensor der Riemannschen Geometrie:

> „Die Raumzeit-Welt der allgemeinen Relativitätstheorie entsteht also aus der Raumzeit-Welt der speziellen Relativitätstheorie, indem der ebene Minkowski-Raum durch einen Riemannschen Raum V_4 ersetzt wird, der im Infinitesimalen Minkowskische Struktur hat." (Treder, Hans Jürgen: Relativität und Kosmos. Raum und Zeit in Physik, Astronomie und Kosmologie, 1968, 26)

Wenn ein Bezugssystem beschleunigt wird, verändern sich die Komponenten des metrischen Tensors. Das Äquivalenzprinzip erlaubt es Einstein nun, auch gravitative Einflüsse durch derartige Komponentenänderungen des metrischen Tensors der Raumzeit zu beschreiben. Er fügt somit der geometrischen Bedeutung des metrischen Tensors die Funktion des Gravitationspotentials hinzu und streicht dadurch den Status der Gravitation als Kraft, der in der klassischen Mechanik als grundlegend aufgefasst wird:

> „Die beiden Schreckgespenster – absolute Zeit und Inertialsystem – sind gebannt, die Äquivalenz von schwerer und träger Masse ist berücksichtigt, und es bedarf bezüglich der Gravitationskräfte und ihrer Abhängigkeit von der Entfernung keines Postu-

lats mehr. Die Gravitationsgleichungen haben wie alle physikalischen Gesetze seit dem Aufkommen der Feldtheorie mit allen ihren großen Errungenschaften die Form struktureller Gesetze." (Einstein, Albert; Infeld, Leopold: Die Evolution der Physik, 1987, 212)

Die Gravitation ist somit keine Schwer-Kraft mehr, sondern eine Krümmung der Raumzeit, die durch den metrischen Tensor der Riemannschen Geometrie beschrieben werden kann und ohne Fernwirkungen auskommt. Schließlich würden instantane Fernwirkungen gegen das Prinzip der Lokalität verstoßen. Einsteins wissenschaftlicher Assistent Banesh Hoffman formuliert diesen Fortschritt treffend in seinem Buch *Einsteins Ideen*:

„Was zieht den Apfel zu Boden? Was lenkt den Mond aus seine Bahn um die Erde? Und was hält die Planeten im Umkreis der Sonne? Es ist keine fernwirkende Kraft, sondern etwas viel Grundlegenderes: die Struktur von Raum und Zeit selbst, die – einzeln unfaßbar – zusammen eine alles bestimmende Einheit bilden: die vierdimensionale, gekrümmte Raum-Zeit des gesamten Universums." (Hoffman, Banesh: Einsteins Ideen, Das Relativitätsprinzip und seine historischen Wurzeln, 1991, 193)

Lässt man nun den Aspekt der Massenanziehung bei Seite, gelten für die Inertialsysteme wieder die Gleichungen der SRT. Die ART enthält somit die SRT als einen Sonderfall, der bei Raumzeitkrümmung null in Kraft tritt. Einstein selbst formuliert den Erkenntniswert seiner ART in Hinblick auf seine SRT folgendermaßen:

„*Die allgemeine Relativitätstheorie liefert eine noch tiefer gehende Analyse des Raum-Zeit-Kontinuums. Die Gültigkeit der Theorie bleibt nun nicht mehr auf Inertialsysteme beschränkt. Das Gravitationsproblem wird sondiert, und es werden neue strukturelle Gesetze für das Schwerefeld aufgestellt. Wir sehen uns dadurch genötigt, die Rolle, welche die Geometrie bei der Beschreibung der materiellen Welt spielt, einer gründlichen Untersuchung zu unterziehen, und schließlich lernen wir im Lichte der neuen Theorie auch den Umstand, daß schwere und träge Masse ein und dasselbe sind, als Naturnotwendigkeit verstehen, während er in der klassischen Mechanik noch für rein zufällig gehalten wurde.*" (Einstein, Albert; Infeld, Leopold: Die Evolution der Physik, 1987, 217)

7.13. Der Begriff des Feldes

Wie bereits bei der SRT vertraut Einstein auf Maxwells Erkenntnisse. Dieser hat die elektromagnetische Wechselwirkung durch Gleichungen in der Form struktureller Gesetze beschrieben, die die Wandlungen des elektromagnetischen Feldes erfassen. Ebenso hat Einstein seine Gravitationsgleichungen der ART in der Form struktureller Gesetze verfasst, die die Veränderungen des Schwerefeldes beschreiben. Bereits in Bezug auf die SRT liegt offen zu Tage, dass Einstein mit dem Postulat der kontinuierlichen Raumzeit und der Annahme der geschlossenen Kausalität, die keinen Zufall in der Welt duldet, den Determinismus aus der klassischen Mechanik übernommen hat. In diesem Sinne ist es verständlich, dass er den Determinismus der in den Maxwellschen Feldgleichungen gegeben ist, auch für die ART als grundlegend ansieht:

> „Vergegenwärtigen wir uns doch noch einmal, wie es in der Mechanik war. Wenn wir nur für einen einzigen Augenblick Position und Geschwindigkeit eines Teilchens und ferner die jeweils waltenden Kräfte kannten, waren wir imstande, seinen ganzen weiteren Weg vorauszuberechnen. Nach Maxwell können wir nunmehr anhand der Gleichungen, in die er seine Theorie gefaßt hat, feststellen, wie sich das ganze Kraftfeld in Raum und Zeit verändert, sofern wir nur wissen, wie es in einem bestimmten Moment ausgesehen hat. Mit Maxwells Gleichungen läßt sich somit die Entwicklungsgeschichte des jeweiligen Feldes zurückverfolgen, genauso, wie wir es mit den Gleichungen der Mechanik bei Materieteilchen zu tun vermögen." (Einstein, Albert; Infeld, Leopold: Die Evolution der Physik, 1987, 133)

7.14. Erneute Bestätigung der physikalischen Struktur der Raumzeit

Ebenso wie die SRT erfährt die umfassendere ART in Konfrontation mit der Welt erstaunliche Bestätigungen ihrer Vorhersagen. So erklärt sie z.B. die Rotation des Merkur-Perihels, welche in der klassischen Mechanik nicht begründet werden konnte, in gewissem Sinne nebenbei, da sie überhaupt nicht zu diesem Zweck entwickelt worden ist. Sie beschreibt auf Basis des Äquivalenzprinzips die gravitative Zeitdilatation und erklärt auf diesem Wege auch die Frequenzerniedrigung der gravitativen Rotverschiebung. Große Zustimmung erfährt die ART auch über ihre Vorhersage der Lichtablenkung durch Krümmungen der Raumzeit. So verlaufen die Nullgeodäten des Lichtes entlang der gekrümmten Raumzeit, wie ein Zug auf seinen Schienen. Dieser Effekt erlaubt es, während einer totalen Sonnenfinsternis das Licht von Sternen zu erblicken, welche eigentlich von der Sonne verdeckt sind. Zusätzlich ermöglicht es dieser Effekt auch, das Auftreten verzerrter und doppelter Erscheinungen in der astronomischen Schau des Kosmos durch die Linsenwirkung großer Raumzeitkrümmungen zu erklären. In diesem Sinne führt die ART die Agenda der SRT - eine Vereinheitlichung von Materie, Energie sowie Raum und Zeit - erfolgreich fort:

> „Damit ist ein für allemal die Allgemeine Relativitätstheorie, wie die jetzt hier beschriebenen Denkbemühungen heute heißen, auf ein sicheres Fundament gestellt; und das heißt: es ist eine gesicherte Einsicht, dass Stoff und Raum, Zeit und Dinge unzertrennlich zusammengehören. Eine Naturforschung, die diese Gegebenheiten nicht beachtet, verfehlt notwendig die Wirklichkeit." (Meurers, Joseph: Kosmologie heute. Eine Einführung in ihre philosophischen und naturwissenschaftlichen Problemkreise, 1984, 104)

Als höchstes Ziel dieser Vereinheitlichung formuliert Einstein die Auflösung des Materiebegriffes in den Begriff des Feldes:

> „Materie ist dort, wo sehr viel Energie konzentriert ist; ein Feld ist dort, wo wenig Energie ist. (...) der Unterschied zwischen Materie und Feld [ist] eher quantitativer als qualitativer Natur. Es hat (...) keinen Sinn mehr, Materie und Feld als grundver-

schiedene Dinge zu betrachten, und wir dürfen auch nicht von einer klar definierbaren Oberfläche, einer Scheidewand, zwischen Feld und Materie sprechen. (...) Wir können die Physik zwar nicht auf dem Materiebegriff allein aufbauen, doch muß auch die Unterscheidung zwischen Materie und Feld in dem Moment, wo man sich über die Äquivalenz von Masse und Energie klargeworden ist, als etwas Unnatürliches und unklar Definiertes erscheinen. (...) In einer solchen modernen Physik wäre kein Platz mehr für beides: Feld *und* Materie; (...) Bislang ist es uns allerdings noch nicht gelungen, diesen Gedanken zu einer überzeugenden und folgerichtigen Theorie zu verarbeiten. (...) Vorläufig müssen wir noch bei allen unseren theoretischen Konzeptionen zwei Dinge als gegeben hinnehmen – Feld und Materie" (Einstein, Albert; Infeld, Leopold: Die Evolution der Physik, 1987, 215f.)

John Archibald Wheeler ist von diesem Vorhaben derart eingenommen, dass er auf der Grundlage der ART eine vollständige Erklärung der Welt durch geometrische Zusammenhänge anstrebt. Herman Weyl versucht ebenfalls eine derartige **Geometrodynamik** zu begründen:

„Was die physikalische Interpretation angeht, so entspricht die materielle Welt nach Weyl einem vierdimensionalen metrischen Raum, dessen Geometrie es erlaubt, nicht nur die Gravitation, sondern auch die elektromagnetischen Erscheinungen wiederzugeben. Demnach 'ist alles Wirkliche, das in der Welt vorhanden ist, Manifestation der Weltmetrik' (Weyl 1918b: 385)." (Friedmann, Alexander: Die Welt als Raum und Zeit, 2002, 119)

Die Geometrodynamik offenbart jedoch im Zuge ihrer Entwicklung zunehmend Schwächen, die auf eine Überbewertung der Geometrie zurückgeführt werden kann. Schließlich gilt auch für die Geometrie, dass sie nur eine subjektive Beschreibung der Welt sein kann:

„Die Geometrie hat keine ontologische, sondern methodologische oder operative Existenz." (Gorge, Viktor: Philosophie und Physik. Die Wandlung zur heutigen erkenntnistheoretischen Grundhaltung in der Physik, 1960, 105)

7.15. Kosmologische Aussichten

In Bezug auf die Riemannsche Geometrie postuliert die ART, dass der „Raum der Einsteinschen Welt (...) eine in sich geschlossene, gleichzeitig aber unbegrenzte dreidimensionale Kugelfläche" sei. (Komarow, W. N.: Auf den Spuren des Unendlichen, 1978, 110) In diesem Sinne würde der Speer des Archytas von Tarent nie aus der Welt herausfliegen können. Er würde, nachdem er die gesamte Welt einmal durchquert hätte, einfach wieder am Abwurfpunkt ankommen; so wie ein Flugzeug, welches um den Erdball fliegt, schlussendlich wieder an seinem Abflugplatz vorbeikommen wird. Einsteins deterministisches Universum ist in diesem Sinne als endliche, jedoch unbegrenzte Raumzeit, aus der nichts entweichen kann, zu verstehen.

7.16. Ihr ART-Zimmer

Versuchen Sie bitte Ihr Zimmer und die Welt auf der anderen Seite Ihres Fensters von einem Raumzeitfeld erfüllt zu sehen. Stellen Sie sich ein Koordinatensystem vor, welches von Himmel und Decke zum Boden leicht an Krümmung zunimmt. Auch gehen die Uhren in dem Flugzeug, welches Sie evtl. gerade am Horizont erblicken können, ein wenig schneller, als die Chronometer ihres Zimmers. Wenden Sie sich nun bitte von Ihrem Fenster ab und betrachten Sie die Gegenstände in Ihrem Zimmer. Erscheint es nicht verwunderlich, dass diese dort an ihrer Stelle in der Raumzeit so bewegungslos ruhen. Es scheint als klebten sie am Boden. Erscheint dieser Zustand der Schwere nicht schier unglaublich. Wir sind so durch die Gewöhnung an die Gravitation gesättigt, dass wir es als normal empfinden, wenn der dem Griff entwichene Stift zu Boden fällt. Doch hier ist keine Kraft der Schwere am Werke. Der Stift folgt nur seiner Raumzeitbahn des Schwerefeldes. Nähert er sich überhaupt dem Boden? Ist es nicht vielmehr der Boden des Zimmers, welcher sich dem Stift nähert? Wird Ihr Zimmer nicht beständig so nach oben beschleunigt, dass Sie und all die Dingen in ihrem Zimmer nach unten gegen den Boden des Zimmers gedrückt werden? Wenn Ihnen das, was Sie gerade lesen so wenig gefällt, dass Sie aus Ihrem Fenster springen, nähern Sie sich dann dem Erdboden, oder nähert sich der Erdboden Ihnen? Im Sinne der SRT wären beide Perspektiven gleichberechtigt. Doch die ART erklärt, dass die gewichtigere Raumzeitkrümmung des Schwerefeldes eine größere Wirkung ausüben wird. Dementsprechend weicht in der Einsteinschen Welt der positiven Raumkrümmung die Gleichberechtigung der Perspektiven dem Prinzip der stärkeren Raumzeitkrümmung. Erst wenn Sie eine größere Raumzeitkrümmung als die Erde hervorrufen würden, dann könnten Sie behaupten, dass sich die Erde auf Sie zubewege.

Versuchen Sie sich nun einmal die Welt vorzustellen, wie sie Einstein und noch extremer Wheeler und Weyl gerne erklärt hätten. Hier ruft die Erde keine Raumzeitkrümmung hervor. Sie ist diese Krümmung der Raumzeit. Eine Konzentration von Energie. Sehen Sie die Dinge Ihres Zimmers nicht als unbeweglich seiende Materieklumpen an, die sich auf ihren Weltbahnen bewegen. Imaginieren Sie diese als prozesshafte Energiefluktuationen, die in beständiger Erneuerung ihrer Selbst ein Bestandteil des Raumzeitfeldes darstellen. Wenn sich eines dieser Energiebündel relativ zu den anderen Energiebündeln bewegt, dann bewegt sich kein separierbarer Gegenstand in der Raumzeit. Vielmehr nimmt die Energiekonzentration an einer Stelle der Raumzeit ab und an einer anderen Stelle nimmt sie wieder zu. Indem der Gegenstand selbst Raumzeit ist, kann er sich nicht mehr in dieser bewegen. Das, was uns somit als Bewegung erscheint, wäre in Wirklichkeit eine wandernde Energiefluktuation des Raumzeitfeldes selbst. Wenn ein kapitaler Karpfen in einem flachen Teich seine Bahnen zieht, ohne die Wasseroberfläche zu durchbrechen, dann zeichnet sich an dieser eine Art Bugwelle ab. Diese Welle stellt eine Energiekonzentration dar, die durch das Wasser geschoben wird, während das Wasser selbst nicht mit wandert. Ebenso könnte es in ihrem Zimmer aussehen. Die Dinge sind in Wirklichkeit gar keine Dinge. Indem diese relativ zu anderen scheinbaren Dingen ihre Lage verändern, ja selbst wenn sie zu ruhen scheinen, sind sie nie dieselben. Die Begriffe des Seins, der Identität, die gesamte Ontologie treffen hier auf ihre Grenzen. Sie können nicht nur nicht zweimal in den selben Fluss steigen – wie Heraklit es einmal trefflich bemerkt hat; sie können nicht mal einmal in denselben Fluss steigen. Ihr Stift, den Sie gerade in Ihrer Hand halten ... dieser Stift ist schon jetzt nicht mehr derselbe. Er befindet sich beständig in Wechselwirkung mit dem ihm umgebenden Raumzeitfeld und mit sich selbst. Halten Sie Ihren Stift bitte einmal vor Ihre Augen. Jetzt bewegen Sie Ihn hin und her. Sehen Sie, was Sie nicht sehen können, was uns unsere beschränkte Wahrnehmung der Welt verschleiert? Wenn Sie Ihren Stift bewegen, dann ist er wie die Bugwelle des Karpfens - Eine Energiewanderung durch das Raumzeitfeld, ohne eine Wanderung desselben. Seine Identität beruht auf der Ontologisierung unserer subjektiven Wahrnehmung. Es ist ein Konstrukt unseres menschlichen Geistes, welches uns Gleichbleibendes als Seiendes vorspielen will. Nun unterliegt die Bugwelle des Karpfens jedoch Zerstreuungsprozessen, durch die die Energie beständig in Wärmeenergie an die Luft und das umgebende Wasser abgegeben wird. Sobald die Energiezufuhr durch den Karpfen abebbt, kommt die Welle sukzessive zum Stillstand. Wie soll nun die Permanenz der uns umgebenden Dinge gewahrt sein? Schließlich erscheint es nicht so, als würde ihnen beständig Energie zugeführt. Sind es diese dissipativen Prozesse, die die Entropie der Welt erhöhen, die uns einen Strich durch die Rechnung des Raumzeitfeldes machen? Kann es nichtdissipative Energiewanderungen in der Welt geben? Sind alle Wellen an die Vergänglichkeit und an ein Medium gebunden?

8. Solitonen

Auch wenn es gegen das von der Welt geformte Verständnis zu verstoßen scheint, gibt es interessante Beobachtungen über dispersionsfreie Wellenphänomene in der Welt. Derartige Wellenphänomene zeichnen sich dadurch aus, das die Phasengeschwindigkeit aller Teil-, bzw. Komponentenwellen einer Wellengruppe gleich sind. In derartigen Wellengruppen sind somit Phasengeschwindigkeit und Gruppengeschwindigkeit der Wellen identisch. Verändert sich dies, dann tritt **Dispersion** ein. sie Der schottische Schiffsbauingenieur John Scott Russell hat derartige Wellen erstmals im August 1834 beobachtet. (Russel, John Scott: Report on Waves. Fourteenth meeting of the British Association for the Advancement of Science, York, September 1844, 1845, pp 311-390, Plates XLVI-I-LVII) Zu dieser Zeit unternimmt er auf dem Union Canal zwischen Glasgow und Edinburgh Versuche um den Energieaufwand für den Antrieb und die Abbremsung von Schiffen in Bezug auf die aufkommende Dampfschifffahrt zu untersuchen. Bei dem Bremsvorgang eines Bootes bemerkt er, wie sich von dem Bug desselben eine Welle loslöst, die scheinbar unverändert und somit dispersionsfrei relativ schnell den Union Canal entlangwandert. Er verfolgt diese seltsame Welle mit seinem Pferd auf einer Strecke von umgerechnet knapp 2km.

Abbildung 4: Erzeugung eines Solitons auf dem "Scott Russells Aquaeduct" des Union Kanals nahe der Heriot-Watt-University in Edinburgh am 12.07.1995 (http://www.ma.hw.ac.uk/solitons/soliton1.html)

Ihre Form erscheint ihm dabei sehr stabil zu sein und erst nach und nach verliert sie an Höhe und sich dann selbst in den Windungen des Kanals. Schlussendlich ist somit auch Russells Welle der Dispersion und aus thermodynamischer Sicht der **Dissipation** erlegen, indem sie sich in Wärmeenergie in Kanal und Luft verteilt hat. Doch weshalb hat sich diese Welle überhaupt derartig dispersionsimmun verhalten?

Normalerweise breiten sich Oberflächenwellen des Wassers nicht so einheitlich aus. Vielmehr beruhen diese auf komplizierten Überlagerungen (**Superpositionen**) diverser Wellen verschiedener Frequenz und Geschwindigkeit, die relativ schnell der Dispersion unterliegen. Physikalisch werden solche Wellen durch die Addition einzelner Sinuswellen in linearen Gleichungen berechnet. Die **Linearität** der individuellen Sinuswellen führt dazu, dass die Teilwellen sich unabhängig voneinander ausbreiten und zerstreuen. Da dies bei Russells Welle nicht stattgefunden hat, lässt sich schließen, dass die von ihm beobachtete Gruppenwelle - die aufgrund ihrer Einförmigkeit als **Soliton** oder solitäre Welle bezeichnet wird - nicht aus voneinander unabhängigen Sinuswellen bestehen kann. Vielmehr ist die Stabilität von Solitonen auf **nichtlineare Wechselwirkungen** zurückzuführen, die die individuellen Sinuswellen aneinanderkoppeln. (vgl. Briggs, John; Peat, David F.: Die Entdeckung des Chaos. Eine Reise durch die Chaos-Theorie, 1990, 175) Gerade dieser Effekt der Rückkoppelung ist es, der die Nichtlinearität auszeichnet. Im Gegensatz zu linearen Gleichungen beruhen nichtlineare Gleichungen auf Termen, die wiederholt mit sich selbst multipliziert werden und somit selbstbezüglich sind. Wenn wir an unsere Vorstellung des fluktuierenden Raumzeitfeldes des letzten Kapitels zurückdenken, dann sind explizit derartige selbstbezügliche Rückkoppelungen auf nichtlinearer Basis gefragt, die die Form der Dinge unserer Welt im Raumzeitfeld als permanent erscheinen lassen würden.

Wenn Sie, verehrter Leser, Ihr Augenmerk auf Vogelschwärme, die Sie durch Ihr Fenster beobachten, legen, dann können Sie diese grob in zwei Gruppen einteilen:

Viele Ansammlungen von Vögeln bewegen sich scheinbar chaotisch durch die Luft. Hier handelt jeder Vogel individuell. Zufällige Ansammlungen solcher voneinander unabhängigen Vögel zerstreuen sich ziemlich schnell – sprichwörtlich - in alle Winde.

Hin und wieder lassen sich jedoch Vogelschwärme beobachten, die sich wie eine einziges Individuum zu verhalten scheinen. Es mutet an, als wäre der ganze Schwarm von jedem einzigen Vogel und jeder einzige Vogel von dem ganzen Schwarm gesteuert. Wie ein in der Luft wehendes Band, ein lebendes Feld scheint der Schwarm am Himmel zu tanzen. Ändert einer der Vögel die Richtung folgen ihm alle seine Artgenossen, die sich um ihn herum befinden. Diese animieren wiederum ihre Nachbarn dieser Bewegung zu folgen und die Änderung der Flugrichtung pflanzt sich wie eine Laolawelle durch den Schwarm fort. Dieses Verhalten der **spontanen Selbstorga-**

nisation beruht auf nichtlinearen Wechselwirkungen und hat zur Voraussetzung, dass die individuellen Unterschiede der Vögel sehr gering sind.

Russell beginnt im Zuge seiner neuen Entdeckung die Solitonen näher zu erforschen und ermittelt in weiteren Versuchen, dass die Bildung eines Solitons von der Kanaltiefe abhängt und das deren Geschwindigkeit immer mit ihrer Höhe zusammenhängt. (vgl. Briggs, John; Peat, David F.: Die Entdeckung des Chaos. Eine Reise durch die Chaos-Theorie, 1990, 176) Sie würden somit den Knall einer fernen Kanone vor dem Abschussbefehl hören, da der Schall des Abschusses sich als solitäre Welle mit höherer Geschwindigkeit fortpflanzen wird, als es dem verbalen Kommando beschieden ist.

1895 dreizehn Jahre nach Russells Tod veröffentlichen die holländischen Mathematiker D.J. Korteweg und C. de Vries in *On the change of form of long waves advancing in a rectengular canal and on a new type of long stationary waves* (Phil. Mag. 39, 1895, 422-443) ihre nichtlineare KdV-Gleichung. Diese Gleichung kann dass Verhalten zweier sich begegnender Solitonen beschreiben. Das interessante bei einer solchen Begegnung ist nämlich, dass die beiden Wellen durch sich hindurch laufen, ohne dass sie sich gegenseitig beeinflussen und verändern. Es scheint, dass diese Form der Ordnung auf Basis der nichtlinearen Rückkoppelung eine erstaunliche Stabilität besitzt. Es ist nun verständlich, wie sich solitäre Wasserwellen seismischen Ursprungs, die als Tsunamis bezeichnet werden, tausende von Kilometern durch den Ozean wandern können, ohne von anderen Oberflächenwellen zerstört zu werden. Solitonen beschränken sich jedoch nicht nur auf Wellenphänomene des Wassers. Sie werden ebenso in der Atmosphäre unseres und auch anderer Planeten unseres Sonnensystems beobachtet. (vgl. Briggs, John; Peat, David F.: Die Entdeckung des Chaos. Eine Reise durch die Chaos-Theorie, 1990, 180-183) Doch sind Solitonen nur in beweglichen Medien wie Luft und Wasser möglich?

Gegen 1955 beginnen Enrico Fermi, Stanislaw Ulam und John Pasta die Energieausbreitung in Atomgittern von Festkörpern zu untersuchen. Entgegen der durch die Thermodynamik geprägten Annahme, dass eine dem Gitter hinzugefügte Energie sich gleichmäßig auf die Gitteratome verteilen wird, bemerken sie erstaunliches:

> „Die Analyse des Fermi-Pasta-Ulam-Modells zeigt, daß das Phänomen etwas mit der Bildung eines Solitons zu tun hat – nicht aus Wasser oder Luft, sondern aus Energie -, das sich in Form einer kohärenten Welle durch das Gitter bewegt." (Briggs, John; Peat, David F.: Die Entdeckung des Chaos. Eine Reise durch die Chaos-Theorie, 1990, 186)

Die impulsartige Energieausbreitung, die durch Hitze oder einen Schlag am Ende einer Metallstange initiiert wird, geschieht in Form von Solitonen. In Bezug auf die Materie-Energie-Äquivalenz der SRT kommen wir hier der Energiefluktuation des Raumzeitfeldes als Grundlage materieller Körper im Universum der ART schon sehr nahe. Es zeigt sich nämlich, dass durch die Solitonen bereits stabile Energiewanderungen veranschaulicht werden können. Doch lässt sich die uns permanent erscheinende Materie durch dispersionsfreie Solitonen erklären? Gibt es Belege für stehende Solitonen, die sich in beständiger Iteration auf der Grundlage nichtlinearer Rückkoppelungen mit sich und der Umwelt aufrecht erhalten können?

Vorerst soll jedoch auch noch auf den universellen Charakter der Solitonen hingewiesen werden. Es ist bereits dargelegt worden, dass Solitonen sich in festen und beweglichen Medien ausbreiten und erhalten können. Hinzu gesellt sich nun eine Frage, die für das Weltbild eines Subjektes grundlegend ist und von der Physik nicht erfasst werden kann. Können die Erkenntnisse von Solitonen über die bisherigen Betrachtungen hinaus auch auf die Biologie und somit auf das Lebendige in der Welt ausgebreitet werden?

„Für diese Forschungen erhielten Hodgkin, Huxley und John Eccles den Nobelpreis. Sie zeigten, daß Nervenimpulse in einer Form transportiert werden, die wir heute als Solitonen bezeichnen – mit konstanter Geschwindigkeit und ohne Dissipation. (...) Einige Theoretiker haben das Nervensoliton als 'Elementarteilchen des Denkens' bezeichnet." (Briggs, John; Peat, David F.: Die Entdeckung des Chaos. Eine Reise durch die Chaos-Theorie, 1990, 189f.)

Synopsis
Der experimentelle Nachweis von Solitonen belegt, dass in der Welt äußerst beständige Energieformationen auftreten, die sich transversal durch ein Medium bewegen, ohne dieses selbst mit sich zu nehmen. Es erscheint, dass, selbst wenn die Energie nicht greifbar ist, eben dieser ein durchaus gewichtiges Wirkpotential inhäriert.

8.1. Iteration

Der soeben bereits verwendete Begriff „**Iteration**" ist für die Auseinandersetzung mit diesem Thema von grundlegender Bedeutung und kann mit „Selbstbezüglichkeit" übersetzt werden. Das Postulat, dass es kein beständiges Sein in der Raumzeit gebe, sondern nur prozesshafte Energiekonzentrationen des Raumzeitfeldes, setzt ein Verhalten voraus, welches eine beständige, selbstbezügliche Aktualisierung dessen ermöglicht, was in der Welt als stabil erscheint.

„Iteration – Rückkoppelung durch stetige Wiederaufnahme und Wiedereinbeziehung von allem, was vorher war – begegnet uns fast überall: in sich dahinwälzenden Wettersystemen, bei der künstlichen Intelligenz, in der periodischen Erneuerung unserer Körperzellen." (Briggs, John; Peat, David F.: Die Entdeckung des Chaos. Eine Reise durch die Chaos-Theorie, 1990, 92.)

Jegliche Energiekonzentration und somit alle Körper in unserer Welt hätten keinen Bestand, wenn es keine Iteration gäbe. Alles würde sofort verpuffen. Der Stift in Ihrer Hand wäre auf einmal futsch und dann Sie selbst. Doch Sie und Ihr Stift sind auch jetzt – bereits einen Satz weiter – immer noch *da* – was auch immer das heißen mag. Dies kann im Sinne des Raumzeitfeldes nur möglich sein, wenn Sie selbst und Ihr Stift sich beständig mit sich selbst und Ihrer Umgebung rückkoppeln. Auf diese Weise ermöglicht die Iteration **autopoietische Strukturen**. Derartige Strukturen stehen für offene Systeme die sich auf der Grundlage der Iteration selbst erschaffen und relativ stabil bleiben. Desweiteren müssen stehende Solitonen möglichst dispersionsfrei ablaufen. Schließlich würde jede merkliche Dispersion eine stabile und permanente Materie unmöglich machen und sofort zerfallen lassen.

Auf dieser Grundlage ist es uns bereits möglich zwischen bewegten und stehenden Solitonen zu differenzieren. Erstere bewegen sich immer in einem Medium und werden aufgrund von Widerständen wie innerer Reibung schlussendlich alle den Tod durch Dissipation erleben. Sie sind Manifestationen von Bewegungsenergie in einem Medium und sollen hier als kinetische Solitonen bezeichnet werden. Im Sinne der SRT erhöhen die kinetischen Solitonen die Masse ihres Mediums an der jeweiligen Position, die sie gerade durchlaufen. In Bezug auf die ART führt diese Massenveränderung zu einer zusätzlich wandernden Krümmung des Raumzeitfeldes, welche in unserer Wahrnehmung das Bild des Solitons entstehen lässt. Die kinetischen Solitonen verhalten sich zu den stehenden Solitonen ähnlich wie die Bewegungsenergie zu der Ruhenenergie im Rahmen der SRT. Mit einem bedeutenden Unterschied: Im Solitonenmodell scheint sich die Energie des Raumzeitfeldes zu bewegen. Im Modell der SRT bewegt sich nicht die Energie in der Raumzeit. Es bewegt sich ein Körper, dem Bewegungsenergie inhäriert in der Raumzeit. Dieser Unterschied von Energie des Raumzeitfeldes und von der Energie bewegter Körpern ist bereits durch den **Denkrahmen** den das jeweilige Paradigma aufspannt vorherbestimmt.

Exkurs zum Thema Denkrahmen:

Hier stoßen wir wiederum auf ein komplementäres Verhältnis verschiedener Deutungen, die sich gegenseitig widersprechen und doch versuchen, gleiches zu erklären. Der Widerspruch ihrer Theorien wurzelt genau in diesem „erklären". Die SRT möchte die *seiende reale Welt* erklären. Die Theorie des Raumzeitfeldes möchte den *werdenden Weltprozess* erklären. In diesem Sinne sind alle Bestrebungen die im jeweiligen Denkrahmen der Paradigmen getätigt werden, bereits durch ihre begrifflichen Werkzeuge vorherbestimmt. Albert Einstein hat diesen Zusammenhang klar herausgestellt:

„Erst die Theorie entscheidet darüber, was man beobachten kann". (Einstein, Albert; zitiert in Malin, Shimon: Dr. Bertlmanns Socken. Wie die Quantenphysik unser Weltbild verändert, 2006, 19)

Komplementaritäten sind immer im Denken des Einzelnen beherbergt. Sie spiegeln ein widersprüchliches Deutungsschema im Geiste des Forschers wieder. Genau hier erlangt die Komplementarität ihre enorme Bedeutung. Indem sie Widersprüche im Denken aufweist, sprengt sie den derzeitig akzeptierten Denkrahmen und konfrontiert den Denkenden mit der Tatsache, dass sein bisheriger Denkrahmen den Weltprozess nicht adäquat zu erfassen vermag. Es ist der Vollzug des Denkens, der sich in fortschreitender Konfrontation mit dem Weltprozess seine eigenen Schranken aufweist. Dies ist der Wert der Komplementarität. Sie zeigt uns auf, dass die Paradigmen der klassischen Mechanik, der SRT und der Raumzeitfeldtheorie den Weltprozess nie erklären können. Es gibt nicht drei diesen Paradigmen entsprechende Welten. Es gibt nur einen Weltprozess. In diesem Sinne können jegliche Theorien nie Erklärungen, sondern immer nur Beschreibungen des Weltprozesses sein.

Der Begriff „Theorie" ist dem Griechischen entlehnt und setzt sich aus „théa", welches „das Anschauen" bezeichnet und „horáein", welches gleichbedeutend mit „sehen" zu verstehen ist, zusammen:

> „Folglich kann man sagen, daß eine Theorie in erster Linie eine *An-Sicht* ist, das heißt eine Weise, die Welt anzuschauen, und keine Form des Wissens, wie die Welt beschaffen ist." (Bohm, David: Fragmentierung und Ganzheit; Aufsatz in: Dürr, Hans-Peter (Hrsg.): Physik und Transzendenz. Die großen Physiker unseres Jahrhunderts über ihre Begegnung mit dem Wunderbaren, 1986, 263)

Es sind komplementäre Aspekte, die verschiedene Perspektiven auf den einen Weltprozess formulieren. Der formulierende Forscher muss sich diesem Zusammenhang immer bewusst sein. Schließlich vertritt jeder Punkt am Ende eines Satzes – sei er nun gedacht, gesprochen oder geschrieben – immer auch einen Standpunkt. Dies bedeutet, dass jeder Mensch, sobald er etwas begrifflich formuliert, sich für einen bestimmten Denkrahmen entschieden hat. Zumeist geschieht dies unbewusst. Dennoch ist die Einordnung all unsere empirischen Erkenntnisse bereits durch den Denkrahmen, durch den wir den Weltprozess betrachten, vorherbestimmt. Wenn jemand von *der Welt* spricht, dann vertritt er eine ontologische Deutung. Dieser Mensch wird sein gesamtes Denken auf ontologische Begrifflichkeiten begründen und dieses überall in der Welt bestätigt sehen. Dabei sieht er nur sich selbst bestätigt. Da er die Welt subjektiv durch die Brille der Ontologie betrachtet, sieht er jene auch nur im Lichte der Ontologie. Dies ist vergleichbar mit der Sicht durch eine Sonnenbrille mit bunten Gläsern. Hier wird jeder, der durch diesen Brillenrahmen blickt, die Welt in bunt sehen. Doch ist es wirklich die Welt die bunt ist? Diese Frage erscheint hier töricht, da es als selbstverständlich erscheint, dass die scheinbare Buntheit auf die Betrachterperspektive hinter der Brille beschränkt ist. Sobald man diese Brille mit den bunten Gläsern abnimmt erkennt man die Täuschung. Und doch unterliegt jeder Mensch tagtäglich mit jedem seiner Gedanken einer solchen Täuschung. Die Brille unseres Denkrahmens können wir nämlich nicht abnehmen. Dann wären wir gedanklich blind. Indem wir jedoch denken, erblicken wir die Welt in den Farben unseres Denkrahmens. Dies muss uns bewusst werden! Es ist *naiv*, wenn man die Weltsicht durch die Brille als real ansieht. Es ist *kritisch*, wenn man glaubt, dass hinter der Brille eine wahre objektive Welt ist. Doch dies ist der Trugschluss des kritischen Realismus. Jedes Sehen ist das Sehen eines Subjektes und geschieht notwendigerweise durch eine Brille. Eine reale Welt hinter der Brille gibt es nicht. Es ist erst die Brille, die unsere Welt erschafft. In dem Moment, in dem man über diese Welt hinter der Brille zu Denken beginnt, setzt man sich bereits eine neue Brille auf. Der fortschreitende Paradigmenwechsel in den Naturwissenschaften ist das Wechseln unserer Brillen, durch die wir die Welt in anderen Farben sehen und formulieren. In diesem Sinne muss der Naturwissenschaftler auch immer Optiker sein. Er muss seinen Denkrahmen und seine Beschränkungen genauestens kennen, damit er nicht zu naiv an seine Weltsichten herangeht oder sie gar als objektive Wahrheiten akzeptiert.

Benutzt jemand den Begriff *„Weltprozess"*, dann vertritt er einen Denkrahmen, der den fließenden prozesshaften Charakter des Werdens umfasst. Uns muss dabei immer bewusst sein, dass all unsere Denkrahmen immer nur Beschreibungen verschiedener Aspekte darstellen. Wenn wir sie für Erklärungen halten, verfallen wir in einen Glauben an volatile Wahrheiten; Wahrheiten, die durch Komplementaritäten gesprengt werden. In diesem Sinne ist jeder Widerspruch, der sich im Denkvollzug offenbart ein Fortschritt desselben. Da wir derzeit versuchen, die Welt durch die Brille des prozesshaften Raumzeitfeldes zu betrachten, werden wir kinetische Solitonen als **Wirkprozesse** (kurz: **WiPro**) und stehende Solitonen als **Realprozesse** (kurz: **RePro**) bezeichnen.

Synopsis

Jegliches menschliches Denken findet in einem Gebäude statt, dessen Wände durch den jeweils akzeptierten Denkrahmen geschaffen werden. Das Denkgebäude darf nicht die Kirche der Wissenschaft sein. Forschern muss stets bewusst bleiben, dass sie in Folge der Kategorien ihres Denkens experimentelle Erkenntnisse immer nur durch die Fenster ihres Denkgebäudes erblicken können. Sie müssen nach Komplementaritäten forschen, um die Wände zu erkennen, in denen sie leben.

Die Medizin ist ein sehr gutes Beispiel, um den Einfluss ihres Denkrahmens auf ihre Diagnostik zu beschreiben. Da sich wohl die wenigsten Mediziner mit einer Hinterfragung ihres eigenen Denkrahmens beschäftigen, werden sie größtenteils naive Realisten sein. Wenn Sie, verehrter Leser, diverse Mediziner danach befragen, ob Krankheiten *an sich* existieren, dann werden diese die Grundlage ihrer Erwerbstätigkeit mit großer Sicherheit als existent ansehen. „Die Grippe geht um." „Sie haben FSME." „Ihr Kind leidet unter einer Aufmerksamkeitsdefizit-/Hyperaktivitätsstörung." „Der Kampf gegen den Krebs geht weiter." Selbstverständlich ist der naiv realistische Sprachgebrauch der Mediziner diesen durchaus hilfreich. Schließlich erlaubt er es den praktizierenden Ärzten, kranke Menschen anhand bestimmter Symptomatiken relativ sicher in bestimmte Gruppen einzuteilen. Diese Gruppen bekommen ein Etikett – der Name der Krankheit – angeheftet und zu jedem Etikett gibt es – im Rahmen der Schulmedizin - mehr oder weniger standartisierte Therapien. Nun gibt es relativ wenig Anreiz der Systematisierung in der Medizin philosophisch auf den Zahn zu fühlen. Schließlich will diese nicht die Welt erklären, sondern der Menschheit dienen. Dennoch gibt es hier erstaunliche Parallelen zum Denkrahmen der Naturwissenschaften, die dem menschlichen Denkprozess inhärieren. Denn was geschieht in der Medizin? Indem bestimmte kranke Menschen ähnliche Symptomatiken aufweisen, zeigt sich, dass es bestimmte Symptome gibt, die von einem bestimmten Menschen abstrahiert werden können. Schließlich könnte sie ja auch jeder andere Mensch zeigen. Die Krankheit wird als etwas angesehen, was nicht zu dem gesunden Menschen gehört. Dadurch wird die Krankheit aufgrund einer unzulässigen Abstraktion ontologisiert und objektiviert. Genau dies geschieht auch in den Naturwissenschaften. Aber haben Sie schon einmal eine Krankheit ohne einen Kranken gesehen? - Selbstverständlich nicht. Krankheiten treten nur subjektiv in Erscheinung. Die einzige Verbindung zwischen kranken Menschen, die eine vergleichbare Symptomatik aufweisen, ist nicht eine objektive Krankheit, sondern – wie in der Naturwissenschaft – Intersubjektivität. Selbst krankheitserzeugende Viren sind ein Subjekt. Schließlich bedeutet der Begriff „subjectum" nur „das Zugrundeliegende", während „objectum" „das Entgegengeworfene" bedeutet. Sie sehen, dass erst die gemeinsame Verwendung beider Begriffe einen Sinn macht, indem sich das Zugrundeliegende mit dem diesem Entgegengeworfenen befasst. Das Postulat der reinen Objektivität, widerspricht sich somit selbst, da es den notwendigen Bezug, auf den das Objekt erst aufbaut aus dem Zusammenhang streicht. In diesem Sinne ist das Postulat der reinen Objektivität im wahrsten Sinne des Wortes ein Luftschloss, da es auf jegliches Fundament verzichtet. Jedem Menschen obliegt es selbst, wo er zu wohnen gedenkt. Wer jedoch auf dem festen Boden der Realität leben möchte, muss die Subjektivität allen menschlichen Schaffens anerkennen. Wer diesen Abstieg nicht schafft, wird nicht nur Krankheiten den Status der Objektivität andichten. Es ist der daraus resultierende Denkrahmen, der die Menschen ausblendet und Fragen aufwirft, die schwerlich zu beantworten sind. Ebenso wie die naturwissenschaftlichen Paradigmen entstehen Krankheiten erst im Denken entsprechender Forscher. Werden diese jedoch naiv realistisch gedeutet, stellt sich die Frage, ob es denn diese Krankheit bereits früher schon gegeben habe.

Es ist erstaunlich, dass die Zahl der Betroffenen nach der „Entdeckung" einer Krankheit rapide zunimmt. Wählt man z.B. die Aufmerksamkeitsdefizit-/Hyperaktivitätsstörung zur Verdeutlichung, so wird dies gewahr:

Nachdem diese Störung in den breiten medizinischen Kreisen als objektive Krankheit anerkannt worden ist, scheinen in jeder Schulklasse betroffene Schüler vertreten zu sein. Sind auf einmal alle krank geworden? - Nein, es ist der erweiterte Denkrahmen, der dazu geführt hat, dass bestimmte Wahrnehmungen anders realisiert werden. Der vor Energie sprießende Zappelfillip, der nur im Sport Großes leistet, kann nun in ein Muster eingeordnet werden. So geschieht es auch in der Naturwissenschaft. Allerlei Phänomene und experimentelle Erkenntnisse werden so lange in einen Denkrahmen hineingedrängt, bis dessen Fassungsvermögen erschöpft ist. Oft drückt man auch ein Auge zu und akzeptiert einige Widersprüche, die nicht in den Rahmen hineinpassen. Erst wenn dieser nicht mehr ausreicht, findet ein Rahmenwechsel statt. Auch wird ein Lehrer, dessen Unterricht ebenso mitreißend wie die 45 minütigen Lesung eines Telefonbuchs ist, dazu geneigt sein, in seiner Klasse besonders viele Schüler mit einer Aufmerksamkeitsdefizitstörung zu erkennen. Gerade dieser zusätzliche Grad an Subjektivität ist es, den die Vertreter der Naturwissenschaften, zu verdrängen, geübt sind. Doch wir sind alle Menschen. Menschen die dazu neigen, ihren subjektiven Denkrahmen auszublenden, da sie immer noch nicht dazu bereit sind, sich ihres *eigenen* Verstandes zu bedienen und diese Subjektivität auch noch anzuerkennen.

Synopsis
Jeder Mensch hat die Verantwortung für das, was er denkt, sagt, beschreibt und erklärt. Seine Verantwortung liegt in der Wahl seines Denkrahmens. Er kann entscheiden, wie er die Welt sieht. In dieser Grundlage ruht eine große Aufgabe der Philosophie. Sie untersucht, kritisiert und erschafft Denkrahmen. Sie ist es, die dem Menschen erst bewusst macht, dass er seine gesamte Weltsicht hinterfragen und beeinflussen kann. Der Philosoph ist der Optiker, der die Sicht des Menschen auf das zu Sehende in der Hand hält. Es ist nicht die objektive Welt, die unsere Weltsicht begründet. Es ist unsere subjektive Weltsicht, die unsere Welt erst generiert.

Zwei Menschen mit divergierenden Denkrahmen werden sich gezwungenermaßen missverstehen, wenn sie ihre jeweiligen Denkrahmen auf der Grundlage einer objektiven Welt glauben. Erst wenn sie akzeptieren, dass es sich genau andersherum verhält, dass das, was sie als objektive Welt zu erkennen glauben, ihr Konstrukt ist, erst dann werden sie nicht mehr aneinander vorbeireden, sondern miteinander. In diesem Sinne verlangt jeder ernsthafte offene Diskurs nach einer Klärung und Akzeptanz der beteiligten Denkrahmen.

Kinetische Solitonen sind Manifestationen im Raumzeitfeld wandernder Energie. Stehende Solitonen stellen im Raumzeitfeld „ruhende" Energie dar, die sich in beständiger Iteration befindet. Aber auch kinetische Solitonen iterieren sich beständig. Ihr Wesen der Iteration zeichnet sich nur dadurch aus, dass jegliche Iteration des kinetischen Solitons an einer anderen Stelle des Raumzeitfeldes stattfindet. Indem diese Iteration auch noch richtungsgebunden ist, kann ihr der Zustand einer beständigen Bewegung und die Unfähigkeit zur Ruhe zugewiesen werden. In diesem Sinne weisen kinetische Solitonen erstaunliche Gemeinsamkeiten mit Photonen und den weiteren Bosonen auf. Diese Bosonen können ebenfalls nicht als ruhende Teilchen aufgefasst werden. Sie übertragen Energie und solange sie nicht gestört werden, unterliegen sie keinem Wirkungsverlust. Der gravierende Unterschied ist der, dass die bisher behandelten kinetischen Solitonen alle auf ein Medium angewiesen sind. Daraus folgt jedoch nicht zwingend, dass kinetische Solitonen im Vakuum nicht auftreten können.

8.2. Experimentelles

Es gibt interessante Versuche an gekoppelten Pendelketten, die es erlauben anhand von diskreten Schwerependeln, die durch eine Schraubenfeder miteinander verbundenen sind, verschiedene Solitonen experimentell nachzustellen und zu untersuchen. Die Pendelkette ermöglicht uns zusätzlich die Erfahrung eines Effektes, der uns bereits in der Auseinandersetzung mit der SRT begegnet ist und den wir vorerst als unerfahrbar eingestuft hatten, da wir ihm selbst unterliegen. Domenico Giulini und Thomas Filk berichten in ihrem Buch *Am Anfang war die Ewigkeit*, dass in o.a. Versuchen der Effekt der Lorentztransformation – sprich Zeitdilatation und Längenkontraktion – aufgezeigt werden können:

> „Das Modell der gekoppelten Pendel ist somit ein Beispiel für ein physikalisches System, bei dem die geschwindigkeitsabhängigen Längenkontraktionen und Zeitdilatationen tatsächlich auftreten, und zwar genau in der Form, wie es von Lorentz gefordert wurde." (Giulini, Domenico; Filk, Thomas: Am Anfang war die Ewigkeit. Auf der Suche nach dem Ursprung der Zeit, 2004, 141)

Sie erklären dies folgendermaßen:

> „Vom Standpunkt des physikalischen Systems der Pendelkette aus betrachtet sind wir 'extrinsische' Beobachter – außenstehende Beobachter. Wir können mit unabhängigen Uhren und Maßstäben und ohne in das System einzugreifen die Vorgänge an der Pendelkette beobachten." (ibid., 143)

Wenn man Zeitdilatation und Längenkontraktion auf der Basis von Solitonen in Verbindung mit dem Raumzeitfeld der ART betrachtet, dann lassen sich diese Effekte besser verstehen, als in der SRT der in der RZ bewegten Körper. Es ist schwer nachvollziehbar, wie die Längen bewegter Körper kontrahieren und ihre Abläufe sich verlangsamen sollen. Wenn man sich nun jedoch diese Körper, als Energiekonzentrationen des Raumzeitfeldes und eine Bewegung dieser durch ein solitäres Wandern der Energiekonzentration vorstellt, dann erscheint es verständlicher, dass die Solitonen bei relativistischen Geschwindigkeiten langsamer ablaufen und in ihren Längen verkürzt erscheinen. Hier verändert sich nämlich nicht derselbe Körper auf seiner Raumzeitbahn. Es ändert sich die Form der Energiekonzentration in ihrem Vollzug der Iteration. Wir können uns nicht vorstellen, dass ein großer Eisblock durch einen immer enger werdenden Schacht hindurchpasst. Wasser jedoch wird sich in seinem beständigen Fluss dem enger werdenden Schacht anpassen, bis dieser so dünn ist, dass er dicht ist. Dieser Punkt, an dem selbst das Wasser nicht mehr weiterfließen kann, ist der, an dem das Soliton die Geschwindigkeit c erreicht hat, dann hat sich das Raumzeitfeld an dieser Stelle so gekrümmt, dass das Soliton keine Möglichkeit mehr hat sich zu bewegen. Es hat sich in gewissem Sinne an dieser maximalen Raumzeitfeldkrümmung festgefressen. Es hat kein Iterationspotential mehr, da es sich im Raumzeitfeld nicht mehr bewegen kann – der Zustand maximaler Längenkontraktion und Zeitdilatation. Da es in gewissem Sinne im Raumzeitfeld verankert ist, besitzt es maximale Trägheit – unendliche Masse. Trägheit wäre somit äquivalent zu der Frequenz der Iteration. Je „flüssiger" ein Soliton durch das Raumzeitfeld läuft, desto geringer ist seine Trägheit – sein Krümmungspotential des Raumzeitfeldes.

Synopsis
Anhand iterativer dispersionsfreier Energiewanderungen des Raumzeitfeldes lassen sich die Effekte der Lorentz-Transformation sehr gut verdeutlichen. Indem das Raumzeitfeld mit sich selbst wechselwirkt, lassen sich die angesprochenen Effekte auf Veränderungen dieser Wechselwirkungen relativ zum restlichen Raumzeitfeld erklären. Mit zunehmender Beschleunigung eines Solitons gegen c findet eine Zunehmende Hemmung seiner Iteration statt. Dabei sind Zeitdilatation, Längenkontraktion, zunehmende Masse und Krümmung des Raumzeitfeldes verschiedene Aspekte die alle auf die Iterationshemmung zurückzuführen sind. Es gilt das Prinzip der Lokalität, da jede Beschleunigung des Raumzeitfeldes über c hinaus das Raumzeitfeld zerreißen würde. Da das Raumzeitfeld sich nicht schneller als mit c verändern kann, scheint c die Grenzleistung des Raumzeitfeldes zu sein. In diesem Sinne erscheint uns das Raumzeitfeld derart stabil, da es, um sich zerstören zu können, mehr Energie aufwenden müsste, als es selbst besitzt.

Dieses Raumzeitfeld steht in Einklang mit den Prinzipen des lokalen Realismus. Schließlich stehen sie und die Tatsache, dass ein Soliton sich immer mit einer geringere Geschwindigkeit als c bewegt, in Einklang mit der SRT. Hinzu kommt, dass die Geschwindigkeit eines Solitons beliebig nahe an c herankommen kann, unter Wahrung der von der SRT geforderten Massenzunahme:

„Da die Masse des Solitons von seiner Geschwindigkeit abhängt, die in der Nähe der Grenzgeschwindigkeit gegenüber der Ruhemasse große Werte annehmen kann, gilt hierfür der relativistische Impulssatz (...)." (Patt, Hans-Josef: Aufbau, Beschreibung und Experimente mit einer neuartigen Maschine zur Untersuchung eindimensionaler linearer und nichtlinearer Wellenphänomene, 2007, 29; http://www.uni-saarland.de/fak7/patt/welcome.html)

Im Rahmen der Sinus-Gordon-Gleichung können in solchen Pendelversuchen sogenannte Kink- und Anti-Kink-Solitonen dargestellt werden, welche sich in ihrem Verhalten und ihren Eigenschaften erstaunlich äquivalent zu relativistischen Teilchen und ihren Antiteilchen verhalten:

„Somit kann man einen Kink als relativistisches Teilchen ansehen, das eine bestimmte relativistische Energie besitzt und den dazu, seiner Masse entsprechenden, passenden Impuls (...). Zusätzlich dazu bekommt man einen Eindruck der Teilcheneigenschaften von Solitonen, wenn man die Energiedichte analysiert. Dabei kommt eine örtliche Begrenztheit der Energie zutage, die sich leicht mit einem Teilchen assoziieren läßt." (Atominstitut/Kernphysik; Technische Universität Wien; http://www.kph.tuwien.ac.at/deutsch/sinegordon/energie/energie.html)

Es lassen sich entsprechende Versuche für Kink- und Anti-Kink-Solitonen anstellen, die Kollisionen sowie Paarerzeugungen und -vernichtungen von Teilchen beschreiben. (vgl. Atominstitut/ Kernphysik; Technische Universität Wien; http://www.kph.tuwien.ac.at/deutsch/sinegordon/interaktionen/inter.html); (Patt, Hans-Josef: Aufbau, Beschreibung und Experimente mit einer neuartigen Maschine zur Untersuchung eindimensionaler linearer und nichtlinearer Wellenphänomene, 2007, 16, 28-32; http://www.uni-saarland.de/fak7/patt/welcome.html) Die Sinus-Gordon-Gleichung ermöglicht weiterhin eine Lösung, die ein Kink- und Anti-Kink-Soliton in einem gemeinsamen Zustand darstellen kann. Dieser Zustand wird als Breather-Soliton bezeichnet. Ebenso wie ein Photon aus einem Elektron und einem Positron zusammengesetzt angesehen werden kann, so könnte das Breather-Soliton als Photon verstanden werden.

8.3. Stehende Wellen

In den Pendelversuchen können auch stehende Wellen erzeugt werden. (vgl. Patt, Hans-Josef: Aufbau, Beschreibung und Experimente mit einer neuartigen Maschine zur Untersuchung eindimensionaler linearer und nichtlinearer Wellenphänomene, 2007, 29; http://www.uni-saarland.de/fak7/patt/welcome.html) Diese Wellen beruhen, auf stationären harmonischen Schwingungen, wobei die Stellen an denen die Schwingungsamplitude null ist, als Wellenknoten bezeichnet werden. Da die Pendelkette aus einzelnen Pendeln besteht, können nur bestimmte diskrete Frequenzwerte zu stehenden Wellen führen. Diese werden auch **Eigenschwingungen** genannt. Die Versuche belegen, dass dispersionsfreie stehende Wellen experimentell erzeugt werden können. Doch sind sie auch in der Welt vertreten?

Sind sie vielleicht nicht nur in dieser vertreten, sondern vielmehr die Grundlage unserer greifbaren Welt? Die Erkenntnisse die Louis de Broglie zu diesem Thema entwickelt hat, gehen genau in die Richtung derartiger stationärer Materiewellen.

9. Der Weltprozess im Mikrokosmos

Um die Materiewellendeutung des de Broglie nachvollziehen zu können, ist es notwendig, sich mit deren Ursprüngen und Grundlagen zu beschäftigen. Obwohl es sich um die Beschaffenheit der Materie handelt, wurzelt diese Deutung in der Auseinandersetzung mit der Lichtenergie.

9.1. Der Disput zwischen Welle und Teilchen

Der von 1643 bis 1727 lebende Sir Isaac Newton entwirft in seinem 1675 erscheinenden Werk *Hypothesis of Light* ein Paradigma, welches als reiner Materialismus bezeichnet werden darf. Auf den von 1596 bis 1650 lebenden Franzosen Renè Descartes, der 1637 in seiner Theorie über die Lichtbrechung Lichtteilchen postuliert, bezugnehmend bestehe Licht aus Partikeln, die sich durch ein materielles Medium bewegen. Diese Darstellung bezeichnet er als das Ätherkonzept, dessen Irrweg bis auf Aristoteles zurückgeht. Der Gedankengang ist vereinfacht dargestellt folgendermaßen zu verstehen: Das Licht werde als etwas aufgefasst, dass sich und anderes zu bewegen vermag und müsse somit ebenfalls materiellen Ursprungs sein. Damit sich dieses Licht bewegen könne, benötige es ein ebenso materielles Medium, so wie es die Luft dem Schall ermögliche. Überhaupt ist das diesem Paradigma zugrundeliegende Weltbild äußerst abgeklärter materieller Beschaffenheit. Die von Newton in seiner 1687 erscheinenden *Philosophiae naturalis Principica mathematica* dargestellten Grundgesetze der Bewegung sind das Fundament der bis heute anerkannten klassischen Mechanik. Desweiteren postuliert er die Konzepte der absoluten Zeit, des absoluten Raumes sowie das der Fernwirkung. In diese Welt des Wechselspiels zwischen Kräften und Körpern könne man die gesamte dreidimensionale Welt in ihren zeitlichen Verlauf einordnen. Zumindest ist dies die verbreitete Ansicht dieser so wissenschaftseuphorischen Epoche, die sich dem göttlichen Plan so nahe sieht und doch so blind gegenüber der zukünftigen Entwicklung ist. Der von 1749 bis 1827 lebende Mathematiker und Astronom Pierre-Simon (Marquis de) Laplace entwirft 1814 ein diesem Zeitgeist entsprechendes Gedankenexperiment, welches er in dem Vorwort seines *Essai philosophique sur les probabilités* darstellt: Falls eine Intelligenz den Zustand und Aufenthaltsort aller Teilchen der Welt kennen würde, könnte sie daraus jeglichen Zustand der Vergangenheit und Zukunft errechnen. Dieser Laplacesche Dämon rundet das damals vorherrschende Weltbild in der Wissenschaft ab, indem er dem Weltgeschehen einen strengen Determinismus zugrunde legt, der letztlich auch eine Inkompabilität zu der Freiheit des Willens in sich trägt.

Im Widerstreit zu der von Newton in seiner 1672 erscheinenden Schrift *New Theory about Light and Colours*, in der er neben seiner berühmt gewordenen Farbenlehre seine Korpuskulartheorie weiter auszubauen und zu festigen trachtet, steht der von 1629 bis 1695 lebende Niederländer Christian Huygens, der das Licht anhand seines Beugungsverhaltens mit Wasser vergleicht und jenem somit Welleneigenschaften zuspricht. Er entwickelt und verfeinert seine Ansicht des Lichtes, bei der äquivalent zu der Ausbreitung von Wellen im Wasser Überlagerungszustände, die auch als Superpositionen bezeichnet werden, eine Rolle spielen, zu dem Huygensschen Prinzip. Aufgrund ähnlicher Notwendigkeit bedarf es auch bei Huygens' Wellendeutung des Lichtes eines Mediums. Gleich Newton postuliert er den Lichtäther, der feste Materie ebenso wie den leeren Raum des Weltalls durchdringen könne. Genau hier stoßen wir wieder auf das Äquivalenzprinzip, jedoch diesmal auf dessen Grenzen. Ist die Annahme eines übertragenden Mediums für Wellen in Wasser und Luft zutreffend, so bedarf dieser Entschluss hier einer Hinterfragung. Schließlich gibt es bis zu diesem Zeitpunkt keinerlei experimentellen Nachweis für den Lichtäther.

1887 kommt es bei einem entsprechenden Experiment, bei dem Albert Abraham Michelson und Edward Morley die Geschwindigkeit der Erde relativ zum postulierten Lichtäther herausfinden wollen, zu einem interessanten Ausgang. Der Interferenzversuch führt zu einem Nullergebnis. Dies kommt zu diesem Zeitpunkt äußerst unvermutet und kann erst 1905 mit der Speziellen Relativitätstheorie zufriedenstellend erklärt werden.

Der Weg zu dieser Klärung führt über den von 1831 bis 1879 lebenden James Clerk Maxwell, der sein Leben der Erforschung der Elektrizität widmet. Auf ihn gehen diverse Gleichungen, die das Verhalten von elektrischen sowie magnetischen Feldern und ihre Wechselwirkungen mit Materie beschreiben, zurück. Diese für das 19. und besonders für das nahende 20. Jahrhundert so bedeutenden Maxwellgleichungen erlauben eine Verbindung von Elektrizität und Magnetismus hin zum Elektromagnetismus. Darüberhinaus ermöglichen sie ihm, die Ausbreitungsgeschwindigkeit von schwingenden elektrischen und magnetischen Feldern zu berechnen, die sich durch den leeren Raum bewegen. Er zeigt 1865 auf, dass sich diese Felder in Form elektromagnetischer Wellen mit einer Geschwindigkeit bewegen können, die nahezu der Lichtgeschwindigkeit - also ca. $3 \cdot 10^8$ m/s - entsprechen. Hieraus folgert er, dass Licht gleichfalls von elektromagnetischer Beschaffenheit sei. Diese Folgerung kollidiert nun mit der von Newton postulierten Fernwirkung, da Maxwell zufolge elektromagnetische Felder sich nur mit Lichtgeschwindigkeit ausbreiten können.

Dieser Bruch überführt die physikalische Welt von der klassischen Mechanik zu dem von Albert Einstein entworfenen Paradigma der Lokalität. In seiner Schrift *Zur Elektrodynamik bewegter Körper* zeigt er 1905 auf, dass die auf Maxwell zurückgehenden elektromagnetischen Felder nicht Zustände eines Mediums sind und der Lichtäther somit eine nicht notwendige Hypothese auf der Grundlage einer unzulässigen Abstraktion sei.

9.2. Das Planksche Wirkungsquantum

Der 1858 in Kiel geborene Max Planck folgt nicht dem Rat des Münchner Physikprofessors Philipp von Jolly ein Studium der theoretischen Physik zu unterlassen. Obwohl in dieser Wissenschaft schon fast alles erforscht sei und es nur noch einige unbedeutende Lücken zu schließen gebe, immatrikuliert er sich für eben dieses zukunftslos erscheinende Fach.

Im Jahre 1900 befasst er sich mit dem Problem der Beschreibung des Strahlungsverhaltens schwarzer Körper und führt dabei die Konstante h ein. Das h steht für Hilfsgröße und mehr als dies soll sie vorerst auch nicht sein. Doch bereits am 14. Dezember 1900 stellt Max Planck sein Ergebnis und damit die Konstante h, welche seitdem als das Plancksche Wirkungsquantum benannt ist, der Deutschen Physikalischen Gesellschaft zu Berlin vor. Jenes Datum gilt heute als Geburtstag der Quantentheorie, auch wenn zu diesem Zeitpunkt selbst Planck die Auswirkung seiner Entdeckung noch gar nicht bewusst ist.

Im bereits traditionell gewordenen Zwiespalt in der Deutung der Beschaffenheit des Lichts um einerseits korpuskularen und andererseits strahlungsartigen Charakter, bringt die Einführung des planckschen Wirkungsquantums die entscheidende Wende. Diese führt nämlich zu der Erkenntnis, dass Materie Strahlung nur in einzelnen Quanten, gewissermaßen Paketen bestimmter diskreter Werte aufnehmen und abgeben kann und nicht kontinuierlich.

Das plancksche Wirkungsquantum ist dahingehend in seiner Bedeutung bahnbrechend, da es das ursprüngliche Substanz-Attribut-Schema ablöst und durch die Verbindung von Partikel- und Welleneigenschaften ein komplementäres Deutungsschema einführt, welches in den folgenden Kapiteln eingehend erläutert und gewürdigt wird.

Das plancksche Wirkungsquantum beschreibt das Verhältnis von Energie und Frequenz eines Lichtquants: $E = h \times v$: Photonenenergie E gleich plancksches Wirkungsquantum h mal Frequenz v. Faszinierend ist die weitere mögliche Beschreibung des Verhältnisses zwischen Masse, Geschwindigkeit und Wellenlänge jedes weiteren Teilchens, welches sich langsamer als die Lichtgeschwindigkeit bewegt. Faszinierend deswegen, da hier eine Parallele zwischen Licht und den Teilchen der Atomphysik sowie zwischen Energie und Masse und Geschwindigkeit gezogen werden kann.

9.3. Einsteins photoelektrischer Effekt - *Über einen die Erzeugung und Verwandlung des Lichtes betreffenden heuristischen Gesichtspunkt* (Annalen der Physik 17, 1905, 132ff.)

„Die Extraktion von Elektronen aus Metall mittels Lichteinwirkung wird als *photoelektrischer Effekt* bezeichnet. (Einstein, Albert; Infeld, Leopold: Die Evolution der Physik, 1987, 226)

Diese Lichteinwirkung beschreibt Einstein in Rückgriff auf die klassische Deutung Newtons, die Strahlen aus Korpuskeln zusammengesetzt ansieht. Deren Energie verhält sich umgekehrt proportional zur Wellenlänge und ist somit nicht von der Intensität des Lichtes abhängig. Die Intensität des Lichtes bestimmt nur die Menge der vom Metall emittierten Elektronen. Dies bedeutet, dass Licht in seiner Ausdehnung einzig durch seine Wellenlänge bestimmt ist:

„Zwischen Energiequanten und Elektrizitätsquanten besteht ein wesentlicher Unterschied. Die Lichtquanten sind je nach der Wellenlänge verschieden groß, während die Elektrizitätsquanten unveränderlich bleiben." (Einstein, Albert; Infeld, Leopold: Die Evolution der Physik, 1987, 229)

Diese Erkenntnis auf der Grundlage des photoelektrischen Effektes spricht dafür, dass die Ausbreitung von Licht *in* der Raumzeit nicht nachgewiesen werden kann, da es einzig durch seine Wellenlänge bestimmt ist und somit nicht als ein sich relativ zu anderen Teilchen bewegendes Seiendes mit Ruhemasse dargestellt werden kann.

Für eine eingehendere Auseinandersetzung mit dem photoelektrischen Effekt, ist die Kenntnis der Heisenbergschen Unbestimmtheitsrelation von großem Vorteil. Deswegen soll jener nach der Vorstellung dieser erneut aufgegriffen werden.

Vorerst soll festgehalten werden, dass jeglicher photoelektrischer Effekt nicht zu einem Verschwinden der Energie des Lichtes führt. Die Energie des Lichtes wandelt sich nämlich in Bewegungsenergie des Elektrons um und geht somit nicht verloren:

„Nach der Lichtquanten-Hypothese entsteht der Photostrom, indem das Licht in Form von Quanten der Energie $h\nu$ absorbiert wird, wobei Elektronen mit einer kinetischen Energie $h\nu - K$ freiwerden, wenn K die zum Herauslösen eines Elektrons benötigte Energie ist." (Falkenburg, Brigitte: Teilchenmetaphysik. Zur Realitätsauffassung in Wissenschaftsphilosophie und Mikrophysik: 1994, 103)

Aus dem photoelektrischen Effekt folgt nicht zwingend die Annahme, dass das Licht korpuskularen Charakter trägt. Er belegt nur, dass Licht mit Teilchen in diskreten Energiepaketen – Photonen – wechselwirkt. Im Rahmen des Solitonenmodells soll jedoch darauf hingewiesen werden, dass dispersionsfreie Wellen ebenfalls dem Impulssatz folgen und mit Korpuskeln vergleichbare Wirkungen hervorrufen können:

„Wie die Videoaufzeichnungen entsprechender Experimente zeigen, erfolgt beim Auftreffen eines Kink- oder Ant-Kink-Soliton auf eine Wand (...) oder ein gleichartiges ruhendes Soliton (...) ein Impulsaustausch wie bei einem vergleichbaren Versuch mit elastischen Massekugeln (Impulssatz)." (Patt, Hans-Josef: Aufbau, Beschreibung und Experimente mit einer neuartigen Maschine zur Untersuchung eindimensionaler linearer und nichtlinearer Wellenphänomene, 2007, 29; http://www.uni-saarland.de/fak7/patt/welcome.html)

9.4. Der Doppelspalt

Was um 1802 mit einer Jalousie und einem morgendlichen Sonnenstrahl beginnt, ist die Morgenröte einer neuen Epoche. Eine Epoche die einen neuen Zugang zur Welt erschließt.

Der von 1773 bis 1829 lebende Brite Thomas Young führt in seiner Zeit als Professor für Physik von 1801 bis 1803 am Royal Institute in London ein Experiment durch, welches im Semptember 2002 in der englischen Zeitschrift *Physics World* als schönstes physikalisches Experiment aller Zeiten gekürt wird. (vgl. http://physicsworld.com/cws/article/print/9746)

Thomas Young ist ein bedeutendes Mahnmal für die Fruchtbarkeit interdisziplinären Denkens. Ob seiner guten Sprachkenntnisse studiert der gebürtige Engländer in Göttingen Medizin und promoviert dort 1796. In seiner Laufbahn als Augenarzt avanciert er durch seine Auseinandersetzung mit der Nahakkomodation des Auges zum Forscher. So wie die Luft für die Lunge, so ist das Licht für das Auge der zureichende Grund in der evolutionären Entwicklung. Young befasst sich mit dem Urquell allen Lebens und findet in der Optik sehr schnell Zugang zu der entsprechenden Physik. Wir erinnern uns: Zu Beginn des 19. Jahrhunderts befinden wir uns in dem Widerstreit zwischen Korpuskular- und Wellendeutung des Lichts. Während Huygens von der Autorität Newtons überstrahlt wird, tritt einige Jahre darauf 1814 der Laplacesche Dämon ins Tageslicht und verdunkelt die Sonne. Eigentlich sollte im Zuge des newtonschen Weltbildes ein entsprechender Schatten von ihm zeugen. In diese kalte und mechanische Welt springt nun Thomas Young gleich einem kosmischen Magier und zeigt auf, dass hinter diesem Dämon nicht Schatten, sondern Licht herrscht.

In einem dunklen Zimmer mit heruntergelassenen Jalousien schreckt Young nicht davor zurück, das Mobiliar für den Preis der Erkenntnis zu schädigen. Er bohrt ein Loch in eine Jalousie, damit ein einzelner feiner Lichtstrahl in das Innere des Raumes zu dringen vermag. In diesen Strahl hält er einen hauchdünnen Kartenstreifen in der Erwartung einen entsprechenden Schatten auf der Wand dahinter zu erkennen, so wie es die Korpuskulartheorie postuliert.

Diesen Schatten findet er nicht. Dafür sieht er viele andere. Helle und dunkle Streifen stürzen sich auf seine Retina und den Laplaceschen Dämon von seinem Thron - in gewissem Sinne bereits vor seiner Krönung. Das Muster von hellen und dunklen Streifen wird als Interferenz bezeichnet. Diese entsteht, indem zwei Wellen entweder destruktiv oder konstruktiv miteinander interferieren und sich somit gegenseitig auslöschen, bzw. verstärken. Erst als Thomas Young eine

Seite des Kartenstreifens für das Licht blockiert, verschwindet das Muster der Interferenz. Daraus lässt sich einerseits schließen, dass das Licht durch den Kartenstreifen derart beeinflusst wird, dass es sich wie eine Welle verhält; andererseits entspricht es bei nur einer Durchgangsmöglichkeit den Vorhersagen der Korpuskulartheorie.

Thomas Young eröffnet in diesem Moment einen Reigen zwischen Welle und Teilchen, der bis heute andauert. Weder Welle noch Teilchen ist des Lichtes Beschaffenheit. Ebenso ist es kein *Weilchen* und somit eine Mischung von beidem. Es ist nicht das, was es uns scheint. Der Schein führt uns somit nicht zum Sein. Welle und Teilchen sind nur Vorstellungen, die in Erscheinung treten, wenn sie gerufen werden.

Aus einer entsprechenden Quelle entsendet der Experimentator Photonen, die den Doppelspalt zu passieren scheinen und auf einem Detektionsschirm lokalisiert werden. Auf dem Schirm erscheint ein Interferenzmuster. Das Ergebnis der Überlagerung lässt sich durch das Superpositionsprinzip beschreiben. Wenn der Experimentator die Emissionsrate der Photonen nun derart reduziert, dass nur noch einzelne Photonen entsendet werden, scheinen sich diese auf dem Detektionsschirm zufällig zu verteilen, indem sie als einzelne Punkte sichtbar werden. Dies spricht für die Deutung des Lichtes als Teilchen.

Der von 1918 bis 1988 lebende amerikanische Physiker Richard P. Feynman hat das Doppelspaltexperiment für die Quintessenz der Quantenmechanik gehalten. Genau hier schlägt dieses Experiment nämlich die Brücke zur Philosophie. Die einzeln emitierten Photonen verteilen sich nicht, wie erwartet, in einer summierten Normalverteilung hinter den beiden Spalten. Sie summieren sich zu einem Interferenzmuster. Diese Erkenntnis ist nicht nur bahn-, sondern auch paradigmenbrechend. Das werdende Interferenzmuster ist ein Zusammenspiel von Zufall und Ordnung. Dies wiederum ist charakteristisch für ein statistisches Ereignis. Bewusst muss nun werden, dass einzelne Photonen mit Teilchencharakter auf dem Detektionsschirm lokalisiert werden, jedoch in Verbindung mit vielen weiteren Photonen, welche ebenfalls lokalisiert werden, einer Wahrscheinlichkeitsverteilung folgen, die Welleneigenschaften aufweist.

Vergleichen wir nun die beiden dargestellten Experimente:
Gemeinsam ist ihnen der Versuchsaufbau und schlussendlich das Interferenzmuster auf dem Detektionsschirm. Unterschiedlich ist die Emissionsrate der Photonen. Daraus lässt sich schließen, dass das Superpositionsprinzip, sprich die Überlagerung von konstruktiver und destruktiver Interferenz zu einem entsprechenden Wellenmuster, nicht mit der Emissionsrate korreliert. Ihre Beziehung ist rein qualitativen Charakters. Dies impliziert, dass das Auftreten der Interferenz nicht auf ein Zusammenwirken mehrerer Photonen, die den Doppelspalt passieren, zurückzuführen ist. Aus diesem Grund ist das Bild der Wellen, welches den Wellen des Wassers entliehen ist, unzu-

reichend und darf nie ontologische Bedeutung erlangen. Dieser Modus der Beschreibung ist rein epistemologischen Charakters und hilft uns nur, die Quantenwelt in unserer Sprache und den entsprechenden Denkstrukturen des Mesokosmos zu verstehen.

Wellen des Wassers folgen in entsprechender Umgebung dem Superpositionsprinzip. Dieses beruht auf dem Zusammenwirken mehrerer Wassermoleküle. Die Superposition auf Quantenebene hingegen hat andere Hintergründe. Somit ist lediglich die Art, wie wir beides auffassen für unseren Schluss der Äquivalenz verantwortlich. Dies bedeutet noch lange nicht, dass ein Photon eine Welle sei. Die Erkenntnis, dass bereits einzelne Photonen in Summation ihrer jeweiligen Lokalisation zu einem Interferenzmuster werden, impliziert, dass dem einzelnen Photon eine Beschaffenheit zugrunde liegt, die mit dem derzeitigen menschlichen Verständnis nicht vereinbar ist. Gibt es überhaupt *das* Photon und seine Bahn?

Einzig Quelle und Detektor zeugen dem Beobachter von dem Photon; alles weitere ist reine Quantenspekulation. Der Gedanke, das emittierte Photon bleibe dasselbe Photon ist eine Extrapolation. Extrapolationen sind Abstraktionen. Abstraktionen, auf die der empirische Wissenschaftler schließt, indem er von bestimmten Erkenntnissen eines Systems, die er experimentell erarbeitet hat, auf scheinbare Erkenntnisse desselben Systems außerhalb der experimentellen (Nach)Prüfung folgert. Nur wer zwischen Experiment und Extrapolation zu unterscheiden weiß, weiß mit der Wissenschaft umzugehen. Einzig experimentelle Ergebnisse sind Tatsachen. Extrapolationen sind Vermutungen. Wer dies verwechselt, wird auch Schein mit Sein verwechseln. Unser Vertrauen in die Extrapolation schöpfen wir aus dessen Zuverlässigkeit, die in unserem Mesokosmos gegenwärtig ist. Wenn Fahrzeug XY mit konstanter Geschwindigkeit Punkt A passiert und nach der Zeit t Punkt C erreicht hat, lässt sich mit einfacher Berechnung, jeglicher Punkt B zwischen A und C zu dem entsprechenden Zeitpunkt und mit hoher Wahrscheinlichkeit extrapolieren. Diese vertraute Gewissheit verlieren wir an der Grenze zum Makro- und Mikrokosmos. Dennoch übertragen wir sie allzugerne in diese Bereiche, in denen der Mensch seine Bedeutung verliert. Das von der Kosmologie postulierte Alter des Universums ist eine Extrapolation. Die Bahn des Elektrons in einem Atom ist ebenso eine Extrapolation.

Betrachten wir zunächst das Festland, welches die Forscher der Quantenmechanik unter ihren Füßen schwinden sehen, bevor wir den festen Boden gänzlich verlieren und uns dem Quantenetwas in abstracto zu nähern versuchen: Das einzelne Photon erscheint dem Betrachter auf dem Schirm als Teilchen. Ist es deswegen ein Teilchen oder wird es vielmehr zum Teilchen? Der Detektionsschirm zwingt das Photon durch den Prozess der Lokalisation in die Form des Teilchens. Deswegen ist es noch längst kein Teilchen. Bereits die Formulierung, dass das Photon Teilcheneigenschaften an den Tag lege, erweist sich als kritisch. Schließlich entspringt die Verwendung der Bezeichnung „Teilchen" unserer Sprache, die ihren Bezug einzig und allein in mesokosmischen Maßstäben findet. Einzig unsere Gewöhnung und die Grenzen unserer Welt, welche nach Ludwig Wittgenstein äquivalent den Grenzen unserer Sprache sind (vgl. Wittgenstein, Ludwig: Tractatus logico-philosophicus, 1984, 67), nötigen den Wissenschaftler dazu, seine Sprache auf eine Welt anzuwenden, in der sie nicht zu Hause ist.

Leider muss auch in dieser Arbeit auf derart unzutreffende Instrumente der Kommunikation zurückgegriffen werden, um eben diese ermöglichen zu können. Dennoch bitte ich folgende Formulierungen ontologischen Charakters wie Teilchen, Welle, Bahn, etc. nicht als solche zu verstehen, sondern einzig und allein als derzeitige Verlegenheitsvokabeln zu begreifen.

Wenden wir uns nun ein wenig vorsichtiger den Welleneigenschaften des Photons zu. Diese werden uns gewahr, indem wir ein Interferenzmuster auf dem Schirm erblicken. Da die Lokalisation der einzelnen Photonen bereits auf eine Art Teilchencharakter schließen lässt und die Interferenz erst in Summation entsteht, muss der Wellencharakter anderer Herkunft sein. Der Doppelspalt an sich ist nun in Analogie zu dem Detektionsschirm der Formgeber für die Welleneigenschaften des Photons. Wiederum ist das Photon nicht Welle, sondern das Photon wird zur Welle. Der Doppelspalt erschafft erst die Wellen, deren Zusammenspiel das Interferenzmuster hervorbringen. Sicherlich stellen sich an diesem Punkt zwei Fragen: 1. Wie kann ein Interferenzmuster auftreten, obwohl nur einzelne Photonen den Doppelspalt durchqueren und ebenso nur als einzelne Teilchen detektiert werden? 2. Welche Beschaffenheit hat ein Photon unabhängig der Formen in die es überführt wird, um es verstehen zu können und gibt es überhaupt eine derartige Beschaffenheit?

9.5. Die Heisenbergsche Unbestimmtheitsrelation

Vergleichen wir das Photon mit einem hysterischen Irren, der unter Klaustrophobie und einer Phobie des Wiegens leidet. Stellen wir uns vor, dieser leidliche Mensch sei gerade dabei, aus seiner Anstalt zu fliehen, da die Pfleger einen erneuten Versuch des Wiegens für die Akten vornehmen wollen.

An einem der beiden Haupteingänge erwischt ein Pfleger den Irren und packt sich diesen beherzt. Da eilt auch schon ein zweiter Pfleger herbei und legt eine Waage unter den wild zappelnden Irren. Nun ist der Irre zwar lokal einigermaßen gebunden, aber sein beständiges Zappeln führt zu keinem eindeutigen Ergebnis seines Gewichtes. Deswegen greifen immer mehr Pfleger den Irren und versuchen ihn ruhigzustellen. Doch je mehr sie ihn zu lokalisieren versuchen, desto hysterischer wird er ob seiner Klaustrophie und der panischen Angst vor der Waage und sein

Erwehren wird sogar noch stärker. Außerdem wirkt sich die Energie der Kraftanstrengung die die Pfleger aufwenden, um den Irren lokal zu binden als zusätzliche Druckschwankungen auf die Waage aus, die dazu führen, dass das Gewicht des Irren mit zunehmendem Lokalisationsimpetus der Pfleger sich immer unbestimmter gegenüber einem festen Wert verhält. Deswegen müssen sie den Versuch des Wiegens erneut abbrechen und sperren den Irren in seine Spiegelzelle zurück. Dort offenbart sich seine Angst vor engen Räumen; hysterisch hüpft er wild von Stelle zu Stelle. Da bekommt einer der Pfleger die Idee den Boden der Zelle mit einer Waage zu vertauschen und wenn der Irre müde und sich zum ausruhen hinlegen würde, würde ein genauer Wert auf der Anzeige der Waage erscheinen. So hätte man sein Gewicht in Erfahrung gebracht und ihn zusätzlich lokal an einen bestimmten Ort gebunden. Gesagt, getan, doch die Tage vergehen und der Irre wird nicht müde. Es scheint, als würde seine Klaustrophobie ihn beständig mit Energie versorgen. Seine Angst vor der Waage könne ihm ja keine Energie verleihen, da er ja nichts davon wisse. Die Waage selbst ist auch verspiegelt, aber nicht feinfühlig genug, um einen bedeutenden Messwert zu liefern. Die Monate vergehen und während im Park der Anstalt die Blätter der Bäume ihrem jährlichen Zyklus folgen und schlussendlich mit abnehmender Dauer des alltäglichen Sonnenscheins auch der Schwerkraft, machen die Pfleger eine erstaunliche Entdeckung. Der Irre springt mit nur wenig verringerter Energie und noch sehr fidel und hysterisch wie am ersten Tag durch seine Gummizelle, dabei ist er kein bisschen gealtert und seine Haare und Finger- und Fußnägel sind ebenfalls nicht gewachsen. Einzig merkliche Änderung ist, dass die Messwertschwankungen auf der Anzeige der Waage gleichmäßig aber nur sehr wenig schwächer geworden sind. An den Pflegern jedoch nagt der Zahn der Zeit und als sie in ihre bärtigen Gesichter schauen, wird ihnen bewusst, dass es relativ sicher scheint, dass eher sie ihre Lebensenergie aushauchen würden, bevor der Irre in seiner Gummizelle zur Ruhe kommen und seine Phobien überwinden würde.

Deswegen entschließen sie sich, einen neuen modifizierten Versuch zu unternehmen, durch den sie indirekt auf das Gewicht des Irren schließen wollen. Sie bereiten alles vor und öffnen die Pforte der Gummizelle. Ein kurzer Moment der Stille und Erwartung erfüllt die Anstalt, doch dann schießt der Irre befreit durch einen eigens für ihn präparierten Gang Richtung Freiheit. Dabei scheint er sich sehr zielgerichtet zu bewegen. Aus Angst vor den ihn umgebenden Wänden verfällt er jedoch in eine schlingernde Bewegung, da er jedesmal, wenn er der einen Wand zu nahe kommt, sich von dieser wegbewegt. Dabei nähert er sich jedoch der anderen Wand und das Spiel beginnt von Neuem. Er verfällt dabei nicht auf den Gedanken unter Wahrung des gleichen Abstandes zu beiden Wänden einer geraden Linie zu folgen. Er ist zu irre, um der klassisch rationalen Welt, wie die Pfleger sie kennen, zu folgen. Deswegen sitzt er ja auch in der Anstalt für

Schwerlokalisierbare. Doch diese Zeit der Einengung soll nun bald überwunden sein. Er kann bereits die Bäume des Parks vor der Anstalt sehen, die diese für Außenstehende in einem friedlichen und vertraulichen Lichte erscheinen lassen. Doch diese klassizistische Aufmachung der Anstalt ist ein Trugbild. In ihrem Inneren tobt just in diesem Moment in einer hektischen wellenartigen Bewegung aus abwechselnden Gegenlenkmanövern der Irre mit einer konstanten Geschwindigkeit c (celeritas) Richtung Ausgang. Er passiert gerade die Vorhalle in der die massive Statue des Gründers der Anstalt in massivem Marmor residiert und das sonderbare Spiel zu verfolgen scheint. In diesem Moment schießt dem Irren ein Bündel voll Emotionen durch den Kopf und er projiziert all sein Leid, sein ganzes Martyrium, welches er hier hat erleiden müssen auf diese einzelne Person. Obwohl diese Person längst gestorben ist, fühlt sich der Irre auch jetzt in diesem Moment von ihr sehr stark beeinflusst. Es scheint als würden sich ihre Blicke treffen und der Irre wird von seiner Laufbahn durch diese seltsame Bindung merklich abgelenkt und stößt gegen die Wand, an der die Statue steht. Doch ohne an Geschwindigkeit zu verlieren, wird er in gleichem Winkel, wie er mit der verspiegelten Wand kollidiert ist, von dieser reflektiert. Er besinnt sich wieder seines Zieles und nähert sich dem Ausgang. Doch genau in dem Moment, als er den Höhepunkt seines Lebens auskosten und all die Fesseln der Bedrängnis hinter sich lassen will, während dieses Sprunges in die Freiheit kollidiert er mit voller Wucht mit einer Wand.

Er hat es nicht wissen können. Doch die Pfleger haben eine Waage aufrecht gestellt und mit einer Photographie des Parkes bedruckt.

Indem der Irre nun gegen die Waage gesprungen ist, konnten sie seinen Impuls, welcher das Produkt aus seiner Bewegungsgeschwindigkeit und seinem Gewicht ist, über die Anzeige der Waage erfahren, indem sie den höchsten Wert zum Zeitpunkt des Totalaufpralls notiert haben. Aus dem Impuls und der leicht zu berechnenden Geschwindigkeit können sie nun endlich das Gewicht des Irren berechnen und in die Akten eintragen. Lokalisiert wurde er dadurch jedoch nicht. Schließlich besteht die aufgerichtete Waage aus einer beweglich montierten Wand, die selbst keinerlei Rückschluss darauf zulässt, wo der Irre mit dieser kollidiert ist.

Was war eigentlich aus diesem geworden? So wie es aussieht, hat er das Wort „Tot" in Totalaufprall ein wenig zu ernst genommen. Der Irre ist bei diesem Versuch getötet worden. Es scheint, als sei seine gesamte Energie, sein gesamter Wille an dieser Wand zerbrochen und aus seinem Körper gefahren. Den Pflegern wird es in diesem Moment merklich unbehaglich und sie beginnen ein wenig zu schwitzen. Plagt sie wohl ihr Gewissen? Ein Blick auf das Thermometer beweist jedoch, dass es in dem Raum geringfügig, aber bemerkbar wärmer geworden ist und die Unbehaglichkeit auf äußere Umstände zurückzuführen ist. Dennoch macht sich ein merklicher

Einfluss auf die Pfleger bemerkbar. Diese sind wohl doch nicht so hart und verschlossen gegenüber der Außenwelt, wie es das klassische Bild der Psychatrie voraussetzt.

Die Energie des Irren scheint in Wärme übergegangen zu sein, die sich auch auf die Pfleger auswirkt. Die Entropie der Anstalt ist dadurch gestiegen, da die Energie, die in dem Irren in einem sehr kleinen, jedoch klassisch unbestimmbaren Bereich konzentriert gewesen ist, sich nun in der gesamten Eingangshalle als Wärmeenergie verbreitet hat.

Viele Patienten mussten noch durch die Versuche der klassisch ausgebildeten Pfleger den Tod finden, bevor diese verstanden haben, dass jene sonderbaren Menschen einfach nicht in die Vorstellungen, Begrifflichkeiten und Eigenschaften wie Lokalisation und Gewicht kategorisiert werden können. Doch die klassische Sicht der Psychatrie beginnt sich durch diese Vorgänge zu wandeln. Die Pfleger beginnen zu erkennen, dass diese scheinbar Irren nur aus Sicht der klassischen Psychatrie abnormal erscheinen.

Auch wenn sich Urgesteine der klassischen Psychatrie gegen die Erkenntnis, dass diese nichtlokalisierbaren Menschen eine andere Art des Menschen sind, mit allen Mitteln zu wehren versuchen, erkennt der Großteil der Schaar der psychatrischen Pfleger an, dass die klassischen Ansichten nur für eine, nämlich die ihnen bekannte Art der Menschen, der sie selbst angehören, gelten. Sie müssen offen gegenüber anderen Arten und Begriffen sein, falls sie das Menschsein in all seiner Mannigfaltigkeit wirklich ergründen möchten.

Blenden Sie nun bitte den materiellen Körper und alle menschlichen Attribute des Irren aus und sie können sein Verhalten 1:1 auf die Quantenphänomene übertragen, mit denen sich die Physiker der klassischen Welt konfrontiert sehen. Werner Heisenberg formuliert 1927 im Rahmen seiner **Unbestimmtheitsrelation**, dass die Ortsunschärfe mal der Impulsunschärfe ungefähr gleich dem plankschen Wirkungsquantum sei: $\Delta x \times \Delta p \approx h$. (vgl. Hey, Thomas; Walters, Patrick: Das Quantenuniversum. Die Welt der Wellen und Teilchen, 1998, 39)

Dabei ist anzumerken, dass Heisenberg die Quantenphänomene immer noch aus begrifflicher Sicht der klassischen Physik beschreibt, indem er die Begriffe Ort und Impuls verwendet.

Erst wenn auch diese begriffliche Perspektivität abgeschafft wird, können die Quantenphänomene eingehender beschrieben werden. Denn ein Ort oder ein Impuls kommt ihnen ebenso wenig zu, wie dem Irren ein Ort oder ein Gewicht, wenn wir bei ihm von seinen materiellen und menschlichen Attributen absehen. Diese entstehen erst in der Wechselwirkung mit den Pflegern/Physikern.

Schließlich setzt die Lokalisation eines bestimmten Aufenthaltsortes einen Zustand der (relativen) Ruhe voraus und gleiches gilt für das Gewicht. Es hat sich jedoch gezeigt, dass die Energie des Irren nie in einen Zustand der Ruhe versetzt werden konnte. Selbst relativ zu anderen schwerlokalisierbaren Irren hat er sich nie in einem Zustand der Ruhe befunden. Dies ist den klassischen Pflegern vorerst sonderbar erschienen. Schließlich befinden sie sich in ihren Kaffeepausen im Aufenthaltsraum regelmäßig in einem Zustand der relativen Ruhe zueinander. Ihnen ist bewusst, dass sie sich mit der Erde in relativer Bewegung zu anderen Planeten und Sternen befinden und es keine absolute Ruhe geben kann, aber zu schließen, dass der Zustand der relativen Ruhe für gleichartige Menschen in gewissem Sinne absolut gelten müsse, fällt leicht. Doch ist dieser Schluss generalisierbar?

Um dies zu untersuchen und die Heisenbergsche Unbestimmtheitsrelation erneut zu überprüfen, ersinnen die Pfleger einen neuen Versuch. Sie wollen ein Phänomen, welches sie aus ihrer klassischen Welt genau kennen, verwenden, um die Irren doch noch, zur Lokalisation zu zwingen. Die **Fermi-Dirac-Statistik** besagt nämlich, dass alle Menschen dem **Pauli-Prinzip** folgen. Dies scheint eine äußerst abstrakte und schwer verständliche Grundlage für einen Versuch der so praktisch orientierten Pfleger zu sein, doch anhand ihres Verhaltens während der Kaffeepause lässt sich das Pauli-Prinzip klar verdeutlichen:

Je mehr Pfleger zur gleichen Zeit eine Kaffeepause antreten und sich in den kleinen Aufenthaltsraum drängen, desto eingeschränkter sind ihre Bewegungsmöglichkeiten. Irgendwann sind so viele Pfleger in diesem Raum, dass keine Weiteren mehr hineinpassen. Die Bewegungsmöglichkeiten der Pfleger in dem Raum sind somit äußerst begrenzt und sie befinden sich nun alle in einem lokalisierbaren Zustand der relativen Ruhe. Sie verhalten sich wie **Fermionen**. Intention der Pfleger ist es nun so viele schwerlokalisierbare Irre in einen verspiegelten Raum zu sperren, bis diese sich nicht mehr bewegen können. Sie gehen den Versuch an und beginnen alle Irren der Anstalt nacheinander in diesen einen Raum zu lotsen. Die Pfleger haben vorher selbst ausprobiert, wie viele von ihnen hineinpassen. Deswegen sind sie äußerst verblüfft, als deutlich mehr Patienten, als Pfleger in diesen engen Raum hinein geleitet werden können. Mit jedem Moment, jedem zusätzlichen Irren erwarten sie die vollständige Sättigung. Doch diese lässt nicht nur auf sich warten, sie tritt überhaupt nicht ein und selbst als alle Schwerlokalisierbaren der gesamten Anstalt in dieser winzigen Kammer verschwunden sind, sind sich alle Pfleger sicher, dass diese Menschen sich nicht wie Fermionen verhalten und somit nicht dem Pauli-Prinzip folgen. Deswegen notieren sie in ihren Akten, dass Schwerlokalisierbare der **Bose-Einstein-Statistik** folgen und somit nie in einen Zustand der Ruhe – nicht einmal relativ zueinander – versetzt werden können. Sie verhalten sich somit wie **Bosonen**. Den Unterschied verdeutlicht ein Pfleger seinen Kollegen indem er sie zum Schuhschrank im Umkleideraum führt. Er vergleicht die Fermionen mit Schuhen. Hier gibt es einen rechten und einen linken Schuh. Jeder normale Mensch kann immer nur zwei Schuhe, einen linken und einen rechten anziehen. Für weitere Schuhe hat er keine

Verwendung, da er nur zwei Füße besitzt. Der Schuhschrank selbst kann auch nur eine bestimmte Anzahl solcher Schuhpaare aufnehmen. Wenn eine der Schubladen mit Schuhen voll besetzt ist, dann muss eine höhere Schublade für weiter unterzubringenden Schuhe besetzt werden. Dabei gilt es, immer erst die untere Schublade voll zu besetzen, bevor man zu einer höheren übergeht. Denn nur so kann bei Stößen von außen die Ordnung der Schuhe gewahrt werden. Einzelne Schuhe oder Schuhpaare in den höheren Schubladen werden nämlich durch Energieeinwirkung von außen - z.b. den Wischmobstößen der Putzfrau - hin und herbewegt. Bosonen hingegen verhalten sich wie äußerst dünne Kniestrümpfe. Jeder Mensch kann mehrere Kniestrümpfe übereinander anziehen und trägt diese auch normalerweise zu seinen Schuhen. Man könnte sagen, dass jeder Schuh immer nur in Verbindung mit Kniestrümpfen getragen wird:

> „Wegen der elektromagnetischen Wechselwirkung zwischen Elektronen und Photonen ist ein Elektron immer von einer Wolke von Photonen umgeben. Das nackte Elektron (ohne Photonen) ist lediglich ein formaler Begriff." (Prigogine, Ilya: Vom Sein zum Werden. Zeit und Komplexität in den Naturwissenschaften, 1979 204)

In die Schubladen des Schuhschranks können alle Kniestrümpfe der gesamten Belegschaft hineingetan werden, da sie in gewissem Sinne keinen Platz einnehmen. Bedeutend bei den Strümpfen ist auch, dass es hier keine Unterscheidung zwischen linken und rechten Exemplaren gibt. Alle Kniestrümpfe sind abgesehen von ihrer Farbe absolut gleich. Wenn sie einem Pfleger mit verbundenen Augen in die Hände gegeben werden, kann er sie nicht unterscheiden. Genauso verhält es sich mit Fermionen und Bosonen. Fermionen besitzen einen halbzahligen Spin, der in zwei verschiedene Richtungen orientiert sein kann. Bosonen besitzen einen ganzzahligen Spin. Die Spins darf man jedoch nicht bildlich als reale Eigenschaft dieser Teilchen auffassen. Sie sind nur eine abstrakte Beschreibung, die Physiker verwenden, um Fermionen und Bosonen anhand ihres Verhaltens unterscheiden zu können.

Hier liegt der Kern der Heisenbergschen Unbestimmtheitsrelation verborgen. Den Schwerlokalisierbaren kann absolut kein Zustand der Ruhe zugewiesen werden und somit sind Kategorien wie Ort und Gewicht auf Bosonen überhaupt nicht anwendbar, da beide einen Zustand der relativen Ruhe zu einem räumlichen Bezugssystem, bzw. zu einer Waage voraussetzen.

Einige Pfleger behaupten zwar, dass durch den Tot des beobachteten Irren sein Leichnam lokalisierbar und wägbar geworden ist, doch erinnern wir uns, dass wir den menschlichen Körper und dessen Attribute nur zur Verdeutlichung herangezogen haben. In Wirklichkeit ist die Energie seiner Bewegung in die Bewegung der Waage übergegangen und diese hat die Energie als Wärmeenergie an ihre Umgebung abgegeben.

Der Leichnam soll hier dennoch in einem bestimmten Licht bestehen bleiben. Er versinnbildlicht nämlich die Beschränkung der Heisenbergschen Unbestimmtheitsrelation, die genau diese Attribute der Lokalisierbarkeit und der indirekten Wägbarkeit als reale Eigenschaft der Schwerlokalisierbaren postuliert. Dabei ist hoffentlich hier klar geworden, dass die Energie eines Schwerlokalisierbaren nicht lokalisierbar ist. Sie besitzt immer einen gewissen Grad der Unschärfe und es ist immer nur ein unbestimmter Bereich eingrenzbar, in dem diese Energie konzentriert ist. Durch eine Wechselwirkung mit Fermionen – aus denen auch die Waage besteht – verändert sich dieser Bereich der Energiekonzentration und die Energie geht auch auf die Fermionen über – so geschehen bei der Impulsmessung und bei der eingangs beschriebenen Lokalisation des entflohenen Irren durch die Pfleger; schließlich ist bei diesem Versuch der Bändigung des hysterisch zappelnden Irren ein enormer Betrag an Bewegungsenergie auf die Pfleger übergegangen. Wenn die Pfleger diesen Energieübertrag nicht unterbrochen hätten, dann wäre der Irre an diesem Energieverlust gestorben, so wie es auch dem Irren in seiner Spiegelzelle mit der Waage als Boden irgendwann widerfahren wäre und auch hier wäre wieder sein Leichnam lokalisierbar und wägbar auf den Boden gesunken. Doch kann man diesen Leichnam mit einer Lokalisation seiner Energie gleichsetzen? - Nein, die Energie ist ja in die Pfleger, bzw. die Waage übergegangen.

Somit kann die Energie eines Quantenphänomens und somit das Quantenphänomen selbst *nie* lokalisert werden! Es können immer nur Fermionen lokalisiert werden, auf die die Energie übergegangen ist. Gleiches gilt für das Gewicht. Aufgrund der Unfähigkeit den Zustand der Ruhe einzunehmen, kann dem Schwerlokalisierbaren kein Gewicht, keine schwere oder träge Masse zugeordnet werden. Ein Pfleger wendet nun ein, dass man doch durch die Impulsmessung auf das Gewicht des Irren zurückschließen könne und somit bewiesen sei, dass man dem Irren ganz klar einen Impuls und somit ein exaktes Gewicht zuordnen könne. All die Physiker, die dies genau so sehen, nehmen die Heisenbergsche Unbestimmtheitsrelation beim Wort. Doch ist es nicht erst die Kollision des Irren mit der fermiotisch aufgebauten Wand, die die Erscheinung des Impulses entstehen lässt? Und sehen wir noch genauer hin: Ist die Energie selbst nicht in die Bewegungsenergie der Wand übergegangen? Erfahren wir somit anstatt des bewegten Gewichtes des Irren nicht vielmehr eine Wechselwirkung von Fermionen mit Bosonen, welche eine Zustandsveränderung der Fermionen hervorgerufen hat? Wir können über den Zustand der schwerlokalisierbaren Bosonen *an sich* doch überhaupt nichts aussagen, was über ihre Geschwindigkeit und ihre Energie hinausgeht. Begriffe wie Impuls, Ort und Ruhemasse sind wie der Leichnam nur eine Abstraktion, die Forscher, die aus Fermionen aufgebaut sind, aus klassischer Sicht auf die Welt der Bosonen übertragen. Dieser Gedankensprung wurzelt in der Annahme, dass man bei Wechselwirkungen zwischen Fermionen und Bosonen die Auswirkungen auf die Fermionen auf Eigenschaften der Bosonen zurückführen dürfe. Doch dieser Schritt der Ontologisierung, der einen der größten Fallstricke für einen deutenden Naturwissenschaftler darstellt, beruht auf einer Annahme, die nicht aus Erkenntnissen der experimentellen Beobachtung entstehen kann. Diese Annahme der Übertragung fermiotischer Eigenschaften auf Bosonen ist bereits eine subjektive Interpretation, die auf der Gewöhnung an den fermiotisch geprägten Denkrahmen zurückzuführen und deswegen als ungerechtfertigt zu verurteilen ist.

Die postulierte schwere Masse des Irren ist in Wirklichkeit nur eine Auswirkung der Hemmung seiner energetischen Ausbreitung durch Fermionen. Er selbst besitzt deswegen keine eigene schwere Masse. Bereits die Unfähigkeit einen Zustand der Ruhe einzunehmen, weist den Widerspruch auf, der in der Zuweisung einer Ruhemasse gipfelt. In diesem Sinne muss jegliche Verwendung der Begriffe, die eine Lokalisation sowie eine Impulsmessung eines Quantenphänomens behaupten, als falsch ausgewiesen werden. Gemessen werden jeweils immer nur Wirkungen auf Fermionen.

Die Heisenbergsche Unbestimmtheitsrelation beschreibt somit nicht Eigenschaften von Bosonen, sondern nur deren Wirkungen auf Fermionen. Es ist dieser Prozess der Verschränkung, der Superposition zwischen bosonischer Energie und dem absorbierenden Fermion, der hier begrifflich erfasst wird. Wenn man die Heisenbergsche Unbestimmtheitsrelation jedoch so interpretiert, dass sie die Eigenschaften der Bosonen *an sich* darstellt, dann ist sie falsch. Insgesamt ist die gesamte begriffliche Verwendung, die sich auf die Eigenschaften der Fermionen bezieht, für die Beschreibung der Bosonen zu verwerfen. Deswgen sollen klassisch geprägte Begriffe - wie Ort, Masse und Impuls - für Bosonen hier nicht mehr verwendet werden, da sie auf unzulässigen Abstraktionen beruhen. Alle Bosonen werden von nun an in Äquivalenz zu den kinetischen Solitonen als Wirkprozesse (kurz: WiPro) bezeichnet. WiPro besitzen eine von den Umständen ihrer Emission bedingte Energie. Zusätzlich scheinen sie sich aus Sicht der Fermionen, mit einer von dieser Energie unabhängigen und im Vakuum konstanten Geschwindigkeit zwischen diesen auszubreiten. Die Photonen der elektromagnetischen Strahlung sollen von nun an als **e-mWiPro** bezeichnet werden.

Synopsis
Die Heisenbergsche Unbestimmtheitsrelation beschreibt die Unmöglichkeit Wirkprozessen, die der Bose-Einstein-Statistik folgen, einen durch klassische Begriffe bestimmten vollständigen Zustand zuzuschreiben. In diesem Sinne weist sie auf die Nichtübertragbarkeit des Verständnisses der der Fermi-Dirac-Statistik folgenden Materie auf derartige Wirkprozesse hin. Sie darf jedoch nur auf den kleinen Bereich der Wechselwirkung zwischen Wirkprozessen und Materie angewendet werden. Außerhalb dieses kleinen Bereichs und besonders als Übertrag auf Eigenschaften der Wirkprozesse *an sich* verliert sie ihre Gültigkeit.

Die Wechselwirkung mit der Messapparatur zerstört den vorherigen Zustand des e-mWiPro irreversibel. Dies gleicht dem Messen einer Seifenblase durch ein Schraubenmikrometer. Der Messvorgang zerstört dabei das zu Messende. Daraus darf jedoch nicht geschlos-

sen werden, dass es in der Natur der Seifenblase liege, zu zerplatzen. Dies ist ein Effekt der erst in Wechselwirkung mit dem Messgerät auftritt. Da jegliche derartige Messung zum Zerplatzen der Seifenblase führt, ist es unmöglich, deren Normalzustand zu messen. Gleiches gilt für den Messvorgang in der Quantenmechanik. Diese Verhältnismäßigkeit hat das vormals rein objektive Verständnis der Naturwissenschaften drastisch erschüttert. Von nun an muss bedacht werden, dass jegliche Messergebnisse und damit verbundene Deutungen niemals eine objektive Realität darstellen, sondern immer nur den kleinen Ausschnitt, der auf unsere jeweiligen Messinstrumente anspricht.

Dies impliziert, dass wir

a) nicht das Gesamte messen, sondern nur einzelne Aspekte,

b) die durch die Messung in eine Erscheinung treten, mit der sie unabhängig dieser nicht aufwarten würden und

c) außerdem nur diejenigen Prozesse direkt untersucht werden können, die auf der gleichen, baryonischen Ebene wie das Messinstrument liegen.

Prozesse wie e-mWiPro sind nur indirekt durch ihren Einfluss auf die RePro des Messinstruments nachweisbar. Diese dem Forscher empirisch zugänglichen Prozesse decken nur ein geringes Spektrum der gesamten Welt ab. Das darauf basierende Weltbild ist eine Abstraktion, die auf einige wenige Knotenpunkte zu unserer tieferliegenden Welt zurückgeht.

Es ist bewusst, dass die Heisenbergsche Unbestimmtheitsrelation ebenso auf die 1924 von Louis de Broglie postulierten Materiewellen, die ja bekannterweise der Fermi-Dirac-Statistik folgen, angewendet werden kann. Diese Materiewellen jedoch sind ein Sonderfall und werden aufgrund ihrer Unterscheidung von den e-mWiPro im weiteren Verlauf der Arbeit noch gesondert behandelt. Zu diesem Zeitpunkt soll die Heisenbergsche Unbestimmtheitsrelation erst einmal in ihrer Bedeutung rein auf e-mWiPro verstanden werden. Dabei geht diese Bedeutung noch viel weiter. Sie weist nämlich darauf hin, dass die exakte Lokalisation eines Prozesses aufgrund seiner Unbestimmtheit nur eine unzulässige Abstraktion ist, die selbst in den größeren Maßstäben der klassisch erscheinenden Welt nicht umsetzbar ist. Will man einen Körper lokalisieren, so macht man dies anhand seiner Lage auf einem Untergrund oder anhand eines fiktiven Koordinatensystems. Jede Koordinatenangabe die genau sein will, benötigt im 3D-Raum drei exakte Werte. Da jeder Körper eine Ausdehnung besitzt, kann er im Raum jedoch niemals exakt lokalisiert werden. Es kann ebenso wie für einzelne Prozesse im Mikrokosmos immer nur ein gewisser Bereich des Aufenthalts relativ zu einem Bezugssystem festgesetzt werden. Falls man den Körper nun zerlegt, um seine Einzelteile genauer zu lokalisieren, so gelangt man in den Mikrokosmos und hier gilt ebenfalls wieder die Unbestimmtheit. In diesem Sinne lässt sich der Irrglaube an die Möglichkeit einer exakten Lokalisation auf die unzulässige Abstraktion eines Massenpunktes, der sich in einer absoluten Raumzeit befindet, zurückführen.

9.6. Nachtrag zum photoelektrischen Effekt

Die Wirkung von Licht muss korpuskularen Charakter tragen, da sich die Wechselwirkung auf der Grundlage eines fermiotischen Teilchens – welches von nun an in Analogie zu den stehenden Solitonen und zur Wahrung des Denkrahmens als Realprozess (kurz: RePro) bezeichnet werden soll - vollzieht. Das einzige, was der Forscher wirklich experimentell nachweisen kann, ist die Veränderung eines RePro durch e-mWiPro. Wessen Annahme zur Folge sollte man bei der Veränderung eines RePro kein RePro wahrnehmen?

Betrachten wir den Wellenbegriff genauer, dann erweist sich doch dieser Begriff selbst als eine Ontologisierung auf Basis einer unzulässigen Abstraktion! Der Begriff „Welle" wurde aus der klassischen Mechanik in die Quantenmechanik übernommen. Dabei scheint die Welle bereits derartig in kontradiktorischem Charakter zur Korpuskel zu stehen, dass sie in der Quantenmechanik bereits von Anfang an präsuppositiv als Anti-Klassisch aufgefasst worden ist. Doch dies ist ein Trugschluss. Eine moderne Quantenmechanik hat die Verantwortung all ihre Begriffe – und gerade diejenigen, auf denen sie aufbaut – einer kritischen Prüfung zu unterziehen. Dann stellt sich nämlich sehr schnell heraus, dass es in der Welt der Raumzeit keine Wellen *an sich* gibt. Der Wellenbegriff kann nicht in kontradiktorischem Widerspruch zur Korpuskulardeutung verwendet werden. Schließlich bestehen alle Wellen, die sich in der Raumzeit ausbreiten aus Korpuskeln. Die Welle ist eine Form der Korpuskeln. Eine Form der Bewegung. Aus diesem Grund muss jede Wechselwirkung eines e-mWiPro mit einem RePro korpuskularen Charakter tragen. Sei es, ob sich dieser korpuskulare Charakter indirekt durch einen scheinbaren Impuls oder direkt durch eine lokalisierbare Wirkung zeigt. Er tritt immer nur in Wechselwirkung mit einem RePro auf und trägt deswegen auch die Merkmale eines solchen. Denn was kann experimentell festgestellt werden? - Nie der e-mWiPro selbst. Es sind immer nur Wirkungen auf RePro, die wiederum auf Messgeräte – die ebenfalls aus RePro aufgebaut sind wirken, die wiederum auf unsere Sinnesorgane – die ebenfalls aus RePro aufgebaut sind – wirken. In diesem Sinne ist der e-mWiPro, der aus einer Quelle emittiert wird, der zu einem Lichtblitz auf einem Detektor führt, der vom Detektor in ein Auge des Forschers, in eine seiner Sehzellen führt, die beständige Weitergabe von energetischen Wirkungen, die nie zur Ruhe kommen und sich beständig von einem RePro zum anderen fortpflanzen. In diesem Sinne ist es selbstverständlich, dass jegliche Wechselwirkung eines e-mWiPro mit einem RePro, sei es nun auf der Grundlage eines elastischen Stoßes oder durch Absorption und Emission, den Charakter des RePro trägt. Denn in Bezug auf den photoelektrischen Effekt, bei dem eindeutig eine Wirkung der e-mWiPro auf RePro nachzuweisen ist, ist die Frage, *was* denn dort wirke, unzulässig. Die Frage nach dem *Was* ist eine Frage aus der klassischen Physik. Eine Frage aus dem Reich der sich gegeneinander abgrenzenden Fermionen. Im Reich der e-mWiPro fällt das *Was* in Raum und Zeit weg. Unsere gesamte Grammatik, welche die Formulierung der Welt auf einem Substanz-Attribut-Schema aufbaut, ist für den Bereich der e-mWiPro unzulässig. Hier gilt nur das *Wirken*. Nur das *Wirken* ohne ein Wirkendes? Dies mag dem durch den Alltag geformten Verstand seltsam anmuten. Dennoch ist unserer Geist selbst ein derartiges Phänomenen. Es gibt nicht den ontologischen Gedanken, die Vermutung, die Befürchtung und die Angst. Dies sind alles unzulässige Abstraktionen. Es gibt nur das Denken und das Vermuten. Hier gibt es keine eigenständige Substanz des Denkens. Das Denken eines Menschen befindet sich zwar mit den RePro des menschlichen Gehirns in beständiger Wechselwirkung, so wie das Licht durch Emission und Absorption mit entsprechenden RePro und dennoch besitzt es grundlegend andere Eigenschaften. Das eine erscheint als Wirkung, das andere als Substanz. Zu behaupten, das dem Licht und dem Denken eine eigene Substanz in Form von Korpuskeln oder ontologisierten Gedanken zukommt, führt zu dem Postulat einer zusätzlichen Substanz zwischen eigentlicher Substanz und Wirkung.

Es gibt die Geschichte von dem Raumfahrer und dem gläubigen Gehirnchirurgen (vgl. Gaarder, Jostein: Sofies Welt. Roman über die Geschichte der Philosophie, 1993): Der Raumfahrer sagt, dass er schon einige Male im All gewesen sei und dabei nie einen Gott, geschweige denn Engel dort oben zu Gesicht bekommen habe. Der Chirurg entgegnet, dass er schon so viele gescheite Köpfe aufgeschnitten habe und dabei auch noch nie auf einen Gedanken gestoßen sei.

Die Tatsache, dass die Windungen des menschlichen Gehirns nicht wie die Substanz eines Gedankens aussehen und das Licht nicht mit einer Glühlampe vergleichbar ist, ja das e-mWiPro überhaupt nicht aussehen - denn ein Aussehen haben nur RePro -, belegt, dass e-mWiPro und RePro nicht identisch sein können. Gehirn und Geist, Licht und Sonne sind nicht identisch. Sie bedingen sich einander und müssen begrifflich grundlegend verschieden behandelt werden. Dieser sich in unserer Welt abzeichnende Dualismus, der in der Form der Komplementarität in der Quantenmechanik auch in die naturwissenschaftliche Welt Eingang gefunden hat, ist es, der gegen die monistische Raumzeitfeldvision Einsteins spricht. Dies hat er selbst eingeräumt:

> „Vorläufig müssen wir noch bei allen unseren theoretischen Konzeptionen zwei Dinge als gegeben hinnehmen – Feld und Materie" (Einstein, Albert; Infeld, Leopold: Die Evolution der Physik, 1987, 216)

Die Folgerung, dass man aufgrund der Erkenntnis des photoelektrischen Effekts auf eine Lichtausbreitung durch Photonen der Größe $E = h \times v$ schließen könne, ist bereits eine interpretative Extrapolation der experimentellen Erkenntnisse. Dabei impliziert der photoelektrische Effekt nur, dass RePro e-mWiPro nur in bestimmten diskreten Portionen aufnehmen können. In diesem Sinne beziehen sich die Erkenntnisse dieses Effektes rein auf Eigenschaften der RePro. Der Umstand, dass e-mWiPro nun auch nur in diesen Portionen auftreten, beruht einerseits auf der Tatsache, dass das planksche Wirkungsquantum für alle Prozesse grundlegend ist und andererseits, dass im heutigen Universum alle entstehenden e-mWiPro aus RePro emittiert werden. Beide Aspekte belegen, dass RePro und e-mWiPro und somit grundlegende Prozesse unserer Welt nur in beständiger, gegenseitiger Wechselwirkung miteinander fortbestehen können.

Synopsis
Der Widerspruch zwischen Welle und Teilchen existiert nur oberflächlich. In der Raumzeit treten Wellen nur in Medien auf. Die Welle in Luft, Wasser oder auch in festen Medien wie Metall ist immer nur eine Bewegungsform der Teilchen. Die Welle *an sich* ist eine ontologisierte unzulässige Abstraktion, die nur im Denken des Subjekts gegeben ist. In Übertrag auf die Interferenzerscheinungen am Doppelspalt bedeutet dies, dass die dort auftretenden Wellenerscheinungen entweder außerhalb der Raumzeit und jeglichen Mediums oder im „Medium" Raumzeitfeld selbst stattfinden müssen.

9.7. Konsequenzen für die Raumzeit

Wiederum hat sich die Ansicht Ihres Zimmers gewandelt. Durch die Heisenbergsche Unbestimmtheitsrelation hat sich der anfängliche Denkrahmen der klassischen Mechanik noch weiter entfernt. Auch wenn die Erkenntnis des photoelektrischen Effektes von Licht auf eine korpuskelartige Wechselwirkung mit Fermionen schließen lässt, so kann den e-mWiPro aufgrund ihrer Orts- und Impulsunschärfe keine Bewegung auf einer Raumzeitbahn mehr zugewiesen werden. Hinzu kommt eine Erweiterung der Heisenbergschen Unbestimmtheitsrelation - die Unbestimmtheit von Energie und Zeit: $\Delta E \times \Delta t \approx h$ (vgl. Hey, Thomas; Walters, Patrick: Das Quantenuniversum. Die Welt der Wellen und Teilchen, 1998, 86) Dies ist ein äußerst faszinierender Grundsatz. Erlaubt er doch - anhand des planckschen Wirkunsquantums - einen Bereich des Raumzeitfeldes festzulegen, an dem jegliche Zustandsbestimmung und Begriffsverwendung ihren Sinn verliert. Somit scheint nicht nur die exakte Zustandsbestimmung eines Prozesses in der kontinuierlichen Raumzeit eine unzureichende Beschreibung zu sein. Vielmehr offenbart sich ein Charakter des Raumzeitfeldes, der so nicht zu erwarten war. Da das Raumzeitfeld unterhalb der planckschen Größenordnung keinen festen Wert annehmen kann, muss das Raumzeitfeld selbst auch gequantelt sein. Nicht nur die Körper unserer Welt, auch die Energie und die Welt *an sich* sind diskret. Dies bedeutet, dass die Welt nicht kontinuierlich bis ins Infinitesimale aufgeteilt werden kann. Es gibt eine natürliche Grenze der Teilung und Planck hat sie gefunden.

Bereits Zenon hat in seinem Paradoxon von Schildkröte und Achilles darauf hingewiesen, dass die Annahme einer unendlichen Teilbarkeit von Abständen absurd ist. Die Erkenntnis des diskreten Raumzeitfeldes mag auf den ersten Blick schockierend wirken. Wenn wir jedoch einmal den gewohnten Denkrahmen der Kontinuität der Welt beiseite legen und versuchen, möglichst neutral an diese äußerst diskrete Frage heranzugehen, was erscheint dann verständlicher: Ist es verständlicher, dass die Welt bis ins Unendliche verkleinert werden kann oder kann man es leichter nachvollziehen, wenn die Welt nur bis zu einem bestimmten Schritt verkleinert werden kann?

Die Unendlichkeit befindet sich nun in einem komplementären Verhältnis mit der diskreten Deutung der Welt. Und genau dahin gehört sie. Indem durch die Anerkennung des diskreten Raumzeitfeldes der vorherrschende Denkrahmen verändert werden musste, hat sich der Status der Unendlichkeit verschoben. Vorher wurde das Kontinuum ontologisiert und der Welt als objektive Eigenschaft zugeschrieben. Wie wir aber wissen, bestehen Komplementaritäten jedoch nie in der Welt, sondern immer im Denken eines Subjektes. Die Verschiebung des unendlich teilbaren Kontinuums von einer objektiven Eigenschaft der Welt hin zu einem subjektiven Aspekt zeigt auf, dass die nun vorherrschende Annahme der Diskontinuität nicht im Widerspruch zu der Welt, sondern nur zu einem Denkrahmen steht. Das Kontinuum, die Unendlichkeit ist ein menschliches Konstrukt, welches gedanklich zwar umfasst, jedoch nie realisiert werden kann. Es ist vorstellbar, dass man unendlich weit zählen kann. Aber niemand kann das wirklich. Wenn jemand bis Unendlich zählen könnte, dann wäre diese Zahlenfolge nicht unendlich. Eine Realisierung der Unendlichkeit würde diese somit wiederlegen. Dies ist jedoch paradox. In diesem Sinne kann die Unendlichkeit des Kontinuums nie wiederlegt werden. Sie ist nur eine menschliche Vorstellung, eine metaphysische Position und keine wissenschaftliche. Popper formuliert die Grundlage zu dieser Einordnung in seiner *Logik der Forschung* folgendermaßen:

> „Nun wollen wir aber doch nur ein solches System als empirisch anerkennen, das einer Nachprüfung durch die Erfahrung fähig ist. Diese Überlegung legt den Gedanken nahe, als Abgrenzungskriterium nicht die Verifizierbarkeit, sondern die Falsifizierbarkeit des Systems vorzuschlagen, mit anderen Worten: Wir fordern zwar nicht, dass das System auf empirisch-methodischem Wege endgültig positiv ausgezeichnet werden kann, aber wir fordern, dass es die logische Form des Systems ermöglicht, dieses auf dem Wege der methodischen Nachprüfung negativ auszuzeichnen.
> Ein empirisch-wissenschaftliches System muss an der Erfahrung scheitern können."
> (Popper, Karl R.; Herbert Keuth (Hrsg.): Logik der Forschung, 1998, 45)

Nachprüfbarkeit verlangt nach Grenzen. Eine solche ist nun auch für die Welt im Kleinsten gefunden worden. Erst dadurch wird die Welt, das Raumzeitfeld wirklich zu einem nachprüfbaren wissenschaftlichen Gegenstand und denkbar. Wie sollte sich die Grenze des Raumzeitfeldes ansonsten äußern, als durch ein verschwimmen aller möglichen Werte unterhalb dieser?

Doch ist die Theorie des Raumzeitfeldes überhaupt noch haltbar? Gegen Ende des Kapitels „Nachtrag zum photoelektrischen Effekt" ist bereits angeklungen, dass bis heute der Dualismus zwischen WiPro und RePro nicht aufgelöst werden konnte. Auch wenn die Energie-Materie-Äquivalenz der SRT weiterhin gilt, so beschreibt sie nur Umwandlungsvorgänge bei relativistischen Geschwindigkeiten. In unserer Welt jedoch sind wir kaum mit diesen Extremen konfrontiert. Dennoch ist die Existenz von identischen Körpern nicht im Rahmen einer diskreten Raumzeit denkbar. Die Existenz ontologisch erfassbarer Körper verlangt nach einer kontinuierlichen Raumzeit. Denn das, was *selbst* bleibt, kann sich nur im Kontinuum bewegen, da es Lücken in einer diskreten Raumzeit nicht überspringen könnte. Ein Schlittschuhläufer kann sich nur auf einer kontinuierlichen Eisschicht bewegen. Eine Ansammlung diskreter Eisschollen würde seiner Identität gehörige Grenzen setzen. Trotz der diskreten Raumzeit ist die Kausalität der einzelnen e-mWiPro-Ausbreitung gewahrt. Ansonsten wäre keine Interferenz am Doppelspalt, keine Reflektion nach den Gesetzen des elastischen Stoßes und auch keine gravitative Lichtablenkung möglich. Kausalität kann jedoch nur im Kontinuum gewahrt sein. Die Tatsache, dass wenn wir in Richtung Sonne schauen, auch die Sonne sehen, belegt, dass das Licht der Sonne sich auf einer kontinuierlichen Bahn – seiner Nullgeodäte - von Emission zu Absorption bewegt. In diesem Sinne gleicht der e-mWiPro eher dem Seiltänzer, der auf seinem kontinuierlichen Seil entlang wandert. Dabei kann man für e-mWiPro überhaupt nicht festsetzen, dass sich da *etwas* auf einer Bahn bewege. Es gibt hier kein etwas. Vielmehr ist der e-mWiPro die Bahn. Dementsprechend kann man sich die e-mWiPro unserer Welt als ein komplexes Netzwerk von Seilen vorstellen. Die kontinuierlichen Seile sind zwischen RePro aufgespannt und bilden ihre jeweiligen diskreten Bezugsverhältnisse. Wenn zwei RePro, zwei Körper auch nur den Hauch einer gemeinsamen Wechselwirkung verspüren, wenn ein Licht-Wirkprozess eines entfernten Sterns in eine menschliche Sehzelle fällt, dann basiert diese energetische Wechselwirkung auf einem e-mWiPro. Dieses Bild des kosmischen Netzwerkes erlaubt es, den komplementären Widerspruch von Kontinuität und Diskretheit in Bezug auf die Raumzeit zu überwinden.

Kann man zusätzlich so weit gehen und den Begriff der Raumzeit mit dem des kosmischen Netzwerkes in Einklang bringen? Schließlich beruht jeder raumzeitliche Bezug zwischen zwei RePro auf e-mWiPro.

Synopsis
Der Begriff des Feldes beruht auf der Ontologisierung einer unzulässigen Abstraktion. Genau wie die Welle in Raum und Zeit, sind jegliche Felder in Raum und Zeit Vereinigungen von diskreten Einheiten. Das elektromagnetische Feld Maxwells beruht ebenso wie das gravitative Raumzeitfeld Einsteins auf diskreten Wechselwirkungen. Wie das Feld des Bauern aus Ähren besteht, über die der Wind streicht, so bestehen alle elektromagnetischen Felder aus einem Netzwerk von RePro und e-mWiPro. Da jedoch die Kausalität in der Ausbreitung des einzelnen e-mWiPro gewahrt ist

muss für den einzelnen e-mWiPro eine kontinuierliche Ausbreitung gewahrt sein, Die Raumzeit selbst jedoch ist ein diskretes Netzwerk dieser kontinuierlichen e-mWiPro.

10. Quantenphänomene

Was spricht für und was gegen ein solches netzwerkartiges Verständnis der Raumzeit? Zu dieser Klärung ist es sinnvoll, sich mit den Formalismen der Quantenmechanik sowie den Gründen die Einstein dazu bewogen haben, eine Raumzeit ohne RePro anzunehmen, zu beschäftigen.

10.1. Die Wellenmechanik

> „Die Wellenmechanik untersucht die Art, wie die Wahrscheinlichkeit sich im Lauf der Zeit neu verteilt. Sie löst sie in Wellen auf und bestimmt die Gesetze für die Fortpflanzung dieser Wellen." (Eddington, Stanley Arthur: Philosophie der Naturwissenschaft, 1949, 69)

Die mathematische Erfassung der Quantenphänomene ist ein gutes Beispiel, um zu verdeutlichen, dass mathematische Formalismen immer nur subjektive Wege sind, die von Forschern erschlossen werden. So gibt es drei verschiedene mathematische Zugänge zum Haus der Quantenmechanik, die sich in ihren Gangarten zwar unterscheiden, in ihren Ergebnissen jedoch gleichen. Diracs Mechanik von 1925 auf der Grundlage einer nichtkommutativen Algebra (vgl. Rompe, Robert: P. A. M. Dirac und die Begründung der relativistischen Quantentheorie, 1985), Heisenbergs 1925 ausgearbeitete Matrizenmechanik (vgl. Born, Max; Heisenberg, Werner; Jordan, Pascual: Zur Begründung der Matrizenmechanik, 1962) und Schrödingers operative Wellenmechanik von 1926 (vgl. Schrödinger, Erwin: Die Wellenmechanik, 1963) führen alle zu vergleichbaren Ergebnissen:

> „Die Diracsche Theorie ist gleichfalls der Heisenbergschen und der Schrödingerschen äquivalent. (...) Alle drei Methoden kommen bei der Berechnung eines konkreten Problems zum gleichen Ergebnis." (Segrè, Emilio: Die grossen Physiker und ihre Entdeckungen. Von den fallenden Körpern zu den Quarks, 1997, 172)

Die größte Reputation in den Fachkreisen genießt die Schrödinger-Gleichung, da sie in der Wahl ihres Vorgehens am verständlichsten erscheint. Grundlegend für das Verständnis dieser Wellenmechanik ist eine Folgerung aus der Heisenbergschen Unbestimmtheitsrelation:

> „Während in der klassischen Theorie der Zustand eines Systems charakterisiert wurde durch die Angabe der Koordinaten und Impulse des Systems, wird er in der Quantentheorie durch eine Funktion (im Konfigurationsraum) repräsentiert, die angibt, wie wahrscheinlich es ist, dass die Koordinaten und Impulse bestimmte Werte haben, wenn wir sie messen." (Heisenberg, Werner: Die Rolle der Unbestimmtheitsrelationen in der modernen Physik; Aufsatz in: Gesammelte Werke. Abteilung C: Allgemeinverständliche Schriften. Band 1: Physik und Erkenntnis. 1927 – 1955, 1984, 44)

Einstein beschreibt den Konfigurationsraum folgendermaßen:

> „Das 'Milieu', wenn man so sagen darf, der Wahrscheinlichkeitswellen ist das vieldimensionale Kontinuum, und nur wenn es sich um Einzelpartikel handelt, deckt sich

die Anzahl der Dimensionen mit der des physikalischen Raumes." (Einstein, Albert; Infeld, Leopold: Die Evolution der Physik, 1987, 252f.)

Der selbstinterferierende e-mWiPro im Doppelspaltversuch hat die Theorie des sich auf seiner Weltbahn bewegenden Teilchens enorm ins Schwanken gebracht. Man kann nicht mehr verfolgen, welchen Weg der einzelne e-mWiPro nimmt. Das einzig Vorhersagbare sind seine Absoprtionswahrscheinlichkeiten auf dem Detektor. Diese Wahrscheinlichkeiten basieren nicht auf der Unkenntnis von wirklich existierenden verborgenen Größen und Werten. Dies haben die **Bellschen Ungleichungen** bestätigt.

Exkurs zur Bellschen Ungleichung:
Albert Einstein, Nathan Rosen und Boris Podolsky erdenken 1935 ein Experiment, um Voraussagen der Quantenmechanik über nichtlokale Wechselwirkungen durch verborgene Parameter zu erklären. Ihr Versuch schlägt jedoch fehl, da keine derartigen Parameter nachgewiesen werden können. Durch dies EPR-Experiment sehen sich die Vertreter des lokalen Realismus mit scheinbar instantanen Wechselwirkungen konfrontiert:
„In einem EPR- oder Bell-Experiment scheinen sich zwei gleichzeitig stattfindenden Ereignisse gegenseitig zu beeinflussen, gleichgültig, wie groß die Entfernung zwischen ihnen ist." (Malin, Shimon: Dr. Bertlmanns Socken. Wie die Quantenphysik unser Weltbild verändert, 2006, 350)

Vollständige Klärung ereignet sich erst 1964 als John Bell unter den Prämissen Lokalität und Seperabilität Ungleichungen aufstellt, deren Wahrung den lokalen Realismus stützen würden. Die Überprüfung offenbart jedoch, dass die Bellschen Ungleichungen nicht allgemeingültig sind. So unternehmen A. Aspect, P. Grangier und G. Roger 1981 ein Experiment, welches die Gültigkeit der Bellschen Ungleichung überprüfen soll. Ihre Ergebnisse veröffentlichen sie noch im selben Jahr:
„Unsere Ergebnisse, die mit den Vorhersagen der Quantenmechanik vorzüglich übereinstimmen, verletzen die verallgemeinerten Bell´schen Ungleichungen auf eklatante Weise und schließen damit die gesamte Klasse realistischer lokaler Theorien als unzulässig aus." (Aspect, A.;Grangier, P.; Roger, G.: Artikel in: Physical Review Letters 47, 1981, 460; zitiert in: Malin, Shimon: Dr. Bertlmanns Socken. Wie die Quantenphysik unser Weltbild verändert, 2006, 162)

Belegt ist somit, dass zwei miteinander verschränkte Prozesse die raumzeitlich getrennt sind, dennoch miteinander in Beziehung stehen. Diese Beziehung weist darauf hin, dass das Prinzip der Lokalität nicht als absolut gewertet werden darf, da Phänomene nachweisbar sind, die mit v > c vonstatten zu gehen scheinen.
Die Verletzung der Bellschen Ungleichungen sprengt somit den Raumzeitkegel des lokalen Realismus und die Prinzipen der Lokalität und Seperabilität verlieren ihre Allgemeingültigkeit. Der Gedanke, dass e-mWiPro keiner Seperabilität unterliegen, bekräftigt die Annahme eines kosmischen und äußerst komplexen Prozessnetzwerkes, dessen Eigenschaften erst durch relationale Wechselwirkungen entstehen und somit nicht intrinsischer Natur sind. Michael Esfeld sieht in seinem Aufsatz *Quantentheorie: Herausforderung an die Philosophie!* diesen relationalen Charakter durch die Experimente zur Bellschen Ungleichung bekräftigt:
„Es gibt keine intrinsische Natur von Quantensystemen jenseits der Korrelationen, die in den Experimenten manifest sind." (Esfeld, Michael: Quantentheorie: Herausfor-

derung an die Philosophie!; Aufsatz in: Audretsch, Jürgen (Hrsg.): Verschränkte Welt. Faszination der Quanten, 2002, 207)

Dabei entwirft er eine relationale Ontologie, die an das Machsche Prinzip erinnert: „Was die Dinge ihrer Natur nach sind, besteht in Relationen." (ibid., 212)

Durch die Wahl seines begrifflichen Denkrahmens widerspricht er sich in diesem Punkt jedoch selbst. Gerade durch die Negation der Seperabilität und der intrinsischen Eigenschaften argumentiert er doch dafür, dass es keine eigenständigen Dinge geben könne. Eine Ontologie sieht jedoch gerade diese seienden Entitäten, die sich durch ihre Identität äußern, als grundlegend an. Ein relationales Netzwerk hingegen äußert sich durch den prozesshaft sich beständig wandelnden Charakter seiner Seile und Knoten und ist somit mit einer Ontologie unvereinbar. In diesem Sinne ist jeder Mensch, jedes Subjekt ein Knoten in diesem Netzwerk.

Hier begegnet man wiederum der Unmöglichkeit einer reinen Objektivität. Diese würde ein Überblicken des Netzwerkes ohne subjektive Einbindung voraussetzen. Ein „Überblicken" verlangt jedoch nach Wechselwirkungen und solche sind nur über Seile möglich. Somit erweist sich das Postulat der reinen Objektivität erneut – und diesmal sogar experimentell belegt – als unhaltbar. Verlangt es schließlich eine Korrelation mit der Welt ohne mit dieser in Verschränkung zu stehen. Ebenfalls Bernard d`Espagnat erachtet nun die notwendige Subjektivität jeglichen Weltbildes als empirischen belegt:

„Die Auffassung, daß die Welt aus Objekten besteht, deren Existenz unabhängig vom menschlichen Bewußtsein ist, erweist sich als unvereinbar mit der Quantenmechanik und mit Fakten, die experimentell bestätigt sind." (d`Espagnat, Bernard: Quantentheorie und Realität; Artikel in: Spektrum der Wissenschaft. Januar 1980, 78)

Synopsis
Durch die Verletzung der Bellschen Ungleichung ist ein komplementäres Verhältnis zwischen lokalem Realismus und instantanem Relationalismus erwachsen, dessen Überwindung überaus fruchtbar für eine Weltbeschreibung, die die beiden derzeitigen Widersprüche als verschiedene Aspekte einer Welt erkennen muss, sein wird.

Die Wahrscheinlichkeiten der Wellenmechanik beruhen auf einer Unbestimmt der Größen, die wirklich gegeben ist.

„Dies bedeutet, dass der diffuse Charakter von Ψ [Wellenfunktion] nicht als Symbol für eine Unsicherheit aufgefaßt werden kann, die auf mangelnder Kenntnis beruht. Er ist vielmehr das Symbol für ein Fehlen der Kausalität – eine Unbestimmtheit des Verhaltens, die für das Atom charakteristisch ist." (Eddington, Stanley Arthur: Das Weltbild der Physik und ein Versuch seiner philosophischen Deutung, 1931, 299)

Eddington denkt bei derartigem charakteristischen Verhalten des Atoms z.B. an den radioaktiven Kernzerfall, der zwar durch Wahrscheinlichkeiten erfasst, jedoch nie exakt vorausgesagt werden kann. Auf dieser Ebene der Beschreibung schleicht sich eine Akausalität in die Vorgänge ein, die es verhindert, subatomare Phänomene exakt in Raum und Zeit zu beschreiben. Diese Akausalität zwingt die Quantenmechanik dazu, auf Wahrscheinlichkeitsrechnungen zurückzugreifen, da das Rückrat der exakt berechnenden Naturwissenschaft – die Kausalität – hier durchtrennt zu sein scheint.

Max Born beschreibt den Formalismus der Schrödinger-Gleichung in seinem Aufsatz *Physik und Metaphysik* folgendermaßen:

> „Der Übergang von den Symbolen zu wirklichen messbaren Größen geschieht durch Einführung einer Größe, die 'Wellenfunktion' heißt. Sie beschreibt den Zustand, in dem man ein System vorfindet, soweit eine solche Beschreibung möglich ist. Ihr Quadrat drückt die Dichte der Wahrscheinlichkeit aus, die dafür besteht, dass man die gegebenen Werte (zum Beispiel Koordinaten von Teilchen) in einem gegebenen kleinen Gebiet antrifft – entsprechend der Verteilungsfunktion in der gewöhnlichen Statistik.
> Indessen besteht ein grundlegender Unterschied. Angenommen, zwei Teilchenstrahlen, die von der gleichen Quelle kommen und getrennt gezählt werden, ergeben die Resultate Ψ_1^2 und Ψ_2^2. Wenn sie durch eine passende Einrichtung zur Überdeckung gebracht und gemeinsam gezählt werden, ist das Resultat $(\Psi_1 + \Psi_2)^2$.
> Dies unterscheidet sich aber von der Summe $\Psi_1^2 + \Psi_2^2$ (um $2\Psi_1\Psi_2$). Man hat eine 'Interferenz' von Wahrscheinlichkeiten, wie sie vom Falle der Lichtquanten oder Photonen wohlbekannt ist – jenen Teilchen, deren Häufigkeit durch das Quadrat der Intensität einer elektromagnetischen Welle gemessen wird. (...) So ist die neue Mechanik ihrem Wesen nach statistisch und – was die Verteilung der Teilchen betrifft – völlig indeterministisch. Jedoch bewahrt sie, seltsam genug, eine gewisse Ähnlichkeit mit der klassischen Mechanik, da das Ausbreitungsgesetz der Funktion Ψ, die sogenannte Schrödinger-Gleichung, von demselben Typ ist wie die Wellengleichungen der Elastizitätslehre oder des Elektromagnetismus. Wir haben daher die recht paradoxe Situation, dass es keinen Determinismus gibt für physikalische Objekte wie kleine Teilchen, wohl aber für die Wahrscheinlichkeit von deren Auftreten." (Born, Max: Physik und Metaphysik; Aufsatz in: Dürr, Hans-Peter (Hrsg.): Physik und Transzendenz. Die großen Physiker unseres Jahrhunderts über ihre Begegnung mit dem Wunderbaren, 1986, 87)

Auf diese Weise gelangen wir zu einem Bild von Wahrscheinlichkeitswellen, die linearen Gleichungen folgen und zusätzlich noch zur Interferenz fähig sind. Mit dieser Wellenmechanik entwirft Schrödinger ein mathematisches Bild, welches es ermöglicht, die realistische Leere, die in der Quantenmechanik vorherrscht, durch eine Vorstellung von sich ausbreitenden Wellenfunktionen zu ersetzen. Desweiteren erlaubt es die Schrödinger-Gleichung alte Bekannte aus der Klassischen Mechanik in die Moderne zu übertragen, indem sie postuliert, dass sich die Wellenfunktionen kontinuierlich ausbreiten:

> Die Wahrscheinlichkeit des Auftretens aber breitet sich kontinuierlich nach Art von Wellen aus, die Gesetzen von ähnlicher Form gehorchen, wie die Kausalgesetze der klassischen Physik. (Born, Max: Physik im Wandel meiner Zeit, 1983, XVI)

Die Einführung des Kontinuums erlaubt die Ausbreitung identischer Körper auf kontinuierlichen Bahnen. Da es hier keine Körper gibt, breiten sich die Wellen nicht im Kontinuum aus, sie sind das Kontinuum. Diese kontinuierliche Beschaffenheit ist es nun, die es ermöglicht, die Wellenmechanik in ihrer Dynamik als kausal aufzufassen. In diesem Sinne verlaufen die Wellenfunktionen deterministisch:

„Die Bewegung der Partikeln folgt Wahrscheinlichkeitsgesetzen, die Wahrscheinlichkeit selbst breitet sich im Einklang mit dem Kausalgesetz aus. Kausalgesetz heißt, dass die Kenntnis des Zustandes in allen Punkten in einem Augenblick der Verteilung des Zustandes zu allen späteren Zeiten festlegt." (Born, Max: Zur statistischen Deutung der Quantenmechanik, 1962, 54)

Genau an dieser Stelle tritt eine wesentliche Eigentümlichkeit der Wellenmechanik zu Tage, welche für eine Interpretation dieser von großer Bedeutung ist. In der Verteilung ihrer Wellenfunktionen ist sie statistisch formuliert; in ihrer Ausbreitung jedoch deterministisch. Arthur March prägt für diesen Zwiespalt in seinem Werk *Die physikalische Erkenntnis und ihre Grenzen* den Begriff der **statistischen Kausalität**:

Wenn für das Naturgeschehen eine Ordnung von dieser Art gilt, so tritt an die Stelle des Prinzips, dass aus dem gleichen Anfangszustand immer dieselbe Reihe von Folgezuständen hervorgeht, ein allgemeineres: Der gleiche Anfangszustand kann die verschiedensten Vorgänge nach sich ziehen, aber die zum gleichen Anfangszustand gehörigen Vorgänge befolgen immer dieselbe Statistik.
Wenn dieses Prinzip gilt - und das ist die Meinung der Quantenmechanik -, so wollen wir sagen, dass der Natur eine statistische Kausalität zugrunde liegt. Diese statistische Kausalität tritt dann an die Stelle der strengen, die von der klassischen Physik als allein möglich in Betracht gezogen worden ist." (March, Arthur: Die physikalische Erkenntnis und ihre Grenzen, 1955, 34)

Dabei gilt es zu beachten, dass diese statistische Kausalität nicht auf einem bloßen Summeneffekt der Wahrscheinlichkeitswellen beruht, sondern bereits für einen einzelnen WiPro gültig ist:

„Diese Wahrscheinlichkeitsverteilung kommt nicht zustande durch Interferenz vieler gleichzeitig einfallender Elektronen, sondern man erhält das gleiche Interferenzbild, wenn jedes Elektron einzeln auftrifft, d.h. etwa bei sehr geringer Intensität der Quelle. Die Wellenfunktion kommt also jedem einzelnen Elektron gleichermaßen zu, sie beschreibt den Zustand des einzelnen Elektrons." (Schwabl, Franzl: Quantenmechanik, 1993, 14)

Es ist diese statistische Kausalität, die dazu führt, dass die Welt der Physik die Schrödinger-Gleichung mit offenen Armen empfängt. Erlaubt sie es doch, die Kausalität und somit den roten Faden der Naturwissenschaft bis in den Mikrokosmos hinein zu verfolgen. Desweiteren sehen einige Vertreter des kritischen Realismus die Wahrscheinlichkeitswellen selbst als real an. Schließlich sei eine Interferenz dieser anhand des Interferenzmusters beim Doppelspaltversuch nachweisbar. Sie ontologisieren die Möglichkeiten der Wellenfunktion:

„Heisenbergs ontologischer Interpretation zufolge existiert das Elektron als wirkliches Ding nur, wenn es gemessen wird. In dem Raum zwischen Elektronenkanone und Bildschirm, wo es nicht gemessen wird, ist es dagegen *lediglich als ein Feld von Möglichkeiten vorhanden.* (...) Die Komplementarität von Teilchen und Welle entspricht dem Wechselspiel zwischen **zwei Arten des Seins**: dem Möglichen und dem Wirklichen." (Malin, Shimon: Dr. Bertlmanns Socken. Wie die Quantenphysik unser Weltbild verändert, 2006, 104ff.; [Hervorhebung durch den Verfasser])

Doch ist dieser Schritt berechtigt? Umspülen die Wahrscheinlichkeitswellen wirklich die doppelspaltigen Klippen des Versuchsaufbaus? Oder gleicht der Glaube an interferierende Wahrscheinlichkeitswellen nicht vielmehr dem Glauben daran, dass etwas im Experiment interferiere, was nur im Geist des Forschers besteht?

10.2. Der Sprung in die klassischen Welt

„Nach mehr als siebzig Jahren versteht noch immer niemand, wie oder auch nur ob sich der Kollaps der Wahrscheinlichkeitswelle tatsächlich ereignet. Im Laufe der Jahre hat sich die Annahme, dass Wahrscheinlichkeitswellen kollabieren, als leistungsfähiges Verbindungsglied zwischen den Wahrscheinlichkeiten, welche die Quantentheorie vorhersagt, und den eindeutigen Resultaten erwiesen, die sich aus Experimenten ergeben." (Greene, Brian: Der Stoff, aus dem der Kosmos ist. Raum, Zeit und die Beschaffenheit der Wirklichkeit, 2004, 146)

Die Wellenmechanik der Schrödinger-Gleichung beschreibt die deterministische Ausbreitung von Wahrscheinlichkeitswellen linear. Dabei werden diese als geschlossenes kohärentes System betrachtet. Der Übergang von dieser rein probabilistischen Ebene der verschränkten Zustände hin zu der Eindeutigkeit unserer gewohnten Welt - der Welt, wie Sie, verehrter Leser, sie in Ihrem Zimmer wahrnehmen - wie lässt sich dieser Übergang vom Möglichen zum Tatsächlichen erklären? Findet er überhaupt statt? Fest steht, dass Sie Ihr Zimmer nicht als eine Verschränkung verschiedener Möglichkeiten wahrnehmen. Dies ist eine der bedeutendsten Fragen der Quantenmechanik: Wie lässt sich der Übergang von der Ebene der Quantenphänomene zur klassischen Welt erklären? Wie lässt sich die statistische Mechanik in die klassische Mechanik überführen? Diese Frage führt die Gedanken des Forschers tief in die Gewölbe der Naturwissenschaften. Wohl tiefer als es einigen lieb sein mag. Denn um diese Frage klären zu können muss die Brücke der Akausalität zwischen Mikro- und Makrokosmos überschritten werden: Eine diskontinuierliche Brücke voll Löcher des Zufalls. Bis zum heutigen Tag ist kein Gedanke eines empirischen Naturwissenschaftlers trocken über diese Brücke gelangt. Dies wird auch nie möglich sein, solange er sich der exakten Wissenschaft in der Form verschrieben hat, dass er sich entlang des kontinuierlichen roten Fadens der Kausalität durch die Welt hangeln möchte. Indem die Physik nämlich daran gescheitert ist, diesen roten Faden kontinuierlich durch die gesamte Welt zu verlegen, hat sie indirekt darauf hingewiesen, dass es in unserer Welt einen bedeutenden Moment der Akausalität geben muss. Der einzelne rote Faden spaltet sich im Mikrokosmos in ein Meer von roten Härchen auf. Diese Härchen können zwar alle einzeln kausal beschrieben werden, doch den Verbindungsknoten des Härchens des Mikrokosmos mit dem roten Faden des Mesokosmos, dieser Knoten ist nicht auffindbar. Gibt es ihn überhaupt? In diesem Sinne ist die Quantenmechanik die Rettung der Freiheit. Indem sie darauf hingewiesen hat, dass die Kausalität nicht kontinuierlich gewahrt ist, hat sie den freiheitsliebenden Menschen vor dem Joch des Determinismus bewahrt.

Synopsis
Jede Beschreibung des Übergangs von Mikrokosmos zum Mesokosmos ist auf Grund seiner Akausalität metaphysischer Natur. Die Quantenmechanik hat nicht die Brücke der Kausalität vollendet. Sie ist von höherer Bedeutung für den forschenden Menschen: Sie verlangt durch ihr Scheitern nach einer Brücke zwischen empirischer Naturwissenschaft und Philosophie. Erst diese Vereinigung erlaubt die Verbindung von Kausalität und Zufall. Eine ganzheitliche Beschreibung unserer Welt verlangt nach dieser Zusammenkunft, da beide Momente für diese grundlegend sind.

10.3. Die Kopenhagener Deutung

Die 1927 von Niels Bohr und Werner Heisenberg entwickelte Kopenhagener Deutung der Quantenmechanik vertritt keine naturwissenschaftliche, sondern eine metaphysische Position. In dieser wird dem Feld der Möglichkeiten ein eigener ontologischer Status zuerkannt. Erst die Beobachtung mit einem Messgerät erschafft einen klassischen Zustand aus diesem Feld der Möglichkeiten. Paul Dirac erklärt diesen nicht nachvollziehbaren Übergang folgendermaßen:

„Die Natur trifft eine Wahl." (Dirac, Paul: zitiert in Malin, Shimon: Dr. Bertlmanns Socken. Wie die Quantenphysik unser Weltbild verändert, 2006, 238)

Diese Antwort auf die Frage des Überganges mag in den Ohren vieler empirischer Naturwissenschaftler naiv klingen, schließlich beschreibt sie einen Vorgang, der empirisch nicht nachvollziehbar ist. Und doch zeugt diese Bemerkung Diracs von großem Tiefgang; bekennt sie sich doch zu einer starken metaphysischen Orientierung, deren Anerkennung in streng wissenschaftlicher Auseinandersetzung mit der Welt erwachsen ist.

Im Sinne der Kopenhagener Deutung erfolgt der Übergang instantan. Deswegen steht diese Interpretation in komplementärem Widerspruch zum lokalen Realismus Einsteins. Die berühmt gewordene Einstein-Bohr-Debatte zeugt von dieser Auseinandersetzung, deren Potential durch gegenseitige Toleranz und deren Grenzen durch eigenen Glauben gekennzeichnet sind. (vgl. Held, Carsten: Die Bohr-Einstein-Debatte. Quantenmechanik und physikalische Wirklichkeit, 1998) Der instantane Charakter des Überganges wird durch die Einführung des Begriffes **„Kollaps der Wellenfunktion"** verdeutlicht. Durch den Kollaps ergibt sich eine untrennbare Verschränkung von Quantenphänomen und Messapparatur:

„Die möglichen Ergebnisse einer Messung sind durch den Gegenstand und die Messapparatur zusammen festgelegt;" (Rae, Alastair I. M.: Quantenphysik: Illusion oder Realität?, 1996, 82)

Die Kopenhagener Deutung verweist ausdrücklich auf die Rolle des Beobachters, der den Kollaps durch seine Beobachtung provoziert. Diese Auslegung ist Zündstoff für allerlei unwissenschaftliche Interpretationen, die im Bereich der Parapsychologie und Esoterik anzusiedeln sind. So soll z.B. der nichtlokale Charakter der EPR-Korrelationen in Verbindung mit der Hervorhebung der realitätserschaffenden Rolle des Subjektes auf der Grundlage der Kopenhagener Deutung als wissenschaftlicher Beleg für Telepathie und sogar Telekinese angesehen werden. (vgl. Becker, Volker J.: Gottes geheime Gedanken. Was uns westliche Physik und östliche Mystik über Gott und Geist, Urknall und Universum, Sinn und Sein sagen können. Ein philosophischer Exkurs an die Grenzen von Wissenschaft und Verstand, 2006, 194) Das Attribut „unwissenschaftlich" ist deswegen gerechtfertigt, da es sich bei derartigen Deutungen der Nichtlokalität und insbesondere der Kopenhagener nicht um wissenschaftliche, sondern um metaphysische handelt. Dennoch wurde der Stein der diesen Boom der esoterischen Misshandlung wissenschaftlicher Erkenntnisse provoziert hat, u.a. auch von den Vertretern der Quantenmechanik - z.B. durch das bekannte Gleichnis von Schrödingers Katze (vgl. Gribbin, John: Auf der Suche nach Schrödingers Katze. Quantenphysik und Wirklichkeit, 2002, 220) - selbst ins Rollen gebracht.

Die Betonung des Subjektes in der Kopenhagener Deutung sollte nicht in diesem Sinne verstanden werden. Vielmehr verdient sie große Anerkennung, da sie darauf hingewiesen hat, dass der Forscher selbst ein Subjekt ist und in der Form der Verschränkung immer untrennbar mit seinem Forschen und dessen Gegenstand verbunden ist. In diesem Sinne ist die Kopenhagener Deutung von enormer wissenschaftstheoretischer Bedeutung, argumentiert sie doch gegen das Postulat einer reinen Objektivität. Den einzig möglichen Zugang zu den Quantenphänomenen sieht Niels Bohr in der subjektiven Aspekthaftigkeit. Zu diesem Zweck führt er den Begriff der Komplementarität in die Quantenmechanik ein. Er vertritt die Ansicht, dass das Gegenteil einer Wahrheit durchaus wiederum eine Wahrheit sein könne. Erst in der Zusammenschau vieler komplementärer Aspekte könne man die tiefer liegende Wahrheit erfahren. Dabei fühlt er sich sehr den abschließenden Zeilen Friedrich Schillers in dessen Gedicht *Spruch des Konfuzius* verbunden:

> Nur die Fülle führt zur Klarheit,
> Und im Abgrund wohnt die Wahrheit. (Schiller: [Gedichte 1789-1805]. Schiller: Werke, 2005, 538; [vgl. Schiller-SW Bd. 1, S. 227] http://www.digitale-bibliothek.de/band103.htm)

In diesem Sinne vertritt Niels Bohr einen erweiterten kritischen Realismus. Er glaubt an eine absolute unerreichbare Wahrheit, erkennt jedoch, dass der Mensch an dieser Wahrheit nur aspekthaft und somit subjektiv teilhaben kann.

10.4. Die Dekohärenztheorie

Es mag durchaus berechtigt sein, den metaphysischen Nebel aus dem Norden – die Kopenhagener Deutung – als unwissenschaftlich zu kritisieren. Schließlich postuliert sie akausale und instantane Vorgänge, die durch den Kollaps der Wellenfunktion die Schrödinger-Gleichung bricht. Gegen 1970 beginnt sich eine wissenschaftliche Position zu entwickeln, die von ihrer Intention her jegliche Metaphysik vermeiden und die Kausalität sowie die Schrödinger-Gleichung wahren möchte – mit allen weiteren Konsequenzen. Diese Konsequenzen jedoch zeugen wiederum von einem starken metaphysischen Charakter.

Die Dekohärenztheorie erweitert die Grundlage der Kopenhagener Deutung, indem sie den Akt der Beobachtung auf eine grundlegendere Verhältnismäßigkeit zurückführt.

Die Wellenfunktionen der Schrödinger-Gleichung befinden sich in einem verschränkten Zustand der Superposition, der auch als **Kohärenz** bezeichnet wird. Ein Akt der Beobachtung verändert diesen kohärenten Zustand dergestalt, dass das System nun Eigenschaften aufweist, die es als klassisch erscheinen lässt. Diese Zustandsveränderung wird als **Dekohärenz** bezeichnet.

Jede Beobachtung beruht auf einer Wechselwirkung mit dem Beobachteten. Schließlich kann man nur beobachten, was auch beobachtbar ist. Beobachtbar ist etwas erst, wenn es einen e-mWiPro (Licht) emittiert oder reflektiert. Wenn weiterhin solch ein e-mWiPro von RePro – z.B. einer Sehzellen des Auges - absorbiert wird, ist dieser Teil der Beobachtung abgeschlossen. Jede Beobachtung beruht somit auf der Vermittlung eines e-mWiPro zwischen zwei RePro. Der menschliche Beobachter ist hier jedoch nur ein RePro-Sonderfall und kann auch gestrichen werden. Was bleibt ist die Wechselwirkung durch e-mWiPro zwischen RePro. Derartige Wechselwirkungen sind die Grundlage unseres relationalen Weltprozesses. In diesem Sinne beobachtet die Welt sich beständig selbst und hält sich dadurch in einem quasiklassischen Zustand. Dieser quasiklassische Zustand beruht auf einem Zustand der kosmischen Verschränkung. Diese Erklärung erlaubt es, sich den gesamten Kosmos als Wellenfunktion, als äußerst unwahrscheinliche Quantenfluktuation im leeren Raum eines Vakuums vorzustellen. Somit sei die klassische Welt nur ein Trugschluss. Der Übergang zwischen Quantenwelt und klassischer Welt sei nicht existent und man könne die gesamte Welt durch die Schrödinger-Gleichung quantenmechanisch beschreiben.

H. Dieter Zeh entgegnet in einem Gastkommentar zur Frage *Ist das Problem des quantenmechanischen Messprozesses nun endlich gelöst?* zuversichtlich:

> „Diese Erfolge erlauben es nach meiner Überzeugung, nunmehr auf unabhängig vorzugebende klassische Begriffe und auf Verlegenheitsvokabeln wie Komplementarität, Dualismus (...) ganz zu verzichten." (Zeh, H. Dieter: Ist das Problem des quantenmechanischen Messprozesses nun endlich gelöst?; Gastkommentar in: Wheeler, John Archibald; Tegmark, Max: 100 Jahre Quantentheorie; Artikel in: Spektrum der Wissenschaft, April 2001, 72)

Die Dekohärenztheorie negiert den Kollaps der Kopenhagener Deutung und postuliert, dass es überhaupt nicht zu einer Zustandsreduktion durch Wechselwirkung kommt. Alle möglichen korrelierten Zustände, die durch die Schrödinger-Gleichung erfasst werden, besitzen hier den gleichen ontologischen Status:

> „Beispielsweise kann nach der Quantenmechanik ein 'Teilchen' (so nennt man es jedenfalls noch) gleichzeitig verschiedenen Wegen folgen. Obwohl diese verschiedenen Wege allgemein durch den *Konfigurationsraum*, also den Raum der klassischen *Möglichkeiten* verlaufen, tragen sie alle in Form einer gemeinsamen 'Superposition' zum beobachteten Ergebnis bei, wenn sie wieder zusammengeführt werden können. Sie müssen dann also im üblichen Wortsinn auch *alle existieren* (denn eine reine Möglichkeit kann ihrer Definition nach keinen realen Einfluß ausüben)." (Zeh, H. Dieter: Zeit in der Natur, 10f.; Aufsatz in: Krug, H.-J. (Hrsg.); Pohlmann, L (Hrsg.): Evolution und Irreversibilität, 1998)

Selbst im Fall der Dekohärenz seien all diese Möglichkeiten wirklich. Wir würden diese nur nicht wahrnehmen, da sich mit dem Vorgang der Dekohärenz die vorherige Welt in viele neue Welten aufgespalten habe, in denen je eine der vorherigen Möglichkeiten verwirklicht sei. Diese notwendige Folgerung aus der Dekohärenztheorie basiert auf der **Viele-Welten-Theorie**, die 1957 Hugh Everett in seinem Artikel *Relative State´ Formulation of Quantum Mechanics* (Reviews of Modern Physics, 29, 454 - 462) entworfen hat. In dieser Arbeit erkennt Everett die Schrödinger-Dynamik als einzig gültige Dynamik für Quantensysteme an und fordert als Konsequenz das Konzept eines relativen Zustandes. Die Dekohärenztheorie erweist sich in diesem Sinne als eine äußerst gerechte Theorie, die eine vollständige Bewahrung der Kausalität ermöglicht, indem sie die sich aufspaltenden Weltprozesse gänzlich durch die Schrödinger-Gleichung erklärt. Sie trägt den Konflikt zwischen deterministischer und reversibler Schrödinger-Gleichung und probabilistischer Grundlage der Wellenmechanik offen aus und kommt zu dem Schluss:

> „Die Schrödinger-Gleichung ist nun einmal unvereinbar mit einer probabilistischen Dynamik." (Zeh, H. Dieter: Wozu braucht man „Viele Welten" in der Quantentheorie?, September 2007, 10; www.zeh-hd.de)

Dies ermöglicht wiederum, einen vollständigen Determinismus für den quasiklassischen Weltprozess zu postulieren, der durch die Superposition der kontinuierlichen und linear beschreibbaren Wellenfunktion gewahrt ist. Der Relationalismus ist hier ein eingeschränkter, da sich geschlossene Systeme als seperabel ausweisen lassen. Ein solches existiert nämlich, solange ein Quantensystem nicht mit einem höheren System verschränkt ist. So ist das Quantensystem vor der Messung geschlossen. Dieser Horizont verschiebt sich mit der Messung auf den gesamten Versuchsaufbau. Mit der Rezeption des Messergebnisses durch den Forschers auf diesen usw. Mit jeder dieser Horizontverschiebungen spalten sich gemäß der Möglichkeiten neue Welten auf. Die Frage ist nun, welchem System gegenüber sich die gesamte Welt als abgeschlossen befindet. Insgesamt jedoch entwirft die Dekohärenztheorie eine quantenmechanisch bestimmte Kosmologie eines Multiversums, welches mathematisch ohne weiteres fassbar ist:

> „Trotz ihrer ungeheuren Zahl belegen die so entstandenen Everett-Welten nur einen verschwindend kleinen Teil des hochdimensionalen Raums, der uns in der Alltagswelt als ein Konfigurationsraum erscheint." (ibid., 11)

Doch weshalb leben wir gerade in dieser Welt mit diesem Messergebnis? Auf welcher Grundlage findet diese Wahl statt? Wer oder was trifft diese Wahl des Überganges in ein größeres System? Philip Yam wirft diese durchaus gerechtfertigten Fragen in seinem Artikel *Das zähe Leben von Schrödingers Katze* auf:

> „Doch manche halten Zureks Dekohärenzmodell trotzdem für mangelhaft. 'Meiner Ansicht nach vermag Dekohärenz kein bestimmtes Resultat auszuwählen', meint Anthony J. Leggett von der Universität von Illinois in Urbana-Champaign: 'In der Realität bekommt man eindeutige makroskopische Ergebnisse.'
> Zurek ist aber überzeugt, dass die Umgebung tatsächlich diktiert, welche quantenphysikalischen Möglichkeiten letztlich Wirklichkeit werden. Dieser Prozess – er nennt ihn umgebungsinduzierte Superselektion oder kurz Einselektion (von englisch: environment-induced superselection) – verwirft die unrealistischen Quantenzustände und lässt nur solche übrig, welche die Prüfung durch die Umgebung bestehen und klassisch werden können. 'Die Auswahl wird von der Außenwelt getroffen; darum kann man nicht vorhersagen, welche der zulässigen Möglichkeiten realisiert wird', behauptet Zurek." (Yam, Philip: Das zähe Leben von Schrödingers Katze; Artikel in: Spektrum der Wissenschaft, November 1997, 60f.)

Wojciech Hubert Zurek beschreibt sein Modell der Einselektion eingehend in seinem Aufsatz *Decoherence and Einselection* (Blanchard, Ph.; Giulini, D.; Joos, E.; Kiefer, C.; Stamatescu, I.-O. (Ed.): Decoherence: Theoretical, Experimental and Conceptual Problems, 2000, 309-343)

Es stellt sich somit heraus, dass die Wahl des Überganges auch in der Dekohärenztheorie nicht erklären werden kann. Die Antwort Zureks, dass die Wahl von der Außenwelt getroffen werde, gleicht sehr der von Dirac, der die Wahl der Natur überträgt.

Die Dekohärenztheorie stellt sich somit als eine rein wissenschaftliche Theorie dar, welche versucht die Wellenmechanik von Wahrscheinlichkeit und Zufall zu befreien, um eine reine Geltung der Schrödinger-Gleichung zu bewahren. Die Kopenhagener Deutung hingegen erkennt ganz klar eine metaphysische Bedeutung in den Phänomenen der Quantenwelt. Sie spricht den Wahrscheinlichkeiten ontologischen Status zu.

Es stellt sich jedoch die Frage, inwiefern die Dekohärenztheorie frei von metaphysischen Spekulationen ist. Um sich selbst konsistent zu sein, mündet die Dekohärenztheorie unausweichlich in die Viele-Welten-Deutung Everetts. Darauf hat H. Dieter Zeh wiederholt hingewiesen. (vgl. Zeh, H. Dieter: Wozu braucht man „Viele Welten" in der Quantentheorie?, September 2007, www.zeh-h-d.de) Diese Welten jedoch sind empirisch nicht belegbar und somit auch nicht falsifizierbar.

Schließlich weisen sie sich ja gerade dadurch aus, dass bis auf unsere jeweilige Welt keine der anderen empirisch zugänglich ist. Somit treffen wir auch in Folge der stringenten Dekohärenztheorie auf einen metaphysischen Rahmen.

10.5. Die Qual der Wahl

Vollständige Determination - dieses Ideal der klassischen Mechanik steht in direktem Widerspruch zu der Vorstellung, die der Mensch vom Leben hat. Das Leben wäre zwar einfacher, aber wäre es dann überhaupt ein Leben? Wenn alles vorherbestimmt wäre, würde man keine Gesellschafts- und Rechtssysteme benötigen. Politik wäre belanglos. Man könne ja sowieso nichts ändern. Wozu dann noch morgens aufstehen? Die Tatsache, dass Sie, verehrter Leser, ihr Geschick regelmäßig selbst in die Hand (zu) nehmen (glauben), beruht auf der festen Zuversicht, dass Sie Ihre bewussten Entscheidungen selbst treffen und Ihre Zukunft in Ihrer Hand liegt. Doch was ist überhaupt dieses selbst? Wer oder was in Ihnen trifft die Wahl zwischen Handeln und nicht Handeln? Wer verknüpft die roten Härchen Ihrer Gedanken mit dem roten Faden Ihres Handelns? Welcher dieser Gedanken wird umgesetzt? Bestehen Ihre Gedanken nicht als Möglichkeiten in Ihrem Geiste, bevor sie zu einem bestimmten Zeitpunkt kollabieren und nur einer dieser Gedanken realisiert wird? Oder dekohärieren die Gedanken, wenn sie von der Außenwelt dazu gezwungen werden. Spaltet sich dabei für jeden möglichen Gedanken, den Sie gehegt haben, eine Welt ab, in der je einer dieser Gedanken realisiert ist? Bestehen all diese Gedanken in einem verschränkten Zustand, von dem sie bei der Realisierung nur einen wahrnehmen? Haben Sie je eine Wahl getroffen, einen festen Standpunkt vertreten? Oder waren Sie nie zu 100% überzeugt, frei von allen anderen Nebengedanken? Ist es nicht vielmehr so, dass sie zu den Dingen der Welt – Ihren Dingen Ihrer Welt – nur eine gedanklich klare Aussage treffen, wenn Sie von einem Mitmenschen danach gefragt werden? Formulieren Sie nicht vielmehr erst in dem Moment, indem Sie sich dazu gezwungen sehen, einen festen Standpunkt? Doch kein Mensch ist frei, von einer Hinterfragung seines eigenen Standpunktes. In den tiefsten Tiefen des Kaninchenbaus gibt es immer ein paar Gänge – auch wenn sie eingestürzt oder verstaubt sein mögen – die jeglichen Glauben in Frage stellen. Erscheint es nicht vielmehr naiv, ganz fest an etwas zu glauben, ohne dies zu hinterfragen? Tatsache ist doch, dass kein menschlicher Gedanke in seiner Reinheit besteht. Er ist immer mit Gedanken verschränkt, die diesen hinterfragen, kritisieren, erweitern oder sogar negieren. Selbst, wenn nur einer von diesen durch die Provokation der Außenwelt in eben diese dringt. Ist es nicht manchmal nur eine gedankliche Nuance, die einen Helden von einem Feigling zu trennen vermag, von einem Menschen, der einem anderen in Not Geratenen hilft oder einfach an diesem vorbeigeht oder dessen Misere sogar ausnutzt? Können diese kohärenten Gedanken gar miteinander interferieren? Wenn ein Hahn zwischen Angriffs- und Fluchtverhalten so hin und hergeworfen ist, dass diese beiden Antriebe sich die Waage halten, dann kommt es vor, dass sich beide Gedanken gegenseitig auslöschen und er ganz plötzlich und ohne äußere Motivation ein völlig anderes Verhalten an den Tag legt. Dann beginnt er Samenkörner vom Boden aufzupicken, die nicht einmal da sind. Treten derartige Übersprungshandlungen nicht auch beim Menschen auf, wenn er sich nicht sicher ist, ob er angreifen oder weglaufen soll, geschieht es da nicht ab und an, dass er zur Salzsäule erstarrt und keines von beidem realisiert. Dieser Schockzustand gleicht doch völliger Gedankenleere. Der Geist scheint wie leergefegt, fast als hätte man Angst, der Verursacher dieses Verhaltens – z.B. ein Angreifer oder ein wildes Tier – könne diese Gedanken hören. Ist diese gedankliche Leere nicht mit einer destruktiven Interferenz vergleichbar? Gibt es ebenso nicht Gedanken, die sich gegenseitig befruchten und gebündelt dem Geist Schwingen verleihen können?

Dieser Vergleich mag weit hergeholt sein. Fest steht jedoch, dass wir mit dem Wesen der Gedanken unseres Geistes sehr gut die Phänomene der Quantenmechanik sowie deren Erweiterungen der Kopenhagener Deutung und der Dekohärenztheorie verdeutlichen können. Gedanken sowie Wahrscheinlichkeitswellen bestehen nur als Möglichkeiten. Erst die Wechselwirkung mit der Welt erzwingt eine Realisierung einer dieser Möglichkeiten in Raum und Zeit. Erst die Frage an Sie, verehrter Leser: „Sollte man nur noch betrunken Auto fahren – schließlich werden 73% aller Verkehrsunfälle durch nüchterne Teilnehmer verursacht?", zwingt Sie dazu, eine bestimmte Antwort zu geben. Doch es gibt nicht nur die Option „Ja" oder „Nein". Keimt in Ihnen vielleicht sogar ein dritter Gedanke auf, dass dies nur ein schlechter Scherz sei, ein Gedanke, der die vorherigen auslöscht? Doch wo und wann findet diese Wahl zu einer bestimmten Antwort statt?

Genau mit dieser unerklärlichen Wahl, die nicht kausal in einer kontinuierlichen Raumzeit erfassbar ist, sieht sich die Quantenmechanik und jeder denkende Mensch konfrontiert.

Auch, wenn die Kopenhagener Deutung antiklassisch orientiert ist und dem lokalen Realismus widerspricht, so verfällt sie dennoch in klassische Begrifflichkeiten. Es ist sogar einer der Grundsätze dieser Deutung, dass sie aus Verständnisgründen auf derartige Begrifflichkeiten zurückgreifen müsse. Diese Annahme bestärkt Bohr, die Komplementarität einzuführen, um hervorzuheben, dass diese Begrifflichkeiten nur Aspekte der Welt darstellen und nicht diese selbst. Daher spricht die Kopenhagener Deutung von einer klassischen Welt, die durch den Kollaps der Wellenfunktion eine klare Wahl getroffen habe.

Die Dekohärenztheorie hingegen argumentiert, dass die Dekohärenz nicht mit einem Kollaps vergleichbar sei. Die verschränkten Möglichkeiten seien immer gegeben. Dekohärenz sei nur ein

Vorgang, der die kohärente Superposition der Wahrscheinlichkeitswellen dergestalt verändert, dass eine der Möglichkeiten in Erscheinung trete. In Übertragung auf die Welt gebe es somit keine absoluten klassischen Zustände, sondern nur quasiklassische. Unser Vergleich mit den Gedanken spricht für die Auslegung der Dekohärenztheorie. Auch, wenn wir einen Gedanken äußern, so umschwirren ihn in unserem Geist viele andere. Die Welt ist somit überhaupt nicht klassisch. Es erscheint uns nur so aus unserer subjektiven Perspektive.

Fest steht jedoch auch, dass es den Moment der Wahl gibt, der nicht kausal erklärt werden kann. Die grundlegende Frage der Quantenmechanik, die diese untrennbar mit der Metaphysik verbindet, ist somit die nach der Wahl; egal, ob diese von der Natur, der Außenwelt oder von Ihrem Selbst getroffen wird. Sind dies nicht nur verschiedene Begriffe, die alle vergleichbares bezeichnen? Ist die Quantenmechanik etwa nicht die naturwissenschaftliche Herangehensweise an den Disput des Leib-Seele-Dualismus in der Philosophie? Scheitern sie nicht beide an der Verknüpfung der roten Härchen der Möglichkeiten mit dem roten Faden der quasiklassischen Welt?

Der Determinismus der klassischen Mechanik konnte bisher aufrecht erhalten werden, da sein Maßstab zu grob war:

> „Unter diesen Bedingungen wird also die wesentliche Unbestimmtheit vollständig durch die experimentellen Meßfehler verdeckt, und alles geschieht so, als wenn sie nicht existiere." (de Broglie, Louis: Licht und Materie. Ergebnisse der neuen Physik, 1939, 215)

Doch seine Zeit ist abgelaufen. Die Vertreter der Viele-Welten-Deutung sprechen zwar von einem theoretisch gewahrten Determinismus, doch sprechen sie selbst in einer bestimmten dieser Welten zu uns; Sie als Leser lesen und denken gerade in einer Welt und nicht in vielen verschieden. Selbst die Viele-Welten-Deutung kann somit nicht erklären, weshalb welche Welt mit welcher Wellenfunktion verknüpft ist.

Synopsis
Die Kontinuität des Determinismus in der Welt ist gebrochen. Es klafft ein Riss in unserer Wirklichkeit der Raumzeit; in dessen Abgrund fluktuieren die Möglichkeiten der Welt. Wir können die Bewegung dieser Möglichkeiten nur statistisch erfassen und unabhängig davon, ob wir sie linear oder nichtlinear beschreiben mögen, das Heraufschwappen einer dieser Möglichkeiten in die Wirklichkeit ist uns nicht erklärbar. Schließlich verlangt Erklärbarkeit nach Kausalität, da diese hier gebrochen ist, kann dieser Übergang, diese Wahl nur beschrieben, jedoch nie kausal erklärt werden. Hinter unserer raumzeitlichen Welt scheint sich eine tieferliegende Welt zu entfalten und das planksche Wirkungsquantum ist dabei der Grenzstein der Kausalität.

10.6. Kritik an der Quantenmechanik

„(...) ich denke, ich kann davon ausgehen, daß niemand die Quantenmechanik versteht." (Feynman, Richard P.: Charakter of Physical Law, 1976; zitiert in Hey, Thomas; Walters, Patrick: Das Quantenuniversum. Die Welt der Wellen und Teilchen, 1998, 15)

Diese Aussage zeugt von dem großen Disput, in dem sich die Quantenmechanik befindet. Feynman erliegt nämlich dem Trugschluss der unzutreffenden Konkretheit. Er setzt die Quantenmechanik mit den Phänomenen der Quantenwelt gleich. Dabei ist jene nur ein menschliches Konstrukt, welches versucht, die subjektive Vorstellung dieser zu erfassen. Wenn die Quantenmechanik von Menschen erschaffen worden ist, dann kann sie auch von diesen verstanden werden. Was jedoch nie absolut verstanden werden kann sind die Phänomene hinter dieser Mechanik.

Trotz dieser Verhältnismäßigkeit offenbart sich heutzutage mehr denn je eine Entwicklung in Bezug auf den Erwerb von Wissen, der für eine **evolutionäre Erkenntnis** spricht:

„Mehr als ein Drittel des Weltbruttosozialprodukts wird mit Quantenmechanik erwirtschaftet, beispielsweise durch Digitalkameras, Laser, Computer, Fotozellen, Halbleiterelektronik, medizinische Bildgebungsverfahren, Röntgenapparate und viele mehr.
Zugrundegelegt ist die **Vorstellung**, dass sich energetische Prozesse auf der Ebene der Materiebausteine nie kontinuierlich, sondern immer in diskreten, nicht weiter teilbaren Paketen, den Quanten, abspielen – daher auch der Name 'Quantenmechanik'." (Lesch, Harald und das Quot-Team: Quantenmechanik für die Westentasche, 2007, 16; [Hervorhebung durch den Verfasser])

Die Quantenmechanik beruht auf einer subjektiven Vorstellung. Einer Vorstellung, die uns ausreicht, um unser Leben in dieser Welt angenehmer und einfacher zu gestalten. Es ist der Tatsache ins Auge zu sehen, dass der Mensch ein Tier ist, welches sich auf einer gewissen evolutionären Stufe befindet. Seine Intelligenz und seine Fähigkeiten ermöglichen es ihm, sich in seiner Welt relativ gut zurecht zu finden. Seine Erkenntnisse sind dementsprechend grundlegend subjektiv und **viabel**. Der Begriff „viabel" geht auf den Konstruktivisten Ernst von Glasersfeld zurück und bezeichnet eine Erkenntnis als funktional. Diese Funktionalität einer Erkenntnis zeigt auf, dass diese nur eine von vielen gangbaren Möglichkeiten ist, etwas zu erfassen. Die Erkenntnisse des Menschen sind somit grundlegend evolutionär begründet. (vgl. Vollmer, Gerhard: Wieso können wir die Welt erkennen?, 2003) Eine Entwicklung dieser Erkenntnisse hin zu einer objektiven und absoluten Wahrheit über die Welt entbehrt derzeit noch jeglicher Grundlage. Vielmehr beruht dieses Ideal auf dem subjektiven Trugschluss, dass der Mensch seinen intelligenten Geist über seinen triebgesteuerten Körper erheben und zusätzlich auch noch von der Subjekthaftigkeit seines eigenen Geistes abstrahieren könne. Der alltägliche Blick in die Medien, unsere Umwelt und auch in den Spiegel verrät, dass diese Vorstellung auf unserem derzeitigen Entwicklungsniveau nicht gegeben sein kann. Denn um derartige Ideale erträumen zu können, bedarf es immer noch eines Subjektes und dieses muss durch Fortpflanzung entstanden sein, atmen, sich ernähren und behaupten; es muss – ebenso wie seine gesamte Weltvorstellung – grundlegend viabel sein.

Für die Erkenntnisse dieses Subjektes einen Status der Objektivität oder gar der Wahrheit zu postulieren mag nun absurd erscheinen und doch ist es genau diese Absurdität die in den grundlegenden Erkenntnisfabriken – den Naturwissenschaften tagtäglich gelebt und hochgehalten wird: In der Quantenmechanik nehmen die Wahrscheinlichkeitswellen eine besondere Bedeutung ein. Ihre Dichte verrät dem Physiker die Aufenthaltswahrscheinlichkeit für einen e-mWiPro.

> „Demnach ist die Wahrscheinlichkeit selbst eine physikalische Eigenschaft höherer Ordnung." (Held, Carsten: Die Bohr-Einstein-Debatte. Quantenmechanik und physikalische Wirklichkeit, 1996, 251)

Schließlich scheinen es eben diese Wahrscheinlichkeitswellen zu sein, deren Interferenz am Doppelspalt anhand des Detektorbildes zu erkennen ist. Ist es so, dass wir diese kohärenten Wahrscheinlichkeiten als Teil der Welt akzeptieren müssen, so wie es Timothy Ferris in seinem Buch *Chaos und Notwendigkeit* formuliert?

> „(...)Wahrscheinlichkeiten seien der Natur inhärent, spiegelten also nicht nur unser begrenztes Wissen (...)." (Ferris, Timothy: Chaos und Notwendigkeit. Report zur Lage des Universums, 2000, 298)

Carl Friedrich von Weizsäcker definiert in einer unveröffentlichten Vorlesung von 1965 Wahrscheinlichkeit folgendermaßen:

> „Wahrscheinlichkeit ist der Erwartungswert der relativen Häufigkeit(...)." (Weizsäcker, C.F., 1965; zitiert in Drieschner, Michael; Mersch, Dieter: Carl Friedrich von Weizsäcker zur Einführung. Gespräch Dieter Mersch mit Carl Friedrich von Weizsäcker, 1992, 44)

Was er damit meint, beschreibt Franz Bader in seinem Aufsatz *Die Schrödinger-Gleichung*:

> Folglich hat es keinen Sinn, der Materiewelle und deren Ψ-Funktion eine reale Bedeutung zuzuschreiben. Carl-Friedrich von Weizsäcker sagt 'Ψ ist Wissen.'" (Bader, Franz: Die Schrödinger Gleichung; Aufsatz in: Physik in unserer Zeit, 29. Jahrgang 1998, Nr. 3, 114)

Anton Zeilinger formuliert dies zugespitzt in seinem Werk *Einsteins Schleier*:

> „(...) wenn wir über ein bestimmtes Experiment nachdenken, befindet sich Ψ nicht da draußen in der Welt, sondern nur in unserem Kopf." (Zeilinger, Anton: Einsteins Schleier. Die neue Welt der Quantenphysik, 2003, 194)

Die Wahrscheinlichkeitswellen in der Quantenmechanik sind somit nicht objektive Eigenschaften der Welt, sondern (inter)subjektive Vorstellungen. Jedesmal, wenn von einem Kollaps der Wellenfunktion oder einer Interferenz der Wahrscheinlichkeitswellen gesprochen wird, werden diese Gedanken des Forschers ontologisiert und in die Welt projiziert. Die Viele-Welten-Deutung von Everett beruht somit auf Pythagoreismus in Reinform. In diesem Sinne ist die „Schrödingersche Wellenmechanik (...) nicht eine physikalische Theorie, sondern ein mathematischer Kniff (...)." (Eddington, Stanley Arthur: Das Weltbild der Physik und ein Versuch seiner philosophischen Deutung, 1931, 218)

Statistiken sind immer Simplifizierungen, die über bestimmte Gruppen angelegt werden. Es stellt sich nun die Frage, inwiefern der e-mWiPro durch diese Wahrscheinlichkeitswellen wirklich dargestellt wird. Oder sind diese Wellen nur eine verbildlichte Darstellung seiner akausal bedingten Unbestimmtheit in den Gedanken des Forschers?

Die einzelnen Wellenfunktionen der Schrödinger-Gleichung zerstreuen sich mit zunehmender Zeit dergestalt, dass sich der Bereich der möglichen Auftrittswahrscheinlichkeiten sukzessive erweitert. In diesem Sinne fächern sich die Wellenfunktionen ähnlich einer Kugelwelle in der Raumzeit auf. Wenn all diese Wellenfunktionen nun wirklich über diesen Bereich der Raumzeit ausgebreitet wären, so wie es für die Wahrscheinlichkeitswellen der Fall ist, dann führt der Kollaps oder die Dekohärenz der Wellenfunktion an einer bestimmten Stelle der Raumzeit zu dem Postulat einer instanten Fernwirkung:

> „Zum anderen stellt sich die Frage, wie Sie durch die Entdeckung eines Elektrons in Ihrem Detektor in New York City bewirken können, dass die Wahrscheinlichkeitswelle des Elektrons in der Andromeda-Galaxie instantan auf null fällt.
> Wenn Sie das Teilchen in New York City finden, entdecken Sie es natürlich auf keinen Fall in der Andromeda-Galaxie, doch welcher unbekannte Mechanismus erzwingt diesen Vorgang mit so spektakulärer Wirksamkeit? Oder, etwas umgangssprachlicher ausgedrückt, woher 'wissen' die Teile der Wahrscheinlichkeitswelle in der Andromeda-Galaxie und überall sonst, dass sie augenblicklich auf null fallen müssen?" (Greene, Brian: Der Stoff, aus dem der Kosmos ist. Raum, Zeit und die Beschaffenheit der Wirklichkeit, 2004, 146)

Sie wissen es nicht, da die Schrödinger-Gleichung nicht die Realität beschreibt, sondern nur unser Wissen von dieser:

> „Die Wellenfunktion ist eine Karte von Möglichkeiten, kein Bild der Wirklichkeit." (Perkowitz, Sidney: Eine kurze Geschichte des Lichts. Die Erforschung eines Mysteriums, 1998, 121)

Der Disput um die Viele-Welten-Theorie verlangt somit überhaupt nicht nach einer logischen Auseinandersetzung mit dieser. Sie beruht bereits in ihrer Bezugnahme auf ontologisierten Wahrscheinlichkeitswellen auf einer unzulässigen Abstraktion und ist somit von vornherein als hinfällig auszuweisen.

Aus diesem Blickwinkel erscheinen die derzeitigen Formalismen der Quantenmechanik, die grundlegend auf Wahrscheinlichkeiten aufbauen in einem völlig neuen Licht. Nun wird auch verständlich, weshalb der Versuch sie mit den Relativitätstheorien zu verbinden bis heute gescheitert ist. Die Relativitätstheorien beschreiben grundlegende Phänomene unserer Welt. Die Quantenmechanik hingegen beschreibt unser Wissen von bestimmten Phänomene der Welt. In diesem

Sinne beruhen beide Paradigmen auf verschiedenen Intentionen. Während die Relativitätstheorien noch als Beschreibung der Welt aufgefasst werden können, kann dies über die Quantenmechanik nicht ohne weiteres gesagt werden. Es gibt keinen bestechenden Grund, die sich zerstreuenden Wellenfunktionen der Schrödinger-Gleichung als wirklich aufzufassen. Sie sind nur ein subjektiver Ausdruck der quantenmechanischen Unbestimmtheit und der Akausalität, die bei dem Prozess der Dekohärenz in Erscheinung tritt. Die Unbestimmtheit lässt sich dahingehend eingrenzen, dass sie sich auf den durch die planksche Proportionalitätskonstante bestimmten relativ geringen Bereich der Wellenlänge des e-mWiPro auswirkt. Dies verhindert eine genau Zustandserfassung in der Raumzeit. Dennoch lässt sich bildlich vorstellen, dass der e-mWiPro einer wellenartigen, unbestimmbaren Bahn durch die Raumzeit gleicht. Es wurde bereits im Kapitel *Konsequenzen für die Raumzeit* darauf hingewiesen, dass die einzelnen e-mWiPro einer kontinuierlichen Bahn gleichen müssen, da sie sich z.B. von großen Massen gravitativ ablenken lassen. Somit unterliegt ihre Ausbreitung der Kausalität. Die nacheinander erscheinenden Kondensationstropfen in einer Wilson-Kammer deuten ebenfalls darauf hin, dass ein einzelner Prozess sich kontinuierlich ausbreitet. Wäre er in seiner Ausbreitung diskontinuierlich, dann würde eine zufällige Verteilung der Tropfen in dieser Nebelkammer auftreten.

Wenn nun die Ausbreitung des e-mWiPro kontinuierlich erfolgt, wie lässt sich dann die Akausalität der Dekohärenz erklären? Wie lässt sich die nicht nachvollziehbare Wahl mit der kausalen Ausbreitung vereinen? Für die Klärung dieser Frage muss man zurückverfolgen, wie die Akausalität überhaupt erst in die Welt gelangt. Es lässt sich nämlich nicht bestreiten, dass die Akausalität ganz im Gegensatz zur Wahrscheinlichkeit eine Entsprechung in der Welt findet, die sich durch das große Mysterium der Wahl in dieser manifestiert hat. In der Literatur über die Quantenmechanik fällt das Augenmerk fast ausschließlich auf den Kollaps der Wellenfunktion, bzw. auf den Dekohärenzprozess durch Wechselwirkung mit der Umgebung, sprich auf die Absorption des e-mWiPro. Doch woher kommt der e-mWiPro? -s Er wurde aus einem RePro emittiert. Und genau hier sollte man nach der Akausalität suchen. Die Emission von γ-Strahlen und auch jede weitere Emission von e-mWiPro verläuft akausal und somit außerhalb von Raum und Zeit. Sie kann nur statistisch erfasst werden. Hinzu kommt die Unbestimmtheit, die verhindert, dass selbst dem RePro zum Zeitpunkt der Emission ein fester Zustand zugeschrieben werden kann. Die Emission eines e-mWiPro gleicht dem Abschuss einer Kanone. Der RePro selbst erleidet durch die Emission eine enorme Zustandsveränderung - vergleichbar mit einem Rückstoß. Deswegen ist es auch derart schwer einen RePro zu beobachten. Denn für eine Beobachtung z.B. mit Licht muss man e-mWiPro auf den RePro schicken, um diesen „sehen" zu können. Da diese Mittel des Sichtbarmachens jedoch ähnlich dimensioniert sind, wie der RePro wird er von diesen massiv in seinem Zustand beeinflusst. Sie könnten auch nicht ungehemmt durch den Regen schlendern, wenn die Regentropfen so groß wie sie wären. Die Frage, ob man einen RePro beobachten könne, ohne diesen zu beeinflussen, gleicht derjenigen, ob man im Dunkeln sehen könne.

Durch die Unbestimmtheit der beteiligten Prozesse und den statistischen Charakter der Emission lässt sich keinerlei Voraussage über den Zeitpunkt und die Orientierung der Emission eines e-mWiPro treffen. Die augenscheinliche Akausalität bei der Wahl des Absorber-RePro ist somit bereits in der Akausalität der Emission begründet. Die Wahl wird nicht getroffen. Sie wurde bereits getroffen. Sie wird nur durch die kausale Ausbreitung des e-mWiPro transportiert. Doch ist dies nicht nur eine Verschiebung des Problems von der Absorption zur Emission? Genau dies trifft zu. Doch diese Verschiebung hat einen bestimmten Wert. Sie verschiebt die Akausalität vor die Ausbreitung und zeigt somit auf, dass die Wahrscheinlichkeitswellen nur eine subjektive Beschreibung sind und nicht real. Die Akausalität bei der Emission jedoch ist unleugbar. Genau hier liegt der Riss in der kontinuierlichen Raumzeit.

11. Außerhalb von Raum und Zeit

Der komplementäre Zwiespalt zwischen der nichtlokalen Quantenmechanik und den lokalen Relativitätstheorien birgt den Schlüssel seiner Überwindung in seinen Aspekten. Eine eingehende Betrachtung der Lorentz-Transformation sowie die Erkenntnisse über die grundsätzliche Andersartigkeit von e-mWiPro im Gegensatz zu RePro sollen im Folgenden aufgearbeitet werden, um diesen Disput näher behandeln zu können. Auf diese Weise lassen sich Beschreibungen für die auftreden Quantenphänomen finden, welche im Sinne einer klassischen Physik nicht denkbar wären.

11.1 Wie viele Engel können auf der Spitze Ihres Kugelschreibers tanzen?

Sind es vier, hundert oder gar Tausende? Moment mal, die Existenz von Engeln konnte bis heute nicht belegt oder widerlegt werden. Beruhen diese nicht vielmehr auf einer Ontologisierung menschlicher Vorstellungen, als auf einer wissenschaftlichen Theorie? Sind sie nicht vielmehr ein Produkt des Glaubens?

Ein Produkt der Forschung hingegen ist die Beschreibung von e-mWiPro. Diese werden in der Verwendung klassischer Begrifflichkeiten auch als Bosonen bezeichnet. Die Frage nun, wie viele e-mWiPro auf der Spitze Ihres Kugelschreibes tanzen könnten, wäre durchaus beantwortbar. Es sind unendlich viele. Schließlich folgen e-mWiPro nicht dem Paulischen Ausschlussprinzip. Dieses Prinzip gilt nur für RePro (Fermionen). Ausschließlich diesen kann ein raumzeitlicher Bezug und somit eine Abgrenzung gegeneinander zugewiesen werden. Dies gilt nicht für e-mWiPro. Diese befinden sich somit außerhalb von Raum und Zeit.

Dieser Zusammenhang führt zu einer der tiefgehenderen Komplementaritäten unserer Welt, die durch die moderne Physik aufgedeckt worden ist. Auf Grundlage der SRT lässt sich für e-mWiPro (hier: Photonen) folgendes Welterleben formulieren:

> „Da (...) im Bezugssystem des Photons alle Entfernungen auf Null zusammenschrumpfen (...), ist die Umwelt des Photons nicht nur azeitlich, sondern auch aräumlich. Es gibt in der Wirklichkeit des Photons nichts, dem unsere Vorstellung von Raum und Zeit entsprechen könnte." (Fraser, Julius T.: Die Zeit. Auf den Spuren eines vertrauten und fremden Phänomens, 1991, 289)

Dieser Effekt beruht auf den Vorgängen der Zeitdilatation und der Längenkonzentration, die durch die Lorentz-Transformation beschrieben werden. Sehr deutlich wird hier der Zusammenhang von Raum und Zeit. Eine Entfernung, dessen Überwindung keine Zeit in Anspruch nimmt, kann nur null betragen. Emission und Absorption eines jeden e-mWiPro erfolgt aus dessen Sicht *außerhalb von Raum und Zeit*. Dieser Zustand soll von nun an als **ARZ** abgekürzt werden. Die Charakterisierung, die Mephistopheles in Goethes *Faust* über Göttinnen trifft, kann auf diesen Zustand der ARZ von e-mWiPro trefflich übertragen werden:

> „Um sie kein Ort, noch weniger eine Zeit;
> Von ihnen sprechen ist Verlegenheit."
> (Goethe: Faust. Eine Tragödie. Faust. Anthologie einer deutschen Legende, 2006, 4384;
> [vgl. Goethe-HA Bd. 3, S. 191] http://www.digitale-bibliothek.de/band120.htm)

Welchen Grund haben Sie, anzunehmen, dass die Raumzeitlichkeit Ihres Welterlebens über der ARZ des Lichtes steht? Ist es nicht vielmehr Grundlage einer Komplementarität, dass die sich widersprechenden Aspekte gleichberechtigt sind? Der Mensch neigt nur dazu, sein Wirken in Raum und Zeit als realer anzunehmen, da er selbst aus RePro aufgebaut ist. Sehen wir diese Verhältnismäßigkeit jedoch aus Sicht des e-mWiPro, dann entsteht ein völlig neues Bild der Welt. Indem jegliche Entfernungen aller e-mWiPro der Welt auf null kontrahiert sind, gibt es die von uns gewohnte Welt der Ausdehnung überhaupt nicht. Diese ist nur eine Erscheinung aus unserem Blickwinkel. Aus Sicht des Lichtes lässt sich die gesamte Welt, die es durchschreitet in einen Punkt zusammenziehen. Ein Punkt, in dem alle RePro des Universums vereint sind. Stellen Sie sich bitte einmal die Konsequenzen aus dieser Schlussfolgerung vor. Die e-mWiPro, die aus einer Galaxie, die sich mehrere Millionen Lichtjahre von uns entfernt befindet, emittiert werden, werden aus ihrer Sicht instantan auf der Erde absorbiert. In diesem Sinne ist c überhaupt nicht die Geschwindigkeit der e-mWiPro:

> „Ohne Stoff ist das Licht nicht nur unsichtbar, es ist im stofflichen Sinne nicht vorhanden. Nur die Möglichkeit seines Erscheinens ist objektiv vorhanden. Das sphärische Wellenpaket breitet sich mit c aus. Es geht hier erkennbar nicht um die Geschwindigkeit, mit der ein stoffliches Objekt sich bewegt, sondern um die Geschwindigkeit, mit der eine Wahrscheinlichkeitsverteilung sich räumlich ändert; Licht hat keine Geschwindigkeit im klassischen Sinn, weil die Wahrscheinlichkeitsverteilung keine stoffliche Wirklichkeit ist." (Verhulst, Jos: Der Glanz von Kopenhagen. Geistige Perspektiven der modernen Physik, 1994, 122)

Der Begriff Geschwindigkeit in Bezug auf das Licht ist eine unzulässige Abstraktion aus der Perspektive des Forschers. In Wirklichkeit ist c die Geschwindigkeit, in der die Ausbreitung eines e-mWiPro zwischen zwei RePro – aus Sicht dieser RePro - abzulaufen scheint. Die raumzeitliche Ausdehnung zwischen zwei RePro ist somit nur eine Erscheinung, die in komplementärem Verhältnis zu der ARZ der e-mWiPro steht. Diese Erkenntnis erlaubt es, das aus dem Blickwinkel der klassischen Mechanik so erstaunliche Verhalten des Lichtes eingehender zu beschreiben. Beschleunigung verlangt eine Bewegung relativ zu anderen Prozessen in der Raumzeit und ist somit eine Eigenschaft von RePro. Deswegen kann man einen Golfball beschleunigen, da er einen Bezug zur Raumzeit und anderen RePro in dieser hat. Licht hingegen hat keinen raumzeitlichen

Bezug zu anderen Prozessen und kann somit nicht beschleunigt werden, da es sich aus seiner Sicht überhaupt nicht in der Raumzeit bewegt. Diese Bewegunslosigkeit in ARZ und die scheinbare Bewegung in unserer weltlichen Raumzeit weist auf eine grundlegende Komplementarität in unserem derzeitigen Denken hin, die es uns erlaubt, unsere Welt in einem völlig anderen Licht zu sehen. Auf welcher Grundlage basiert unsere Vorstellung, dass sich Licht durch Raum und Zeit bewege? Haben Sie, verehrter Leser, je einen Lichtstrahl gesehen? Sehen Sie das direkte Licht der Sonne, wenn Sie nicht zu dieser hinaufblicken? Sehen sie überhaupt e-mWiPro, wenn diese nicht gerade so emittiert oder reflektiert werden, dass sie in Ihr Auge gelangen? - Nein, denn Licht wirkt somit nur zwischen RePro und kann nur durch seine Wirkung auf diese nachgewiesen werden, wie es bereits Niels Bohr beschreibt:

> „Bei dem Versuch einer anschaulichen Darstellung des Verhaltens des Photons würden wir folgender Schwierigkeit begegnen: wir müßten einerseits sagen, daß das Photon immer *einen* der beiden Wege wählt, andererseits aber, daß es sich verhält, als ob es beide Wege durchlaufen hätte. (...) Man muß sich insbesondere klarmachen, daß – neben der raumzeitlichen Beschreibung der Instrumente, die die Versuchsanordnung bilden – jede wohldefinierte Verwendung raumzeitlich definierter Begriffe bei der Beschreibung atomarer Phänomene auf die Registrierung von Beobachtungen beschränkt ist, die sich auf Spuren einer photographischen Platte oder ähnliche, praktisch irreversible Verstärkungsvorgänge beziehen, wie etwa die Bildung eines Wassertropfens um ein Ion in der Wilsonkammer." (Bohr, Niels: Atomphysik und menschliche Erkenntnis: Aufsätze und Vorträge aus den Jahren 1930-1961, 1985, 50)

Wenn die Ausbreitung eines e-mWiPro nur als eine Erscheinung zwischen zwei RePro verstanden werden kann, stellt sich doch eine besondere Frage: Wohin gehen die e-mWiPro, die nicht von einem RePro absorbiert werden? Wohin geht das Licht der Sterne, welches nicht auf Materie trifft? Doch diese Fragestellung präsupponiert bereits, dass eine Emission stattfindet. Aus Sicht des e-mWiPro jedoch wären Emission und Absorption gleichzeitig. Es weiß in gewissem Sinne bereits, dass es nie absorbiert werden wird. Was geschieht jedoch mit einem solchen e-mWiPro? Aus Sicht des Menschen wird sich das Licht einfach in die Leere des Alls ausbreiten. Wir vergessen dabei jedoch, dass diese Sicht die Sicht eines Menschen ist, der aus RePro zusammengesetzt ist und all seine Bewegungen relativ zu anderen RePro in Raum und Zeit erfährt. Doch diese Sicht darf nicht auf e-mWiPro übertragen werden! Eine unendliche Bewegung eines e-mWiPro durch die Raumzeit ist nicht wirklich. Wenn keine Absorption stattfindet, dann „weiß" dies das Licht bereits und dann findet auch überhaupt keine Ausbreitung durch die Raumzeit statt. Wohin dann die emittierte Energie geht, wenn sie sich nicht ausbreitet? Diese Frage ist von großer Bedeutung. Doch stellt sich nicht die gleiche Frage auch bei einer nie endenden Ausbreitung durch die Raumzeit? Wohin breitet sich den das Licht aus, wenn es nie absorbiert wird? Vielmehr stellt sich auch noch die Frage, wo die Energie unserer Welt überhaupt herkommt. Die

Perspektive des Lichtes einzunehmen kann jedoch unseren Blickwinkel auf diese Frage eingehend erweitern. Wenn wir uns vorstellen, dass die Ausdehnung unserer Welt nur eine Erscheinung aus Sicht der RePro ist und aus Sicht der e-mWiPro überhaupt nicht gerechtfertigt erscheint, dann verfällt man auf einen besonders krassen Fall des Satzes der Energieerhaltung in unserer Welt:

> „Im heutigen Universum herrscht aufgrund der anziehenden Gravitationskraft nahezu eine Balance zwischen der mit der Expansion verbundenen kinetischen Energie der Materie und der potentiellen Energie. Bereits 1947 spekulierte Pascual Jordan, dass die Gesamtenergie des Weltalls null sei, weil die Summe der Einzelenergien aller Teilchen im Kosmos größenordnungsmäßig gleich dem Betrag ihrer wechselseitigen Gravitationsenergie sei:
>
> $E = Mc^2 - GM^2/R = 0$
>
> Kombiniert man diese auch von Feynman (1962) erörterte Möglichkeit mit der Heisenbergschen Unbestimmtheitsrelation
>
> $\Delta t \cdot \Delta E \approx \hbar$
>
> kommt man zu der von Tryon (1973) aufgestellten Hypothese: Wenn die Gesamtenergie des Universums nahezu null ist, dann ist es möglich, dass unser Universum vor ca. 14 Milliarden Jahren spontan als langlebige Quantenfluktuation aus dem Vakuum entstanden ist. In einem von Brout, Englert und Gunzig (1977) vorgeschlagenen Modell ereignet sich diese Fluktuation als Vakuuminstabilität in einer a priori vorausgesetzten (leeren) Minkowski-Raumzeit." (Blome, Hans-Joachim; Zaun, Harald: Der Urknall. Anfang und Zukunft des Universums, 2004, 91)

Es mag dem von unserer Welt geformten Verstand widersprechen, aber wenn man annimmt, dass die Gesamtenergie unserer Welt null ist, und die gesamte Energie, die wir in RePro manifestiert zu erkennen glauben in Wirklichkeit ebenso wie Raum und Zeit nur eine Erscheinung aus unserer menschlichen Sicht ist, dann stellt sich die Frage überhaupt nicht, woher die Energie herkommt und hingeht. Sie erscheint und entschwindet in das Nichts. Denn mehr ist sie nicht. Die ist der **moderne Nihilismus**. In diesem Sinne erweist sich der Energieerhaltungssatz als grundlegend für unsere Scheinwelt. Wenn nämlich auch nur ein zusätzliches Quant an Energie verloren oder entstehen würde, dann würde dieses Quant die Gesamtenergie des Universums erhöhen oder erniedrigen. Dies jedoch erscheint als unmöglich und somit ist es wiederum notwendig, sich unsere Welt noch eingehender als eine subjektive Erscheinung vorzustellen. Wohin e-mWiPro entschwinden, wenn sie nicht absorbiert werden? Sie vergehen direkt in das kosmische Nichts, denn von dort sind sie geborgt.

11.2. Instantane Zustandsübertragungen und diskrete Bahnübergänge

Lässt sich diese Theorie der ARZ überhaupt belegen oder ist sie von rein metaphysischer Grundlage? Nun gibt es in der Quantenmechanik eine handvoll Phänomene, welche augenscheinlich in einem raumzeitlichen Bezug nicht fassbar erscheinen.

So gibt es das Phänomen der instantanen Zustandsübertragung, welches dem Beamen der Science-Fiction-Autoren sehr nahe kommt. Der Wiener Physiker Anton Zeilinger befasst sich sehr eingehend mit diesem Phänomen, welches auf der Grundlage des bereits angesprochenen EPR-Experiments aufbaut. (vgl. Zeilinger, Anton: Einsteins Spuk. Teleportation und andere Mysterien der Quantenphysik, 2005) Die experimentelle Widerlegung der Bellschen Ungleichungen durch Aspect, Grangier und Roger hat diesen instantanen Charakter der Zustandsübertragung bestätigt und das Prinzip der Lokalität verletzt. (vgl. Physical Review Letters 47, 1981, 460) Durch diese Entwicklung ist ein komplementäres Verhältnis zwischen lokalem Realismus der Relativitätstheorien und den Erkenntnissen der Quantenmechanik erwachsen. Wenn man diesen Widerspruch, der auf dem Postulat einer schnelleren Zustandsübertragung als mit c beruht, aus dem Blickwinkel der ARZ betrachtet, dann lässt er sich überwinden, indem man sich den Dualismus zwischen RePro und WiPro vor Augen führt. Eine schnellere Zustandsübertragung als mit c kann es nämlich überhaupt nicht geben. Schließlich würde diese mit einer höheren Geschwindigkeit als c vonstatten gehen. Die Lorentz-Transformation beschreibt jedoch, dass es in der Welt keine höhere Geschwindigkeit als c geben kann, da ab c jegliche Raumzeit auf null komprimiert ist. Das Prinzip der Lokalität muss somit eingeschränkt werden. Es gilt nur für raumzeitlich angeordnete RePro, jedoch nicht für e-mWiPro. Diese wirken in der ARZ. Raumzeitliche Entfernungen und Abläufe sind für sie ein Fremdwort. Derartige Begriffe dürfen auf e-mWiPro nicht angewendet werden. Wenn zwei verschränkte e-mWiPro sich in unserer raumzeitlichen Welt in großer Entfernung voneinander befinden, dann ist diese Entfernung nur eine Erscheinung. Stellen Sie sich bitte das Hemd, welches Sie gerade anhaben, als idealisierte zweidimensionale Raumzeit mit ihren Höhen und Tiefen vor. Legen Sie nun bitte Ihren Daumen und Ihren Zeigefinger in einem Abstand von einigen Zentimetern auf Ihr Hemd. Stellen Sie sich nun bitte vor, Ihre Finger repräsentieren die voneinander entfernten verschränkten e-mWiPro als zwei Ereignisse in der Raumzeit. Eine Zustandsübertragung zwischen diesen zwei Ereignissen in der Raumzeit und somit unter Wahrung der Lokalität geschieht in einer direkten geodätischen Linie über das Hemd zwischen Ihren Fingern. Eine instantane Zustandsübertragung jedoch darf überhaupt nicht in dem raumzeitlichen Zusammenhang des Hemdes verstanden werden. Stellen Sie sich eine solche, die gegen das Prinzip der Lokalität verstößt, nicht durch eine extrem schnelle Überwindung von Entfernung und Dauer vor. Führen Sie bitte Daumen und Zeigefinger so zusammen, dass diese eine Falte des

Hemdes zusammenschieben und umschließen. Eine instantane Zustandsübertragung lässt sich nun durch einen Nadelstich durch diese Falte vergleichen, die somit gleichzeitig an zwei verschiedenen Stellen der Raumzeit wirklich wird, ohne je eine Entfernung zurückgelegt zu haben.

Synopsis
Die nichtlokalen Phänomene der Quantenmechanik beruhen somit nicht auf einer instantanen Zustandsübertragung, sondern auf einem Vorgang in der ARZ. Raumzeitliche Trennungen sind in diesem Sinne für korrelierte e-mWiPro nicht real, sondern nur eine Erscheinung aus Sicht der RePro. Die Quantenmechanik steht somit nicht im Widerspruch zu dem lokalen Realismus der Relativitätstheorien. Vielmehr begrenzt sie dessen Gültigkeit auf die Welt der RePro, die sich relativ zueinander in einem raumzeitlichen Zusammenhang befinden.

Natürlich ist nun die Frage gerechtfertigt, wie ein Vorgang ablaufen könne, ohne das Raumzeit vergehe. Der Begriff „Vorgang" darf hier nicht wörtlich genommen werden. Er soll nur beschreiben, dass es zwischen verschränkten Prozessen eine Verbindung außerhalb von Raum und Zeit geben kann. In der ARZ läuft somit nichts ab, was raumzeitlich in Erscheinung treten würde. Sie ist nur ein Bild, um zu verdeutlichen, dass die Vorstellung der Welt aus Raum und Zeit nur einen subjektiven Aspekt dieser verdeutlicht und nicht deren Gesamtheit. Wenn man es eingehend betrachtet finden alle Vorgänge und Wirkungen immer in der Raumzeit statt. Es gibt nur mehrere mögliche Verbindungen zwischen diesen. Unsere Raumzeit ist nur eine oberflächliche zumeist linear beschreibbare Ebene der Welt. Unterhalb dieser befindet sich das kosmische Nichts der ARZ. Dies ist der Abgrund der Akausalität, der die Wahl in uns und beim Prozess der Dekohärenz trifft. Doch dieses Nichts ist alles andere als ruhig. Die moderne Vakuumphysik hat nachgewiesen, dass dieses Nichts ein Meer fluktuierender Prozesse ist, welche nicht genug Energie besitzen, um in die Raumzeit aufzusteigen:

> „Der Grund dafür, dass es etwas gibt und nicht nichts, liegt darin, dass ‚nichts' instabil ist." (Barrow, John D.: Die Natur der Natur. Wissen an den Grenzen von Raum und Zeit, 1993, 356)

Diese Prozesse verdanken ihr kurzweiliges Aufschäumen und Vergehen der Heisenbergschen Unbestimmtheitsrelation. Diese erlaubt es dem jeweiligen Prozess im Rahmen der Energie-Zeit-Unbestimmtheit sich für einen winzigen Moment ein wenig Energie zu „leihen", den es jedoch sofort wieder „zurückzahlen" muss. In diesem Zusammenhang lässt sich dieses Nichts mit dem **Apeiron** des Anaximander vergleichen:

> „Letztendlich, so lehrte Anaximander, müssen alle Gegensatzpaare 'in ihrer Quelle vergehen'; sie müssen ins Apeiron zurückkehren: 'Woher die Dinge entstanden sind, dahin müssen sie vergehen, nach Recht und Schuldigkeit; denn sie müssen einander Ersatz leisten und entschädigen für ihre Vergehen gemäß der Ordnung der Zeit.'" (Popper, Karl R.: Die Welt des Parmenides. Der Ursprung des europäischen Denkens, 2001, 317)

Umso mehr Energie ein Prozess besitzt, desto weniger Zeit verbleibt ihm und umgekehrt. Die Gesamtenergie bleibt dabei gleich. Sie befindet sich in diesen plankschen Dimensionen jedoch nie in einem festen stabilen Zustand. Dies würde gegen die grundlegende Unbestimmtheit aller Prozesse verstoßen – ja aller, schließlich weist die Dekohärenztheorie darauf hin, dass selbst die Welt des Mesokosmos nur quasiklassisch ist. Somit gibt es kein Sein, keinen absolut festen Zustand dieser und in dieser Welt.

Synopsis
Ein ontologisches Weltbild beruht auf unzulässigen Abstraktionen und ist somit unfähig, unsere Welt zu beschreiben. Selbst die ARZ des Nichts, zu dessen Gefilden die Quantenmechanik die Mauer durchstoßen hat, ist nicht stabil. Dieses der Unbestimmtheit unterworfene Nichts ist ein bedeutender Teil unserer Welt. Unsere Welt der Raumzeit ist nur eine oberflächliche Erscheinung der gesamten Welt aus unserer subjektiven Perspektive.

Wenn sich diese Fluktuationsprozesse in der ARZ abspielen, wie lassen sie sich dann nachweisen? Henning Genz beschreibt die Geschichte der Erforschung des Vakuums in seinem Werk *Die Entdeckung des Nichts* sehr anschaulich. (vgl. Genz, Henning: Die Entdeckung des Nichts. Leere und Fülle im Universum, 2002) Darin wird verdeutlicht, dass das Vakuum der Physik nur eine Idealisierung ist, die experimentell angestrebt wird, indem die Forscher versuchen, so viel energetische Prozesse wie möglich aus einem bestimmten Gebiet der Raumzeit herauszufiltern. Einen vollständig leeren Raum können sie dabei nie erreichen, da es immer eine gewisse Grundstrahlung geben wird. Genau diese nachweisbaren energetischen Grundfluktuationen, die sogar in Teilchenbeschleunigern erforscht werden, bekräftigen die Forscher in ihrer Annahme der Quantenfluktuationen im Nichts. Dies ist natürlich nur eine Extrapolation, ebenso wie das derzeit postulierte Alter des Universums. Aber derzeit erscheint es so, dass dies eine sehr schöne Extrapolation ist, die im Einklang mit der Erwartung steht, die die Quantenmechanik im Forscherherz geweckt hat. Erhellt sie doch den akausalen Abgrund der schier unendlichen Möglichkeiten, von denen einige wenige sich als reale Erscheinungen an der Oberfläche der raumzeitlichen Welt offenbaren:

„Das Vakkum der Physik trägt alles, was es nach Auskunft der Naturgesetze geben kann, als Möglichkeit in sich." (Genz, Henning: Die Entdeckung des Nichts. Leere und Fülle im Universum, 2002, 44)

Der Übergang in die Raumzeit – in die Welt unserer Wahrnehmung, die Welt des lokalen Realismus – erfolgt deswegen akausal, da er aus der ARZ in die Raumzeit eintaucht. Man *wird* erst nass, wenn man ins Wasser springt. Man bleibt nass, wenn man *im* Wasser schwimmt. Eine kontinuierliche und kausale Entwicklung eines Prozesses wird nur geschehen, wenn diese in der

Raumzeit beginnt und in dieser endet. Jegliches Quantenphänomen, welches akausal abläuft, entschlüpft somit ursprünglich der ARZ.

Stellen Sie sich bitte vor, wie ein Atom in einem angeregten Zustand ein e-mWiPro emittiert. Während dieser Emission findet ein diskreter und scheinbar instantaner Bahnübergang eines Elektrons in diesem Atom auf ein niedrigeres Energieniveau statt. Dieser Vorgang lässt sich raumzeitlich nicht beschreiben. Wenn man jedoch aufhört in ontologisierten Vorstellungen zu denken, dann wird klar, dass man nicht von dem Elektron als Identität sprechen darf. Dies Elektron, dieser RePro, welcher den e-mWiPro emittiert, ist nicht der Gleiche und schon gar nicht derselbe, welcher gleichzeitig auf einem niedrigeren Energieniveau auftaucht. Indem der „höhere" Repro einen Teil seiner Energie abgibt, entzieht er sich seiner Berechtigung, auf diesem Energieniveau in der Raumzeit zu wirken. Die Energie, die dem Atom nun noch verbleibt, rechtfertigt nur das raumzeitliche Sein eines RePro auf einem niedrigeren Energieniveau. Der „geschwächte" RePro wandert nun nicht durch die Raumzeit auf ein niedrigeres Niveau. Er hat seine Möglichkeit gehabt und entschwindet wieder in die Unbestimmtheit des Nichts. Gleichzeitig, da aus der ARZ, taucht ein entsprechender RePro an Stelle des vormaligen RePro in die Raumzeit des Atoms und besetzt das Energieniveau, welches er durch die vom vorherigen RePro verbliebene Energie besetzen kann. Dabei kann er nur Bahnen besetzen, welche ihm ob seiner Eigenfrequenz möglich sind. Diese Eigenfrequenz ist ein vielfaches des plankschen Wirkungsquantums.

Das Nichts der Physik ist somit nicht nichts, sondern ein Meer von Möglichkeiten, die nur darauf warten in die Raumzeit unserer Welt einzutauchen. Überall, wo ein Prozess vergeht, erlangt eine der Möglichkeiten genug Energie, um dessen Platz einzunehmen. Dieser Platzwechsel geschieht instantan und akausal. Hier entsteht eine deutliche Verbindung zwischen Quantenphysik und fernöstlichen Glaubensrichtungen - wie dem Buddhismus. Lässt sich nun doch verständlicher darstellen, wie sich die Seele eines Lebewesens während des Todes eines Körpers gleichzeitig in einem anderen gerade in das Leben eintauchenden Körper auf der Erde wiederfindet, der raumzeitlich von dem ursprünglichen Körper entfernt ist. In diesem Sinne haben sich der lokale Realismus Einsteins und die Inkarnationslehre in einem komplementären Widerspruch befunden. Durch die Einführung der ARZ und dem Postulat, dass das Prinzip der Lokalität nur für RePro gelte, müssten sich eigentlich beide Parteien oder zumindest die Vertreter des Buddhismus einverstanden erklären. Beschreiben sie doch mit der Inkarnation in ihrem Samsara - dem Kreislauf des Werdens und Vergehens – den instantan erscheinenden Positionswechsel von Energie sehr gut. Wie soll sich denn eine Zustandsübertragung, die in der ARZ geschieht, aus unserer Warte der Raumzeit anders äußern als durch eine instantane Übertragung in Raum und Zeit?

11.3. Das Phänomen der Selbstinterferenz

Die Selbstinterferenz am Doppelspalt belegt, dass die Verdeutlichung einer Bewegung anhand von Trajektorien eine unzulässige Abstraktion ist, die auf der Annahme einer absoluten Raumzeit beruht. Indem auf mikoskopischer Ebene eine genaue Lokalisation und Impulsbestimmung durch die Heisenbergsche Unbestimmtheitsrelation und die Energie-Zeit-Unschärfe nicht gegeben ist, zeigt sich, dass der e-mWiPro sich nicht auf einer Bahn in der Raumzeit bewegt, sondern eher einer verschwommenen Bahn folgt, die dem Ausmaß seiner Wellenlänge gleicht. In diesem Sinne darf der Doppelspalt bei gleichnamigen Experiment immer nur die Ausmaße der jeweiligen Wellenlänge haben, um eine Interferenz zu ermöglichen:

> „Der Abstand der beiden Spalte muß nämlich in etwa dieselbe Größenordnung haben, wie die Wellenlänge der interferierenden Objekte (...), damit das Interferenzmuster überhaupt sichtbar ist." (Hey, Thomas; Walters, Patrick: Das Quantenuniversum. Die Welt der Wellen und Teilchen, 1998, 52f.)

Bei größerem Abstand verschwindet die Interferenz. Dieses Phänomen zeigt auf, dass e-mWiPro keinesfalls als raumzeitlich bestimmte Korpuskel aufgefasst werden dürfen. Eine derartige Korpuskel wäre nicht in der Lage durch zwei Spalte auf einmal zu gehen. Indem der Doppelspalt nun die Größenordnung der Wellenlänge nicht überschreitet, findet aus Sicht des e-mWiPro überhaupt keine raumzeitliche Trennung statt, da seine gesamte Raumzeit zwischen Emission, Doppelspalt und Absorption auf null gekrümmt ist. Deswegen übt eine Trennung durch einen etwaigen Doppelspalt zwar kausalen Einfluss (Interferenz) aus, jedoch keinerlei hemmende Auswirkungen in Bezug auf die Verbreitung. Das entstehende Interferenzmuster auf dem Detektorschirm ist nur eine Erscheinung des Versuchsaufbaus, die für den e-mWiPro keinerlei Bedeutung hat. Er selbst „erlebt" diesen Vorgang ja nicht in Raum und Zeit. Für ihn sind Emission, Selbstinterferenz und Absorption *ein* Ereignis. Deswegen „weiß" er auch bereits bei der Emission, ob hinter einem der beiden Spalte ein Welcher-Weg-Detektor aufgestellt ist. Trifft dies zu, so sind in seinem extrem kurzen Wirken nicht Emission, Selbstinterferenz und Absorption ein Ereignis. Anstelle der Selbstinterferenz tritt auf Höhe des Doppelspalts ein Kollaps, bzw. Dekohärenzprozess. Schließlich befindet er sich zu diesem Zeitpunkt auf Grund der verschwommenen Ausbreitung in beiden Spalten. An dieser Stelle zeigt sich nun, dass nicht nur die Emission - wie im Kapitel *Wie viele Engel können auf der Spitze Ihres Kugelschreibers tanzen?* herausgearbeitet - sondern auch der Kollaps, bzw. der Dekohärenzprozess und somit auch die Absorption in ARZ und deswegen akausal verläuft. Schließlich führt die Einschaltung eines Welcher-Weg-Detektors immer zum Verlust der Selbstinterferenz, selbst wenn er nicht anschlägt. Dies bedeutet, dass sein reines Dasein - von dem der e-mWiPro in seiner ARZ „weiß" - bereits zu(m) Kollaps/Dekohärenz führt. Es gibt jedoch keine kausale Verknüpfung zwischen diesem Ereignis und der Wechselwirkung auf den Detektor. Es besteht auf Grund der Akausalität ebenso die Wahrscheinlichkeit, dass sich ein neuer e-mWiPro auf der Höhe des Doppelspaltes entwickelt, der ohne detektiert zu werden, durch den anderen Spalt geht und mit einem RePro des Detektorschirms wechselwirkt. Da hier kein weiterer Doppelspalt dazwischen geschaltet ist, entsteht hier keine Selbstinterferenz und es ergibt eine normale Verteilung auf dem Detektor, so wie man sie sich von Korpuskeln erwarten würde.

12. Chaos und Kosmos

Unser Bild der Welt befindet sich in einem grundlegenden Wandel. Die Weltvorstellung der klassischen Mechanik ist endgültig hinfällig, da sich schlussendlich die gesamte Welt ebenso auf der Grundlage der Quantentheorie beschreiben lassen muss, wie sie auf der Unbestimmtheit dieser gequantelten Prozesse beruht. Kausalität herrscht nur in dem kleinen Bereich der raumzeitlichen Welt. Die moderne Physik muss zur Erforschung des Urgrundes der Welt, der Möglichkeiten der ARZ, die Kausalität verlassen. Es scheint, dass diese, unsere Welt der Ordnung (gr.: *Kosmos*) somit in eine Welt des Chaos abzurutschen droht. Doch ist das totale Chaos nicht symmetrischer als jede Ordnung? Was ist symmetrischer? Eine gleichmäßig angeordnete Dünenlandschaft, oder ein homogenes Meer aus Sand? Die Dünenlandschaft ist nur gegen Rotationen von 180° symmetrisch. Das Sandmeer hingegen ist gegen jede Drehung „immun" und somit absolut symmetrisch. Jeglicher Wind wird die Symmetrie der Dünen brechen. Ein Wind jedoch, der die einzelnen Sandkörner des homogenen Sandmeeres hin und herwirft, kann dieser Symmetrie nichts anhaben, solange sich keine Formationen auftürmen. In diesem Sinne erweist sich dieses chaotisch anmutende Nichts der ARZ als viel symmetrischer, als unsere Welt der Ordnungen in der Raumzeit. Diese Ordnungen in der Raumzeit lassen sich sehr gut linear erfassen. Nur manchmal treten sogenannte Intermittenzen auf. Eine Intermittenz ist ein Einbruch chaotischen Verhaltens in einen ansonsten normal verlaufende Prozess. Derartige Intermittenzen treten in komplexen Netzwerken auf, sobald diese auf nichtlinearen Rückkoppelungen beruhen. Diese Koppelungen sind uns bereits bei der Auseinandersetzung mit den Solitonen begegnet. Sie treten überall dort auf, wo Iterationen stattfinden. Die Prozesse unserer Welt können sehr gut durch Iterationen beschrieben werden. Man begegnet diesen Intermittenzen ab und an als Rauschen im Radio, als Flimmern im Fernsehen und als Schwäche aller großen Computernetzwerke, wie sie z.B. an der Wall Street verwendet werden. Wissenschaftler haben bewiesen, dass diese Intermittenzen nicht auf einem Konstruktionsfehler der Systeme beruhen. Vielmehr sind sie eine grundlegende Eigenschaft komplexer Systeme, die hin und wieder chaotisches Verhalten aufweisen. (vgl. Briggs, John; Peat, David F.: Die Entdeckung des Chaos. Eine Reise durch die Chaos-Theorie, 1990, 86) Es erscheint, dass Chaos und Ordnung Hand in Hand einhergehen und die Welt beherrschen. Man hat nämlich auch in chaotischen Systemen Intermittenzen der Ordnung nachweisen können. (ibid., 84f.) Es ist erstaunlich, dass sich aus vollständig chaotischen Prozessen zeitweilige Ordnung herauskristallisieren kann.

In Bezug auf die Prozesse der Welt lässt sich durch die Erkenntnisse der Quantenmechanik eine Verbindung von Iteration und Dekohärenz postulieren. Der Prozess unserer ordentlichen Welt bezieht sich ständig auf sein komplexes Selbst und erschafft dadurch eine scheinbar kontinuierliche und kausal bedingte Welt des Mesokosmos, die nur unter ständiger Bezugnahme auf den vorherigen Zustandes ermöglicht wird. Hier wirken Iteration und Dekohärenz gemeinsam. Insgesamt betrachtet ist die ab dem Mesokosmos gegebene Welt der Ordnung jedoch nur eine lineare beschreibbare Insel der Intermittenz, die durch beständige Iteration aus dem nichtlinear bedingten Meer des Nichts auftaucht. Indem diese Insel sich ständig auf sich selbst bezieht, ermöglicht sie eine eigene Raumzeit und somit eine scheinbar eigenständige Realität. Wir leben auf dieser Insel und fühlen uns auf sicherem Festland. Ab und an treten bei der fortschreitenden Iteration der Insel Risse in dieser auf und aus dem chaotischen Meer dringt Wasser in diese Flussbette, doch die Bewohner der Insel scheinen von einer eigentümlichen Beschränktheit befallen zu sein. Sie sind unfähig sich dem Meer zuzuwenden, so dass sie diesem immer den Rücken zukehren und die seltenen nichtlinearen Ein-Flüsse in ihrer scheinbar so realen Welt nur als Sonderfälle in ihrer kausal beständigen Welt wahrnehmen. Es ergeht ihnen wie dem großen Newton:

> „Ich weiß nicht, wie ich der Welt erscheinen mag; aber mir selbst komme ich nur wie ein Junge vor, der am Strand spielt und sich damit vergnügt, ein noch glatteres Kieselsteinchen oder eine noch schönere Muschel als gewöhnlich zu finden, während das große Meer der Wahrheit gänzlich unerforscht vor mir liegt." (Newton, Isaac: zitiert in Brewster, David: Memoirs of Newton, 1855; http://de.wikiquote.org/wiki/Wahrheit(a-m))

Genau dieses Sinnbild stellt die Situation dar, der sich die moderne Physik im 21. Jahrhundert zu stellen hat. Sie, die sich ihrem Wesen gemäß auf solide Erkenntnisse zu stützen sucht, wird diese nur auf der Insel, am Strand finden können. Der Blick aufs Meer verrät eine Hilflosigkeit gegenüber der Akausalität des nicht linear erfassbaren Nichts, die einerseits Grundlage unserer Welt ist und doch andererseits in ihrer beständigen Brandung des Strandes sowie ihren Ein-Flüssen nur statistisch zu fassen ist. Bereits der zweite Hauptsatz der Thermodynamik konfrontiert die Physiker des ausgehenden 19. Jahrhunderts mit diesen Unsicherheiten, die eine statistische Mechanik unausweichbar gemacht haben. Diese hat jedoch entscheidend dazu beigetragen, derartige Vorgänge scheinbar greifbar zu machen. Die Wellenmechanik auf Basis der Schrödingergleichung ist nun das Pendant und die Erweiterung der statistischen Mechanik im 20. Jahrhundert. Diese erlaubt ein Wissen über die scheinbaren Wellen des Meeres. Sie beschreibt jedoch nur unser Wissen über die Wellen und nicht das Meer selbst. Diesem steht sie hilflos gegenüber und dennoch steckt in dieser Hilflosigkeit eine Sehnsucht, die wiederum die Notwendigkeit einer Naturphilosophie begründet, der es um die Zusammenhänge dieser Erkenntnisse geht. Solange die Physik ihren Grad der Abstraktion, der ihr erst ihre Geltung verschafft hat, beibehält, ist sie dazu verpflichtet eine Inselwissenschaft zu bleiben, die auf der Suche nach Kausalität im Meer des Nichts einzig die Statistik als Hilfsmittel aufweisen kann.

13. Das neue Bild der Raumzeit

Durch die vorherige Behandlung der ARZ ist nun eine Möglichkeit gegeben, eines der bedeutendsten Themen unserer Welt zu behandeln. Was ist die Raumzeit wirklich? Existiert sie überhaupt?

13.1. Die diskrete Raumzeit

Die Behandlung dieser Fragen erscheint auf der Grundlage der Relativitätstheorien nur sehr schwer durchführbar zu sein. Schließlich behandeln diese Theorien die Welt *in Bezug* auf die Raumzeit. Eine eingehende Behandlung eines bestimmten Themas jedoch, muss von einer tiefer liegenden Warte aus geschehen, um jenes vollständig erfassen zu können:

> „Sollten wir in der Natur jemals etwas entdecken, das Raum und Zeit erklärt, dann müsste es auf jeden Fall etwas sein, das tiefer ist als Raum und Zeit – etwas, das selbst keine Lokalisierbarkeit in Raum und Zeit hat." (Davies, Paul C. W.; Brown, Julian R.: Der Geist im Atom. Eine Diskussion der Geheimnisse der Quantenphysik, 1988, 84)

Die Quantenphänomene lassen sich schwerlich in Raum und Zeit beschreiben. Das Postulat der Nichtlokalität führt zu der Annahme, dass grundlegende Prozesse unserer Welt außerhalb von Raum und Zeit in der ARZ ihren Ursprung finden. Erst wenn sie genug Energie erlangen, tauchen sie aus dem Meer des Nichts in die Wirklichkeit der Raumzeit auf. Wir Menschen haben diesen grundlegenden Gedanken nur derart lange verkannt, da wir selbst oberhalb dieser Grenze auf der Spitze des Eisberges leben – in der Vorstellung, dass diese Spitze die Welt sei. Doch jedesmal, wenn ein Forscher das greifbare Substrat dieser Spitze eingehender zu untersuchen gedenkt, dann zerrinnt ihm diese scheinbare Materie wie Frühlingsschnee zwischen den Fingern – ebenso wie die Zeit.

Die wissenschaftliche Auseinandersetzung mit Raum und Zeit findet bei einem bedeutenden Begründer der klassischen Mechanik ihren Eingang in die moderne Physik: Isaac Newton erachtet den Raum der Welt als ebenmäßig in dieser verteilt. In diesem Weltraum verlaufe die Zeit vermöge ihrer Natur überall gleichmäßig. Die Körper der Welt besetzen Orte in diesem Weltraum. (vgl. Newton, Isaac: Mathematische Prinzipien der Naturlehre, 1963, 25) Einstein wandelt dieses Bild der Raumzeitbühne in ein mit den Körpern wechselwirkendes Raumzeitfeld. Die Körper bewegen sich in diesem Raumzeitfeld, verändern dieses jedoch durch ihre jeweiligen Beschleunigungen. Er hat den Zusammenhang von Beschleunigung und Masse aufgedeckt und die newtonsche Gravitationskraft als äquivalent zur Beschleunigung erklärt. Dennoch hat Einstein postuliert, dass es das Raumzeitfeld auch unabhängig von Körpern geben muss, da man bisher den Dualismus zwischen Feld und Materie noch nicht auflösen konnte. In diesem Sinne trete jeder Körper mit dem Raumzeitfeld in Wechselwirkung, dieses selbst sei jedoch auch ohne Körper vorhanden. Die Äquivalenz von Raum und Zeit impliziert nun, dass überall im Raum der Welt eine Zeit abläuft, auch wenn kein Körper zugegen ist. Doch wessen Zeit läuft hier? Was ist überhaupt der Lauf der Zeit?

Zeit *an sich* ist eine unzulässige Abstraktion. Albert Einstein hat durch die Einführung der lokalen Zeit darauf hingewiesen, dass Zeit dies sei, was man mit Uhren messe. Als Uhr kann jeder regelmäßige Prozess dienen. Die Tatsache, dass die Welt eine Ansammlung von Prozessen und keine von beständigen Dingen ist, spricht für die Zeitlichkeit unserer Welt. Auf der unzulässigen Abstraktion der ontologisierten Prozesse beruht die Annahme, dass die Zeit und somit auch der Raum als Bühne und somit unabhängig von diesen existiere. Die Erkenntnis des prozesshaften Charakters der Welt verlangt nun jedoch eine Umkehr dieses Verständnisses. Zeit ist nun nicht mehr das, was eine Uhr an einem bestimmten Punkt der Raumzeit misst. Vielmehr sind es die regelmäßigen Prozesse der Uhr selbst, die die Zeit begründen. Zeit ist die Uhr – die Uhr ist Zeit. Gleiches gilt für den Raum. Bereits Hans Reichenbach fordert ein derartiges Verständnis, welches auf atomarer Ebene begründet sein müsse:

> „Das Atom muss jedenfalls irgend eine räumliche Struktur haben; es geht nicht, ein vollständig unräumliches Elementargebilde anzusetzen, aus dem im Makroskopischen ein dreidimensionaler Raum entsteht." (Kamlah, Andreas (Hrsg.); Reichenbach, Maria (Hrsg.): Hans Reichenbach. Gesammelte Werke. Band 5. Philosophische Grundlagen der Quantenmechanik und Wahrscheinlichkeit, 1979, 224)

Raum und Zeit dürfen nicht unabhängig von den atomaren Prozessen in das Nichts hineinprojiziert werden. Wessen Raumzeit soll denn ablaufen, wenn es keine Prozesse dieser gibt? Die unzulässige Abstraktion der Raumzeit ist ein Rudiment aus der klassischen Mechanik. Die Schwankungen der Raumzeit, die durch die Lorentz-Transformation beschrieben werden, zeigen auf, dass diese untrennbar mit den Prozessen verbunden ist und nicht unabhängig von diesen existiert. In diesem Sinne kann niemals die Zeit *an sich* gemessen werden. Es können immer nur regelmäßige Prozesse mit anderen regelmäßigen Prozessen verglichen werden. Ebenso wie niemals eine Länge gemessen wird. Es werden immer nur Maßstäbe mit anderen Maßstäben verglichen. Wer behauptet, er habe je Zeit oder Raum vermessen, der erliegt dem Trugschluss der unzutreffenden Konkretheit. Er glaubt an die Existenz von Raum und Zeit *an sich*. Doch hat er je einen Meter gesehen, eine Sekunde wahrgenommen? Gibt es eine rationale Erkenntnis von Raum und Zeit a priori? Wenn Sie, verehrter Leser, für einen kurzen Moment Ihre Augen schließen und alle vorherigen Eindrücke ausblenden mögen, können Sie dann mit Sicherheit sagen, dass Sie sich gerade in einem Zimmer befinden? Erleben Sie überhaupt etwas räumlich? Ist es nicht erst die Wechselwirkung mit ihrer Umgebung, die Ihnen einen räumlichen Eindruck zu vermitteln erlaubt?

> „Unsere Kenntnis von der Lage der Dinge im Raume beruht überhaupt weder auf einer Erkenntnis des Verstandes noch des gesunden Menschenverstandes, sondern auf Sinneswahrnehmung." (Eddington, Stanley Arthur: Das Weltbild der Physik und ein Versuch seiner philosophischen Deutung, 1931, 24)

Diese Annahme mag zutiefst subjektiv erscheinen, doch welche Beweise gibt es für die Hypothese, dass es dort, wo es keine RePro gibt, so etwas wie ein Raumzeitfeld geben muss? Ist die Raumzeit des Universums ins Unendliche ausgedehnt? Sind es nicht vielmehr raumzeitliche Bezüge zu anderen RePro, die die Annahme einer Raumzeit begründen? Können Astronomen die Expansion der Raumzeit nicht erst dadurch belegen, dass diese anhand von Probekörpern – z.B. sich voneinander entfernende Galaxien - belegt wird? (vgl. Kippenhahn, Rudolf: Licht vom Rande der Welt. Das Universum und sein Anfang, 1984) Selbstverständlich gibt es mathematische Berechnungen, die diese Entwicklung bereits auf dem Papier vorhersagen, aber es gibt ebenso andere Berechnungen, die anderes behaupten. Derartige Berechnungen sind immer Berechnungen von Menschen und nicht objektiv wahr. Deswegen müssen derartige Berechnungen immer erst empirisch bewiesen werden, um ihre Gültigkeit für die Beschreibung unserer Welt zu bekräftigen. Genau hier treffen wir wieder auf den raumzeitlichen Bezug zu anderen RePro. Wir können jedoch keinen derartigen Bezug zu einem RePro postulieren, wenn wir nichts von einem solchen wahrnehmen:

> „Den Raum an sich können wir nur durch die darin befindlichen Objekte **erfahren**."
> (Lesch, Harald; Müller, Jörn: Kosmologie für Fußgänger. Eine Reise durch das Universum, 2001, 168; [Hervorhebung durch den Verfasser])

Wir können einen RePro nur wahrnehmen, wenn er auf uns wirkt. Somit haben wir nur einen raumzeitlichen Bezug zu einem anderen RePro, wenn er auf uns wirkt. Derartige Wirkungen beruhen immer auf energetischen Wechselwirkungen und somit auf e-mWiPro. Astronomen können die Existenz von Quasaren, die sich fast mit Lichtgeschwindigkeit von uns entfernen, erst belegen, wenn deren e-mWiPro, welche zu uns mehrere Milliarden Jahre unterwegs sind, auch wirklich bei uns eintreffen und auf Messgeräte oder das menschliche Auge wirken können. Die Vorstellung fällt nun leicht, dass diese e-mWiPro wirklich ihren Weg durch die Raumzeit genommen haben, um schlussendlich Milliarden Jahre später bei uns einzutreffen. Doch die Auseinandersetzung mit den Quantenphänomen hat darauf hingewiesen, dass diese Vorstellung nur einen komplementären Aspekt der Ausbreitung von e-mWiPro einnimmt. Aus Sicht des e-mWiPro, der von einem RePro eines solchen Quasars emittiert worden ist, findet die Absorption auf der Erde in dem Auge des Astronomen instantan statt. Die philosophische Bedeutung dieser Komplementarität ist enorm: Dieser e-mWiPro, der aus unserer Sicht von einem Quasar in mehreren Milliarden Lichtjahren Entfernung emittiert worden ist, erlebt seine Absorption z.B. in einem Detektor eines Radioteleskops auf der Erde instantan. Dieser Zeitraum von einigen Milliarden Lichtjahren hat für ihn nie stattgefunden. Soll heißen: Es stand aus Sicht des e-mWiPro bereits vor einigen Milliarden Jahren unserer Zeitwahrnehmung fest, dass er heutzutage im Detektor landen wird. Dies muss nicht bedeuten, dass unsere Welt seit einem derartigen Zeitraum vollständig determiniert ist. Dies wäre eine Vermischung der beiden komplementären Perspektiven. Es bedeutet vielmehr, dass der Ablauf von Raum und Zeit nur eine Erscheinung aus unserer Sicht der Welt ist. Worauf gründen wir denn den Ablauf der Raumzeit? In Bezug auf den soeben aufgeworfenen Gedankengang lässt sich eine untrennbare Verknüpfung von Raumzeit und e-mWiPro postulieren. Bereits die Verwendung des Begriffes „Lichtjahr" lässt dies erahnen. Diese Anschauung vertreten sowohl bedeutende Protagonisten des lokalen Realismus:

> „Meine Lösung war eine Analyse des Begriffs der Zeit. Die Zeit kann nicht absolut definiert werden, und es gibt eine nicht aufhebbare Beziehung zwischen Zeit und Signalgeschwindigkeit." (Einstein, Albert; zitiert in: Aczel, Amir D.: Die göttliche Formel. Von der Ausdehnung des Universums, 2002, 43)

als auch der Quantenmechanik:

> „Die Lichtgeschwindigkeit ist ein von der Natur gesetztes Maß, das nicht über bestimmte Dinge in der Natur, sondern über die allgemeine Struktur von Raum und Zeit Auskunft gibt." (Heisenberg, Werner: Die Plancksche Entdeckung und die philosophischen Grundlagen der Atomlehre; Aufsatz in Gesammelte Werke. Abteilung C: Allgemeinverständliche Schriften. Band 2: Physik und Erkenntnis. 1956 – 1968, 1984, 206)

Doch welche Anhaltspunkte gibt es für diese Annahme? Wenn es nur einen Körper gäbe, könnte man sich diesen in Bewegung vorstellen? Kann man nicht erst eine Bewegung als Bewegung bezeichnen, wenn sie relativ zu einem Bezugspunkt stattfindet? Ein Bezugspunkt kann hier nur durch einen anderen Körper gesetzt werden. Somit kann eine Bewegung zwischen zwei Körpern erst wirklich sein, wenn sie ihre Entfernung gegeneinander verändern. Wenn dies geschieht, wer hat sich dann auf wen zubewegt? Welcher der beiden Körper ruht und welcher bewegt sich? Man kann diesen Körpern keine absoluten Zustände der Ruhe oder Bewegung zuweisen. Dies würde einen absoluten Raum voraussetzen, wie ihn Newton postuliert hat. Hier gilt jedoch nur die relative Bewegung zwischen zwei Körpern, die sich in einer Veränderung ihrer Entfernung äußert. Diese Entfernung wiederum hängt von der Relativgeschwindigkeit der Bewegung ab. Sie kontrahiert bei relativistischen Geschwindigkeiten gemäß der Lorentz-Transformation. Wenn somit die Begriffe der Bewegung und der Entfernung nicht in einem absoluten Sinn verwendet werden können, stellt sich die Frage, ob die Raumzeit nicht rein gegeben ist, sondern nur eine relative Beziehung zwischen zwei Körpern darstellt. Und genau die Effekte der Zeitdilatation und der

Längenkontraktion, die durch die Lorentz-Transformation beschrieben werden, legen den Gedanken nahe, dass e-mWiPro und die Raumzeit Hand in Hand einhergehen, ja vielleicht sogar eins sind. Schließlich sind diese Effekte nicht direkt an der Raumzeit, sondern an den dilatierten und kontrahierten e-mWiPro zu erkennen. Könnte es zutreffen, dass Raum und Zeit *an sich* bloße Abstraktionen sind, die von den e-mWiPro abgelöst werden? Fest steht doch, dass diese Effekte nur durch e-mWiPro wahrgenommen und vermittelt werden können. Liegt es da nicht nahe, zu postulieren, dass diese e-mWiPro selbst die Grundlage der Raumzeit sind? Schließlich verlaufen jegliche Veränderungen der e-mWiPro äquivalent zu Veränderungen der Raumzeit. Die Längenkontraktion und die Zeitdilatation sind zwei Aspekte ein und desselben Effektes. Die Erkenntnis der Zeitdilatation überhaupt ist es, die den Schlüssel zu einem modernen Verständnis der Zeit birgt. Es ist bereits erläutert worden, dass die Zeit *an sich* eine unzulässige Abstraktion ist. Zeit beruht immer auf regelmäßigen Vorgängen. Im Rahmen der ebenfalls bereits behandelten Iteration der Prozesse der Welt lassen sich diese regelmäßigen Vorgänge verdeutlichen. Menschliche Zeitmessungen haben sich von gröberen Regelmäßigkeiten wie den Jahreszeiten, den Mondveränderungen, den Tag und Nacht-Wechseln über Pendel bis hin zu Atomschwingungen verfeinert. Domenico Giulini und Thomas Filks beschreiben die derzeit anerkannte Definition einer Sekunde in ihrem Werk *Am Anfang war die Ewigkeit*:

> „Zuständig für die Definition der Internationalen Einheiten, der so genannten SI-Einheiten (System International), ist die Generalkonferenz für Maß und Gewicht. Im Jahre 1967 beschloss diese Generalkonferenz auf ihrer 13. Sitzung eine neue Definition der Sekunde als Zeiteinheit:
> Die Sekunde ist das 9192631770-fache der Periodendauer der dem Übergang zwischen den beiden Hyperfeinstrukturniveaus des Grundzustandes des Atoms ^{133}Cs entsprechenden Strahlung." (Giulini, Domenico; Filks, Thomas: Am Anfang war die Ewigkeit. Auf der Suche nach dem Ursprung der Zeit, 2004, 39)

Die Periodendauer bezeichnet die Dauer die ein regelmäßiger Vorgang für eine vollständige Iteration desselben benötigt. Aus Sicht der ontologischen Deutung stellt sich selbstverständlich die Frage, wo derartige Bewegungen der Dinge herrühren sollen. Dabei ist es gerade der stabile Zustand von Dingen, der auf einer unzureichenden Vorstellung beruht. Wenn man die Prozesshaftigkeit der Welt als grundlegend erachtet, dann wäre hier ein Stillstand der Prozesse – ein dinghaftes Sein - notwendig zu erklären; fortlaufende Iteration der Prozesse hingegen wäre selbstverständlich. Diese Selbstverständlichkeit kann jedoch von einem Menschen schwerlich erklärt werden, da er selbst Teil dieser Prozesse ist und somit nicht über diesen steht.

Würde man ein Cäsiumatom nun auf relativistische Geschwindigkeiten beschleunigen, dann würde die Trägheit seiner Schwingungen zunehmen und seine Schwingungsfrequenz würde relativ zu ruhenden Cäsiumatomen geringer sein. Genau das Gleiche geschieht dem reisenden Zwilling bei Einsteins berühmten Zwillingsparadoxon. (vgl. Marder, Leslie: Reisen durch die Raumzeit. Das

Zwillingsparadoxon – Geschichte einer Kontroverse, 1979) Dieser entfernt sich mit relativistischer Geschwindigkeit von der Erde und kehrt nach geraumer Zeit zurück. In dieser Zeit ist seine gesamte Entwicklung träger verlaufen, als die des auf der Erde verbliebenen Zwillings. Bei seiner Rückkehr ist er somit jünger, als sein zurückgebliebener Zwilling, der in diesem Fall jedoch in seiner Entwicklung weiter vorangeschritten ist. Dieses Phänomen lässt sich durch die zunehmende Trägheit der Atomschwingungen beschreiben. Diese Schwingungen sind nämlich nicht nur ein Maßstab der Zeit. Sie sind die Zeit. Durch die höhere Trägheit der Wechselwirkungen verlaufen alle Schwingungen der Atome des Raumschiffes, der biologischen Zellen des Astronauten und auch die seiner Uhr langsamer. Da zusätzlich in Bewegungsrichtung eine Längenkontraktion auftritt, verlaufen auch alle Wechselwirkungen des Raumschiffes mit sich selbst und der Prozesse im Inneren des Raumschiffes auf kürzeren Wegen. Auch hier gibt es keinen zusätzlichen Raum. Dieser ist eine unnötige Abstraktion. Die komprimierten Wechselwirkungen sind der Raum. Raum und Zeit sind quantenhafte Prozesse. Prozesse deren Masse eine Erscheinung der Trägheit ihrer Iterationsfrequenz ist. Je höher diese Trägheit ist, desto höher erscheint auch die Masse zu sein. Da e-mWiPro keine Ruhemasse haben, unterliegen sie auch keiner Trägheit und verlaufen somit in ARZ. Diese Komplementarität zwischen ARZ der e-mWiPro und Raumzeit der RePro legt den Grundstein für die Annahme, dass es diese in ARZ ablaufenden Wechselwirkungen sind, die den Grundstein für unsere Raumzeit legen. Schließlich muss die Grundlage für Raum und Zeit ja außerhalb dieser liegen. Was geschieht denn durch eine derartige Wirkungsübertragung? Es entsteht eine raumzeitliche Beziehung zwischen zwei RePro. Es wurde quasi eine energetische Brücke geschlagen. Eine Brücke die aus Sicht der e-mWiPro ihre beiden Fundamente instantan verbindet. In der vollständig gekrümmten Raumzeit der e-mWiPro hat diese Brücke keinerlei Ausdehnung. In diesem Sinne findet der Energieübertrag aus Sicht dieser Energie an ein und derselben Stelle statt. Wozu benötigt sie dann noch ein Medium?

All die Auseinandersetzungen mit dem Erscheinen einer Quantenwirklichkeit, sei es auf Basis der Dekohärenztheorie oder durch den Kollaps im Sinne der Kopenhagener Deutung, beruhen auf der faktischen Möglichkeit einer Wahrnehmung einer Wirkung eines e-mWiPro auf einen RePro aus Sicht eines Beobachters. Dies ist das Aufleuchten einer derartigen Raumzeit-Brücke. Zu behaupten, dass es einen raumzeitlichen Bezug ohne Wechselwirkung gebe, gleicht der Annahme, dass man im Dunkeln sehen könne. In diesem Sinne stellt sich unser gesamter raumzeitlicher Weltprozess als ein kosmisches Netzwerk dar, in dem RePro sich in beständigen e-mWiPro-Wechselwirkungen befinden.

Durch diese Anschauung der Quantenphänomene lässt sich das Bild des kontinuierlichen Raumzeitfeldes von Einstein nicht länger aufrecht erhalten:

„Im Grunde ist die Überzeugung, Raum und Zeit seien kontinuierlich und nicht diskret, ungerechtfertigt, wenn man die unterste, mikroskopische Ebene betrachtet."
(Barrow, John D.: Die Entdeckung des Unmöglichen. Forschung an den Grenzen des Wissens, 1999, 333)

13.2. Dimensionalitäten

An dieser Stelle wird deutlich, dass die Vorstellung des Raumes als dreidimensional ebenfalls wie Raum und Zeit *an sich* nur eine Abstraktion ist, die zur Verdeutlichung getroffen wird. Es gibt kein Koordinatensystem in der Welt. Dieses ist nur ein Mittel der Beschreibung. Indem ein RePro seine Lage in der Welt verändert, bewegt er sich nicht in Raum und Zeit. Vielmehr verändert er all seine Bezugsverhältnisse zu all den RePro, mit denen er in e-mWiPro-Kontakt steht. Diese e-mWiPro vollziehen sich somit nicht in 3D, sondern eindimensional. Eine sich eindimensional ausbreitende Wirkung ist nicht sichtbar. Sie ist aräumlich. Ebenso wie ein eindimensionaler Punkt nicht sichtbar ist. Deswegen wurde noch nie ein sich ausbreitender e-mWiPro nachgewiesen. Einzig seine Wechselwirkung mit einem RePro ist direkt nachweisbar. Man kann z.B. die Wirkung eines Laserstrahls erst sehen, wenn er auf RePro stößt. Desweiteren erklärt die Annahme dieser Ausbreitung in ARZ sehr gut die Tatsache, dass e-mWiPro zu ihrer Ausbreitung keines Mediums bedürfen sowie, dass keine Intensitätsverluste durch die Ausbreitung auftreten. Somit lässt sich postulieren, dass nur Energieausbreitungen in materiellen Medien der Dissipation unterliegen. Weshalb scheint unsere Welt jedoch dreidimensional zu sein?

Die Emission eines e-mWiPro verläuft akausal und somit nicht in eine bestimmte Richtung. Die Frage ist nun, ob es Hinweise dafür gibt, dass ein scheinbarer dreidimensionaler Raum entstehen kann, ohne diesen bereits voraussetzen zu müssen:

„Penrose wählte für seine Arbeit die elementarsten Quantengrößen aus, nämlich Spinoren – das sind Größen, die jeweils nur einen von zwei möglichen Werten annehmen können. Er fügte diese Objekte nach den Regeln der Quantentheorie aneinander, bis er schließlich ein großes Netzwerk von Spinoren vor sich hatte. Dann fragte Penrose, was geschieht, wenn zwei solche Netzwerke miteinander verbunden werden. Die Antwort ist, daß sie einander (räumlich ausgedrückt) so sehen werden, als seien sie relativ zueinander unter einem gewissen Winkel orientiert.
Das Erstaunliche an diesem Ergebnis ist, daß Penrose mit vollständiger Abstraktion begann – ohne in irgendeinem Raum zu arbeiten, also im Bereich der reinen Mathematik. Und doch konnte er, wenn die Spinoren zu immer größeren Netzwerken zusammengekoppelt wurden, aus ihren gegenseitigen Beziehungen die Eigenschaften der Orientierung im dreidimensionalen Raum herleiten. **Es sieht also so aus, als seien die Eigenschaften des Raumes nicht inhärent, nicht vorgegeben, sondern als tauchten sie erst auf einer größeren Skala auf, als Ergebnis kooperativer Wechselwirkung von Quantensystemen.**" (Briggs, John; Peat, David F.: Die Entdeckung des Chaos. Eine Reise durch die Chaos-Theorie, 1990, 288f.; [Hervorhebung durch den Verfasser])

Im Folgenden soll dargestellt werden, was bei unserem räumlichen Erleben wirklich gegeben ist, und was imaginiert wird. Stellen Sie sich bitte vor, die schwarzen Wölkchen in Abbildung 5 seien acht verschiedene RePro, die sich auf Grund des Pauli-Prinzips nicht am gleichen Ort aufhalten können. Die derzeitig gebräuchliche Vorstellung einer solchen im Raum verteilten Ansammlung von RePro erfolgt normalerweise aus Sicht eines „objektiven" Beobachters in 3D:

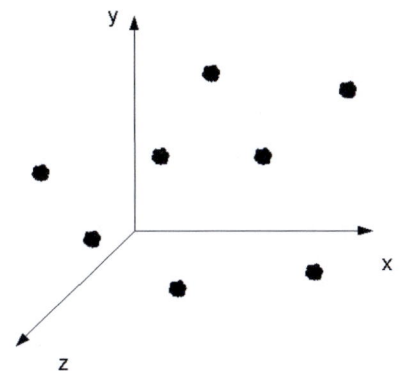

Abbildung 5: RePro im 3D-Koordinatensystem

Die folgende Abbildung verzichtet nun auf den Rahmen eines Koordinatensystems und verdeutlicht die 1D e-mWiPro als schwarze Linien. Der Beobachter ist hier als roter Kreis in das Bild miteinbezogen, da er selbst die dargestellten RePro nur wahrnehmen kann, wenn sie durch e-mWiPro mit ihm in Wechselwirkung stehen:

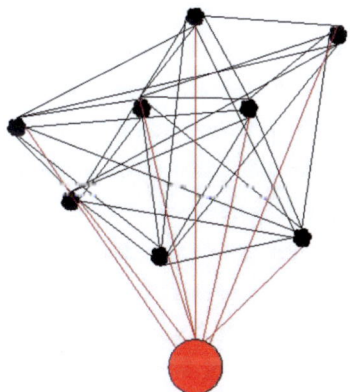

Abbildung 6: entstehender räumlicher Eindruck auf der Grundlage von 1D e-mWiPro unter Einbeziehung des beobachtenden Subjektes

Dieses Bild verdeutlicht sehr gut den netzwerkartigen Charakter der 1D e-mWiPro, die durch ihre gegenseitigen Wechselwirkungen den Eindruck eines 3D-Raumes entstehen lassen. Schließlich gilt es, Folgendes zu bedenken:

> „Der kontinuierliche dreidimensionale Raum, in dem man sich die Graphen anschaulich vorstellt, existiert – quasi als separate Bühne – überhaupt nicht. Nur die Linien und Knoten existieren; sie machen den Raum aus, und die Art ihrer Verbindungen definiert die Geometrie des Raumes." (Smolin, Lee: Quanten der Raumzeit; Artikel in: Spektrum der Wissenschaft, März 2004, 59)

Sie können sich diese e-mWiPro nun als verspiegelte Schläuche vorstellen, durch die Sie z.B. die Sonne erblicken. Da Sie nur durch e-mWiPro überhaupt etwas visuell wahrnehmen können, ist es Ihren Augen nur möglich, durch diese Schläuche zu sehen. Da in diesem Moment von den RePro der Sonne unzählige e-mWiPro emittiert werden, die in Ihr Auge gelangen, erscheint es Ihnen, als würden ihre Sehzellen einen kontinuierlichen Eindruck der Sonne wahrnehmen. Dabei sind es diese diskreten e-mWiPro in 1D, die von verschiedenen RePro emittiert werden, die in Ihrem Geist erst das raumzeitliche Bild der Sonne insgesamt und der Sonne zu Ihnen hervorrufen. Wie sollten Sie auch, diese Diskretheit erkennen, wenn Sie nur dazu fähig sind, die Welt durch Schläuche wahrzunehmen? Ein Blick außerhalb der Schläuche ist somit ein Widerspruch in sich. Außerdem verlaufen diese Schläuche so dicht nebeneinander, dass sie den Eindruck eines kontinuierlichen Feldes erwecken:

> „Der mathematische Aspekt kommt nun mit der Vorstellung herein, daß die Kraftlinien so dünn, so zahlreich und so dichtgepackt sind, daß sie trotz ihrer Individualität gleichmäßig und lückenlos den Raum ausfüllen." (Hoffman, Banesh: Einsteins Ideen. Das Relativitätsprinzip und seine historischen Wurzeln, 1991, 84)

Weiterhin verdeutlicht das Bild die Unmöglichkeit der reinen Objektivität. Andere RePro können raumzeitlich nur wahrgenommen werden, wenn sie auf einen Beobachter energetisch wirken. Dazu muss dieser energetisch in das beobachtete Netzwerk eingebunden sein. Da er dadurch jedoch auch energetisch mit anderen RePro wechselwirkt, beeinflusst er das gesamte Netzwerk durch seine Anwesenheit. In der gröberen Physik des Mesokosmos kann diese Beeinflussung vernachlässigt werden. Auf der Ebene des Mikrokosmos offenbart sich dieser Zwiespalt durch die Unmöglichkeit einer objektiven Betrachtung. Jede Betrachtung verlangt nämlich nach einer Wechselwirkung mit dem zu beobachtenden Phänomen, aber jede dieser Wechselwirkungen beeinflusst wiederum das zu Beobachtende. Dies gleicht dem Einfluss von miteifernden Zuschauern in der Fußball-Arena auf die Dynamik des Spiels. Diesen Fans ist bewusst, dass sie Einfluss auf die Spieler ausüben. Die Zuschauer vor dem Fernseher nehmen eher die Rolle der klassischen Mechaniker ein, die sich sicher sind, dass die Spieler nichts von ihnen wissen. Doch selbst diese Wahrnehmungen müssen durch Kameras, die in Wechselwirkung mit den Spielern stehen, aufgenommen werden. Somit gilt die Unmöglichkeit einer reinen Objektivität für die gesamte Welt. Es gibt keinen Menschen der für die Welt nicht von Einfluss wäre. Alleine seine Existenz, seine Einbindung in das kosmische Netzwerk, jegliche seiner Handlungen hat Einfluss auf die gesamte Welt. In diesem Sinne ist die gesamte Welt in den Verbindungen jedes einzelnen RePro mit enthalten; ähnlich wie in jedem Bereich eines Hologramms das gesamte Bild verborgen ist. Diese Weltsicht wird als **Holismus** bezeichnet. Lee Smolin drückt diesen Aspekt unserer Welt in Bezug auf die Zeit folgendermaßen aus:

> „Damit Zeit ein nützliches Konzept ist, muss die Welt soviel Komplexität besitzen, dass jeder Augenblick über andere Augenblicke erzählen kann." (Smolin, Lee: Warum gibt es die Welt? Die Evolution des Kosmos, 1999, 346)

David Bohm geht in seinen Werken zur Impliziten Ordnung grundlegend auf diesen Gedankengang ein. (vgl. Bohm, David: Die implizite Ordnung. Grundlagen eines dynamischen Holismus, 1987) Die modernen Erkenntnisse der Quantenmechanik und besonders die hier vorgestellte Deutung führen eindeutig zu der Annahme, dass unsere Welt auf einem äußerst komplexen kosmischen Netzwerk beruht, dessen Verbindungen grundlegend auf e-mWiPro beruhen, die die Grundlage für unsere Raumzeit darstellen. Auf diese Weise erstrahlt die Symmetrie von Raum und Zeit in ihrer reinsten Form, indem sie beide zwei Aspekte eines eindimensionalen e-mWiPro sind.

Die Erscheinung des dreidimensionalen Raumes ist somit eine notwendige, intrinsische Eigenschaft eines komplexen RePro-Netzwerkes. Schließlich kann es bei mehr als drei RePro, die nicht in einer Ebene liegen keine andere Anordnung geben, als eine solche, die der eines 3D Raumes gleicht.

Unser gleichförmiges Zeitverständnis der Welt ist eine Extrapolation unserer eigenen Zeitwahrnehmung auf das gesamte Weltnetzwerk. Grundlegend sind jedoch die individuellen Wechselwirkungen:

> „Wir sehen wie tiefgreifend die neue Betrachtungsweise unsere traditionelle Zeitauffassung verändert; die letztere erscheint nunmehr nur als eine Art von Mittelwert über 'individuelle Zeiten' des Ensembles." (Prigogine, Ilya: Vom Sein zum Werden. Zeit und Komplexität in den Naturwissenschaften, 1979, 217)

Sie mögen nun einwenden, dass selbstverständlich ein raumzeitlicher Bezug zwischen Ihnen und der Wand Ihres Zimmers besteht, selbst wenn es stockdunkel in diesem sei. Die Tatsache, dass diese Wand unabhängig von einer Wahrnehmung in so und so viel Metern Entfernung sei, beruht jedoch auf einer Vorstellung oder einer früheren Wahrnehmung. Es gibt zum jetzigen Zeitpunkt keinen Anhaltspunkt dafür, dass diese Wand sich auch jetzt noch wirklich dort befindet, obwohl Sie diese nicht sehen können. Es wäre ebenso möglich, dass sie in 1000m Entfernung gewandert wäre. Ein Erhören der Wand durch ein künstlich erzeugtes Echo, wäre nun wiederum der Rückgriff auf eine energetische Wechselwirkung, die eines relativ dichten Mediums bedarf. Dieses Medium wäre wiederum aus RePro zusammengesetzt, die sich durch e-mWiPro in beständiger Wechselwirkung befinden. So wie z.B. die Elektronen sich in beständiger Wechselwirkung mit den Nukleonen befinden. Schließlich könnte eine derartige energetische Bindung nicht ohne beständige Wechselwirkungen aufrecht erhalten werden. RePro (hier Elektronen und Nukleonen) dürfen nie als abstrakte Teilchen imaginiert werden. Sie sind immer Prozesse, die beständig von e-mWiPro umgeben sind. Eine energetische Bindung von RePro miteinander basiert auf sich beständig iterierenden Raumzeitbrücken durch e-mWiPro.

Im Inneren des Atomkerns wirken andere WiPro mit sehr hoher Trägheit und äußerst geringer Reichweite. Diese WiPro legen die Annahme nahe, dass im Atomkern eine eigene Raumzeit abläuft, die sich von der uns umgebenden Raumzeit der e-mWipro grundlegend unterscheidet. Dennoch bildet diese Raumzeit des Atomkerns eine starke energetische Bindung der beteiligten Quarks aus. Diese Bindungsenergie der Gluonen ist stärker, als die Quarks schwer sind. Deswegen treten Quarks so gut wie nie alleine, sondern nur in gebundenen Paketen auf. Diese Netzwerke, die die Nukleonen darstellen, sind somit sehr starke Zusammenballungen von Energie und die Grundlage dessen, was wir als Materie bezeichnen.

Mit dieser wären Sie, verehrter Leser, dann auch konfrontiert, wenn Sie sich im Dunkeln zu der Wand Ihres Zimmers vorgetastet hätten. Doch der Kontakt Ihrer Hand mit der Wand beruht nun wiederum auf der gegenseitigen Wechselwirkung von e-mWiPro. Schließlich gilt das Pauli-Prinzip, welches dann in Wirkung tritt, ebenfalls nicht ohne energetische Wechselwirkung. Die sich gegenseitig abstoßenden RePro ihrer Hand und der Wand tauschen e-mWiPro miteinander aus, so wie es Richard Feynman in seinem Kapitel *Electrons and Their Interactions* im Rahmen der Quantenelektrodynamik verdeutlicht hat. (vgl. Feynman, Richard P.: QED: The Strange Theory Of Light And Matter, 1988, 77) Dieser Austausch darf als gegenseitig gedacht werden. In diesem Sinne findet keine wirklich messbare Energieverschiebung statt. Deswegen werden die e-mWiPro in diesem Rahmen oft als virtuelle Teilchen bezeichnet. Wichtig ist jedoch, dass jegliche Wechselwirkung auf dieser Ebene durch e-mWiPro stattfindet. Somit stellt es sich doch heraus, dass es ohne eine derartige energetische Brücke keinen raumzeitlichen Bezug zu Ihrer Wand geben kann.

Synopsis
Raum und Zeit *an sich* sind unzulässige Abstraktionen. In Wirklichkeit sind Raum und Zeit zwei komplementäre Aspekte der elektromagnetischen Wirkprozesse. Diese Annahme beruht auf der Notwendigkeit einer derartigen energetischen Wechselwirkung um überhaupt einen raumzeitlichen Bezug zwischen den RePro, die den Anteil der sichtbaren Materie ausmachen, aufrecht zu erhalten.
Koordinatensysteme sind keine Abbildungen der Realität, sondern abstrakte Darstellungsmuster des Menschen. In diesem Sinne beruhen alle höheren Dimensionalitäten

auf mathematischen Formalismen. In dem kosmischen Netzwerk der Weltprozesse gibt es somit keine Orte, sondern nur wechselseitige Bezugsverhältnisse.

13.3. Die Richtung der Raumzeit

Die reversible Zeit, die in den Naturwissenschaften nur eine gegenüber ihrer Umkehrung invariante Bewegungsgröße ist, beruht auf der Ontologisierung der Erscheinungen.
Stellt sich die Frage, wie trotz der reversiblen Bewegungen der Massenpunkte und der Wellenfunktionen in klassischer und statistischer Mechanik dennoch die Irreversibilität in der Welt vorherrschend zu sein scheint?

Viele Physiker befassen sich mit dieser Frage. Einige – wie z.b. Albert Einstein – argumentieren sogar, dass Irreversibilität nur eine Illusion sei. (vgl. Besso-Einstein Briefwechsel: zitiert in: Prigogine, Ilya: Vom Sein zum Werden. Zeit und Komplexität in den Naturwissenschaften, 1979, 209) Wenn die Physik jedoch versucht, zu erklären, wie die Irreversibilität in die Welt gelangt, dann verkennt sie die Situation. Sie setzt ihr abstraktes Naturbild mit der Welt gleich. So stellt sich selbstredend die Frage nach der Begründung der Zeitrichtung in der Welt. Sieht man die Angelegenheit jedoch umgekehrt, so löst sich der scheinbare Widerspruch durch eine einfache Erklärung auf.

Die Irreversibilität ist die Grundlage unserer Welt und die Reversibilität ist nur eine Folge der abstrakten Paradigmen der Physik. Vielmehr ist ihr Postulat nach Reversibilität ein Hinweis darauf, dass ihre derzeitigen Paradigmen die Prozesse der Welt äußerst ungenügend erfassen:

> „Wir können aber andererseits auch die Irreversibilität als ein Grundelement unserer Beschreibung der physikalischen Welt auffassen und dann entspricht die Welt der Trajektorien und Wellenfunktionen bedeutsamen Idealisierungen, die aber wesentliche Gesichtspunkte nicht beschreiben und sich nicht isoliert beobachten lassen. (Prigogine, Ilya: Vom Sein zum Werden. Zeit und Komplexität in den Naturwissenschaften, 1979, 219)

Der Gedanke der reversiblen Welt basiert auf der Vorstellung einer ununterbrochenen Kausalität. Massepunkte, die auf ihren Trajektorien durch die Welt laufen - wie eine Kugel durch eine Rinne - stehen Pate für diese Weltsicht. Die Quantenmechanik hat jedoch aufgezeigt, dass es keine durchgängige Kontinuität in der Welt gibt. Die Kausalität ist gebrochen, indem jede Wahl, jede Emission und Absorption eines e-mWiPro einzigartig ist und in ARZ stattfindet. Dieses springen einer Wirkung in die Welt von Raum und Zeit erschafft eine Richtung. Jede Absorption eines e-mWiPro geschieht erst nach der Emission. Indem diese Übermittlung des e-mWiPro die Grundlage von dem ist, was wir als Raumzeit bezeichnen, erlangt diese ebenso eine Richtung. Da diese Wirkungsübertragung der Akausalität der ARZ entspringt, kann sie nicht reversibel sein, denn Reversibilität verlangt nach vollständiger Kausalität und Kontinuierlichkeit. In diesem Sinne hat die Vorstellung der sich auf ihren Weltbahnen bewegenden Körpern abgedankt. Das Modell des komplexen Raumzeit-Netzwerkes erlaubt keine Bewegungen in der Raumzeit. Es fasst diese völlig anders auf, indem sie diese als Bezugsverhältnisse zwischen RePro auffasst.

Das Kausalitätsprinzip der SRT besagt, dass die Ursache einer Wirkung auch allen anderen Beobachtern unabhängig von ihrer Bewegung immer als Ursache erscheinen wird. Diese Allgemeingültigkeit des kausalen Zusammenhangs begründet die allgemeine Zeitrichtung des kosmischen Netzwerkes der Raumzeit unserer Welt. Diese Aussage kann nicht für den einzelnen e-mWiPro gelten, da ein solcher immer nur von einem RePro absorbiert werden kann. Somit gilt sie eher in einem gröberen Maßstab und somit für Ensembles von e-mWiPro.

14. Die Komplementarität von ARZ und diskreter Raumzeit

Die Annahme, dass alle e-mWiPro unsere Welt in ARZ „erleben", mag den Eindruck erwecken, dass unsere ausgedehnte Welt von Raum und Zeit nur eine Erscheinung ist. Dies darf jedoch nicht dahingehend verstanden werden, dass die kontrahierte Welt der e-mWiPro realer wäre. Beide Weltsichten beschreiben nur zwei komplementäre Aspekte, der einen Welt. Doch wie lässt sich dieser augenscheinliche Widerspruch überhaupt begründen? Was hat es mit der ausgedehnten Raumzeit unserer Welt auf sich?

14.1. Ist die Ausdehnung unserer Welt bloßer Schein?

Albert Einstein sieht sich 1917 dazu gezwungen, die Hoffnung auf eine rein relationale Raumzeit fahren zu lassen. In diesem Jahr findet der holländische Astronom Willem de Sitter für einen bestimmten Fall in Einsteins Feldgleichungen, in dem er den Tensor für Materie gleich null gesetzt hat, erstaunliches heraus. Dieses Modell der Raumzeit weist in seiner Metrik keinen amorphen Charakter auf. Zwei eingebrachte Probekörper, die so leicht sind, dass sie das Raumzeitfeld nicht beeinflussen, entfernen sich in diesem Modell mit zunehmender Geschwindigkeit voneinander. (vgl. de Sitter, Willem: On the relativity of inertia. Remarks concerning Einsteins latest hypothesis, 1917, 1217ff.) Eine derartig selbständige Aktivität des Raumzeitfeldes war hier a priori keineswegs zu erwarten. Bernulf Kanitscheider formuliert diesen Paradigmenwandel, der durch die Eigenständigkeit des Raumzeitfeldes hervorgerufen wurde, folgendermaßen:

> „Mit den Vakuumlösungen der Feldgleichungen, die eine materiefreie Raumzeit mit innerer geometrischer Aktivität beschreiben, emanzipierte sich das metrische Feld vom Status eines Epiphänomens der Wirkung der Materie und wurde zu einer Substanz sui generis." (Kanitscheider, Bernulf: Im Innern der Natur. Philosophie und Physik, 1996, 48)

Im Jahre 1929 gelingt es Edwin Hubble durch Entfernungsmessungen das Phänomen der kosmischen Rotverschiebung durch eine Expansion der Raumzeit zu erklären, so wie es Einsteins Feldgleichungen bereits vorhergesagt haben. (vgl. Novikov, Igor D.; Sharov, Alexander S.: Edwin Hubble. Der Mann, der den Urknall entdeckte, 1993) Auch die Tatsache, dass die Expansion mit zunehmender Entfernung immer schneller vonstatten geht, kann auf diese Weise empirisch belegt werden. Die Expansionsrate unseres Universums wird durch den Hubble-Parameter beschrieben. Dabei gilt es immer folgendes zu beachten:

> „Die Bewegung der Galaxien findet nicht im Raum oder durch den Raum, sondern mit dem Raum statt." (Audretsch, Jürgen; Mainzer, Klaus: Vom Anfang der Welt. Wissenschaft, Philosophie, Religion, Mythos, 1989, 78)

Dementsprechend beruht die beobachtete Expansion der Galaxien nicht auf einer Eigenbewegung auf einer absoluten Raumzeitbühne. Die Erkenntnisse von de Sitter und Hubble stehen somit nicht im Konflikt mit dem hier aufgezeigten Modell einer diskreten Raumzeit. Sie stehen in Konflikt mit dem Machschen Prinzip des Relationismus, welches den Raum in Anlehnung an das Raumverständnis von Leibniz auffasst: spatium est ordo coexistendi. (vgl. Giulini, Domenico; Filk, Thomas: Am Anfang war die Ewigkeit. Auf der Suche nach dem Ursprung der Zeit, 2004, 286) Der Raum sei eben nicht eine instantan geordnete Anordnung der ponderablen Körper. Dies wird auch hier nicht behauptet. Indem hier die Raumzeit und ihre Veränderungen als sich wandelnde e-mWiPro beschrieben werden, wird der Raumzeit eine enorme, wenn nicht *die* grundlegende Bedeutung unserer Welt zugeschrieben. Schließlich lassen sich die Phänomen der Expansion wiederum nicht von den e-mWiPro trennen:

> „Die Rotverschiebung wäre dann zu interpretieren als von der Expansion des Raumes hervorgerufene Dehnung der Lichtwellen, die um so stärker ausfällt, je länger das Licht unterwegs ist, also je entfernter die Galaxie ist." (Hogan, Craig J.; Kirshner, Robert P.; Suntzeff, Nicholas P.: Die Vermessung der Raumzeit mit Supernovae; Artikel in: Spektrum der Wissenschaft, März 1999, 41)

Auch hier lässt sich eine grundlegende Identität von e-mWiPro und Raumzeit postulieren. Weshalb sollte man hier einen zusätzlichen abstrakten Raum postulieren, wenn seine gesamte Grundlage in der Bezüglichkeit anderer Galaxien zu uns auf der Wechselwirkung von e-mWiPro zurückführen ist? Selbst die zwei Probekörper, die in die von de Sitter verwendeten Feldgleichungen eingebracht werden besitzen ihren einzigen raumzeitlichen Bezug durch sich selbst. Anhand eines einzigen Probekörpers könnte man eine Expansion der Raumzeit kaum feststellen. Erst die Entfernung zwei solcher Körper voneinander ermöglicht die Wahrnehmung einer Expansion. Die Tatsache, dass diese beiden Körper keinen gravitativen Einfluss, sprich keine Krümmung des Raumzeitfeldes hervorrufen, bedeutet nicht, dass sie im Rahmen der Quantenelektrodynamik keine e-mWiPro austauschen könnten; schließlich fände im Rahmen der virtuellen Energieverschiebung keine wirkliche Umverteilung von Energie statt. Dennoch ist empirisch bewiesen, dass es einen raumzeitlichen Einfluss in unserer Welt gibt, der dazu in der Lage ist, der Gravitation entgegenzuwirken und somit die e-mWiPro-Brücken zwischen den RePro ausdehnt, so wie es durch die kosmische Rotverschiebung belegbar ist.

Genau hier könnte der Schlüssel zu dem Verständnis dafür liegen, weshalb es überhaupt eine ausgedehnte Welt gibt und nicht nur die vollständig komprimierte der e-mWiPro. Es muss in unserer Welt eine Wechselwirkung vorherrschen, die diese Expansion vorantreibt. Da die Expansion mit zunehmender Entfernung der RePro voneinander zunimmt muss sie anders als die Gravitation nicht an die RePro selbst gebunden sein. Vielmehr besitzt sie das Potential überall zu wirken. Sprich diese Expansionsenergie muss auf einem Wirkprozess beruhen, welcher in der gesamten Welt überall gleich verteilt sein muss. Da dieser Expansions-Wirkprozess (kurz EWiPro) die Raumzeit ausdehnt, wirkt er dekontrahierend auf die e-mWiPro. Auf diese Weise kann unsere ausgedehnte Raumzeit entstanden sein. Da die EWiPro auf die Raumzeit einwirken, müssen sie außerhalb dieser entspringen. Da sie somit aus der ARZ des Nichts stammen, lässt sich auch erklären, weshalb sie überall zu wirken scheinen. Schließlich ist es Eigenschaft der ARZ, dass sie – komplementär ausgedrückt – überall und nirgendwo *ist*, da Entfernungen und Dauer keine Bedeutung für WiPro aus der ARZ haben. Das Postulat derartiger EWiPro ist nicht völlig aus der Luft gegriffen. Die EWiPro müssten in einem entsprechenden Verhältnis zu der Anzahl der derzeit zwischen RePro wirkenden e-mWiPro in unserer Welt vertreten sein. Da sie quasi aus dem Nichts auftauchen und somit überall vertreten sind, wo auch RePro und e-mWiPro auftauchen, müssen sie einen relativ großen Betrag der Energie unserer Welt ausmachen. Im Gegensatz zu den e-mWiPro, die direkt auf RePro wirken und somit durch Messinstrumente – die ja aus RePro bestehen – nachgewiesen werden können, wirken EWiPro nur auf e-mWiPro und können somit experimentell nie direkt, sondern nur durch ihre indirekten Auswirkungen auf RePro - durch die Ausdehung ihrer raumzeitlichen Bezugsverhältnisse - nachgewiesen werden. Und genau mit einer derartigen in Raum und Zeit nicht nachweisbaren dunklen Energie des Universums, sieht sich die heutige Astronomie konfrontiert:

> „Nun stellt sich heraus, dass wir den größten Teil der Geschichte übersehen haben. In den letzten fünf Jahren wurden die Kosmologen durch neue Beobachtungen überzeugt, dass die chemischen Elemente und die dunkle Materie zusammen weniger als die Hälfte des Universums ausmachen.
> Das meiste ist eine allgegenwärtige 'dunkle Energie' mit einer höchst seltsamen Eigenschaft: Ihre Gravitation wirkt nicht anziehend, sondern abstoßend. Während die Schwerkraft die chemischen Elemente und die dunkle Materie zu Sternen und Galaxien zusammenzieht, verteilt sie die dunkle Energie durch Abstoßung zu einem fast gleichmäßigen Nebel, der den Weltraum erfüllt. Das Universum ist ein Schlachtfeld zweier Kräfte, und die abstoßende Gravitation gewinnt die Oberhand." (Steinhardt, Paul J.; Ostriker, Jeremiah P.: Die Quintessenz des Universums (Serie Kosmologie. Teil 1); Artikel in: Spektrum der Wissenschaft, März 2001, 32)

Moderne Kosmologie ist dazu angehalten, einzusehen, dass der Schlüssel zu einem adäquaten Verständnis unserer Welt in dieser dunklen Seite des Universums verborgen liegt. Die dunkle Seite des Universums ist nämlich deswegen so dunkel, da sie der ARZ des fluktuierenden Nichts entspringt. Die sichtbare Energie und Materie unserer Welt in Raum und Zeit ist wie bereits betont nur die Spitze eines gewaltigen Eisberges.

Erstaunlich ist die Tatsache, dass die Expansion der Raumzeit nur *zwischen* und nicht *in* den Galaxien zu wirken scheint. Dieses Phänomen lässt sich einerseits auf die lokal stärker wirkende Gravitation zurückführen und andererseits muss auch noch beachtet werden, dass die nuklearen

WiPro keine e-mWiPro sind. Wenn die EWiPro wirklich nur auf e-mWiPro wirken, lässt sich zumindest postulieren, dass die EWiPro keinen expandierenden Einfluss auf die Raumzeit der Atomkerne auswirken können. Schließlich lässt sich Atomkernen unter derzeitigen empirischen Gesichtspunkten keinerlei Ausdehnung zusprechen. In diesem Sinne wäre der Einfluss der EWiPro auf die e-mWiPro der Atome, die zwischen Elektronen und Nukleonen wechselwirken, sehr gering. Eventuell hält er sich mit der Anziehung der elektromagnetischen Ladungen dergestalt die Waage, dass die Atome von diesem Wechselspiel der Wirkungen genau diese raumzeitliche Ausdehung erhalten, wie sie derzeit naturwissenschaftlich aufgefasst werden und die sichtbare Materie unserer Welt begründen.

14.2. Das Pendant der Expansion

Eine Behandlung der Gravitation ist im 21. Jahrhundert von großer Bedeutung. Schließlich lässt sich diese im Rahmen der ART bisher nicht in ein ganzheitliches Modell der Wechselwirkungen eingliedern. Die elektromagnetische, die schwache und die starke Wechselwirkung beruhen alle auf der Wechselwirkung von Bosonen und somit auf bestimmten WiPro. Die Gravitation hingegen lässt sich derzeit am besten durch metrische Eigenschaften der Raumzeit darstellen:

> „Die Einsteinsche Theorie verwendet schon eine viel großzügigere Hypothese in bezug auf die Geometrie der Welt als die alte Mechanik, eine Hypothese, die wir Gravitationshypothese genannt haben. Die geometrische Welt wird nicht mehr als euklidisch, sondern – weniger einschränkend – als Riemannsch vorausgesetzt. Das Vorhandensein gravitierender Massen ruft lediglich eine Trägheitsbewegung hervor, und so erweist sich die allgemeine Gravitationskraft nur als eine Scheinkraft. Die Metrik des Raumes schließlich ist durch spezielle Weltgleichungen mit den Größen verknüpft, welche die Materie charakterisieren. Indem wir die Bewegung gravitierender Massen experimentell untersuchen, bestimmen wir die Metrik der geometrischen Welt." (Friedmann, Alexander: Die Welt als Raum und Zeit, 2002, 115)

Bisher lässt sich ein direkter Einfluss von gravitativ wirkenden WiPro (kurz: GWiPro) auf RePro experimentell nicht nachweisen. Dabei steckt bereits in diesem Gedankengang eine Präsupposition, die durchaus der Kritik zu unterwerfen ist. Die Annahme, dass die Gravitation auf Materie wirke mag augenscheinlich als selbstverständlich erscheinen. Dennoch verrät der Blick auf die EWiPro, dass auch die GWiPro nicht wirklich auf RePro wirken werden, sondern nur auf die e-mWiPro. Dementsprechend wird sich nie ein korpuskularer Einfluss wie beim photoelektrischen Effekt von Seiten der E- und GWiPro nachweisen lassen, da diese nicht wie e-mWiPro auf RePro wirken, sondern nur auf andere WiPro. Da jegliches Messinstrument bisher aus RePro besteht, lassen sich jene Einflüsse somit immer nur indirekt durch ihre Verformung von Raum und Zeit nachweisen. Auf welcher Grundlage diese Annahme steht? Selbst Einstein hat mit seiner

Theorie der gravitativen Lichtablenkung, die anhand von Sonnenfinsternissen nachgewiesen worden ist, postuliert, dass die Gravitation auf e-mWiPro wirke:

> „Das heißt, Energie, in welcher Form auch immer, unterliegt der Gravitation. Das schließt insbesondere auch elektromagnetische Energie ein. Ein Laserstrahl fällt in einem Gravitationsfeld mithin genauso wie ein Raumschiff." (Schwinger, Julian: Einsteins Erbe. Die Einheit von Raum und Zeit, 2000,120)

Zusätzlich lässt sich bereits für die ART festlegen, dass diese ebenfalls den Einfluss der Gravitation nicht auf Materie, sondern durch ihre Verformung der Raumzeit erklärt:

> „Die sich daraus ergebende Allgemeine Relativitätstheorie schließt die Gravitation ein, nicht als Kraft, sondern als Verzerrung der Raumzeit-Geometrie." (Davies, Paul C. W.: Gott und die moderne Physik, 1986, 162)

Da ist es nicht schwer, den Zusammenhang zwischen e-mWiPro und Raumzeit zu ziehen, die beide zusammen Aspekte der Bezugsverhältnisse – hier: Lagebeziehungen – von RePro darstellen, die beide gleichsam durch die GWiPro verformt werden:

> „Nicht Körper und Maßstäbe werden deformiert, sondern die Struktur des Raumes selbst, d.h. die Lagebeziehungen zwischen den Körpern sind nichteuklidisch." (Büchel, Wolfgang: Die Relativität von Raum und Zeit – Realität und Konstruktion; Aufsatz in: Kanitscheider, Bernulf (Hrsg.): Moderne Naturphilosophie, 1984, 167)

Das hier dargestellte Modell der Raumzeit soll nicht in Konfrontation zu Einsteins Modell, welches er in seinen Relativitätstheorien aufgebaut hat, stehen. Vielmehr weist es darauf hin, dass sich seine Annahme eines kontinuierlichen Raumzeitfeldes auf Grund der Diskretheit der e-mWiPro nicht bis ins Kleinste durchhalten lässt. Als einzig divergierende Hypothese erscheint hier diejenige, dass e-mWiPro und Raumzeit identisch seien. Doch lassen sich in Einsteins Argumenten etwa nicht alle Veränderungen in der Ausbreitung von e-mWiPro gleichsam auf die Raumzeit übertragen und umgekehrt? In seiner metaphysischen Weiterführung der ART verfällt er bereits selbst auf derartige Gedanken der Äquivalenz von Energie und Raumzeitfeld:

> „(...)doch muß auch die Unterscheidung zwischen Materie und Feld in dem Moment, wo man sich über die Äquivalenz von Masse und Energie klargeworden ist, als etwas Unnatürliches und unklar Definiertes erscheinen." (Einstein, Albert; Infeld, Leopold: Die Evolution der Physik, 1987, 215)

Zu kritisieren an Einsteins Raumzeitfeld sind somit einerseits seine im heutigen Rahmen schwerlich belegbare Kontinuierlichkeit sowie die unmögliche Einordnung seines Modells der Gravitation in die Gemeinschaft der anderen Wechselwirkungen.

Einsteins grundlegende Annahme beruht auf der Äquivalenz von Beschleunigung und Gravitation. Dabei schränkt er sein Äquivalenzprinzip bereits in dem Sinne ein, dass es nur lokal gegeben sei. Für die Annahme diskreter GWiPro wird diese Einschränkung noch fundamentaler gelten müssen, da GWiPro hier immer nur auf bestimmte e-mWiPro wirken können. Die Grundlage des

Einsteinschen Schlussfolgerns basiert auf der Annahme, dass im freien Fall kein gravitativer Einfluss nachweisbar sei. Erst eine Beschleunigung oder äquivalent dazu eine Massenanziehung, so wie die der Erde wirke gravitativ:

> „Tatsächlich werden alle Vorgänge im freien Fall relativ zum Aufzug so ablaufen, als würde die Kabine bei 'abgeschalteter' Gravitation im feldfreien Raum ruhen." (Hoffman, Banesh: Einsteins Ideen. Das Relativitätsprinzip und seine historischen Wurzeln, 1991, 164)

Im Rahmen der diskreten Raumzeit sowie der GWiPro als eine der EWiPro entgegen wirkende Wechselwirkung muss jedoch darauf hingewiesen werden, dass diese Annahme bruchstückhaft ist. In einem relationalen Verständnis nämlich muss postuliert werden, dass die Erfahrung der Schwerelosigkeit sowie der freie Fall gerade nicht auf eine „abgeschaltete" Gravitation schließen lässt. Vielmehr sind diese Zustände solche der absolut reinen Gravitation. Ein Schweben im Weltall lässt darauf schließen, dass alle GWiPro der im Universum verteilten RePro, die auf einen wirken, relativ gleichmäßig an einem zerren. Besser formuliert: Alle diese GWiPro wirken auf die durch die EWiPro ausgedehnte Raumzeit komprimierend. Da sie jedoch relativ gleichmäßig im Universum verteilt sind, gleichen sie sich in ihrer Wirkung aus. Der freie Fall nun im Inneren eines Fahrstuhls beschreibt ebenso einen Reinzustand der Gravitation. Dieser Reinzustand der ungehemmten Gravitation ist nämlich der, die Ausdehnung der Raumzeit – sprich der e-m-WiPro-Brücken – zwischen je zwei RePro wieder zu komprimieren. Solange etwas frei fallen kann, können GWiPro ungehemmt wirken. In diesem Sinne ist die Schwerelosigkeit im Weltraum ein Zustand des gleichmäßigen Fallens in alle Richtungen. Nur, dass dieses „Fallen" sich nicht als Bewegung in der Raumzeit äußert, sondern als „Bestrebung" raumzeitliche Bezugsverhältnisse zwischen Repro zu komprimieren. Der Zustand, der im Sinne Einsteins als Gravitation bezeichnet wird, ist in Wirklichkeit eine durch das Pauli-Prinzip gehemmte Gravitation:

> „In kalten Körpern wie der Erde wirkt ein als Ausschließungsprinzip bekannter quantenmechanischer Effekt dem Druck der Schwerkraft entgegen, die danach strebt, alles immer dichter zusammenzupressen. Teilchen wie Protonen und Elektronen besitzen mikrophysikalische Nischen, in denen sich jeweils nur ein Teilchen aufhalten kann, jeder Versuch, Materie so weit zusammenzupressen, dass mehr als ein Teilchen in einer Nische ist, trifft auf Widerstand.
> Das Gleichgewicht zwischen dieser Kraft und dem nach innen gerichteten Druck der Schwerkraft ergibt die großen, stabilen kalten Körper, die wir im Sonnensystem sehen." (Barrow, John D.: Theorien für Alles. Die philosophischen Ansätze der modernen Physik, 1992, 127)

Erst in diesem Zustand der gehemmten Gravitation entsteht die Erscheinung der schweren Masse. Schwere Masse ist somit eine Erscheinung gehemmter Gravitation. Jede Hemmung der GWiPro durch äußere Einflüsse führt somit zu der Erscheinung einer schweren Masse. In diesem Sinne sind – wie bereits Einstein formuliert hat – schwere und träge Masse identisch.

Aus der empirisch erfahrbaren Wirkungsintensität der GWiPro lässt sich für diese eine grundlegend andere Herkunft als für die EWiPro postulieren. Für die Wechselwirkung der Gravitation gilt das quadratische Abstandsgesetz. Dieses ist eine Umschreibung für die Tatsache, dass mit zunehmender Ausdehung der Raumzeit-Brücken zweier RePro der Einfluss der GWiPro immer stärker abnimmt. Diese Tatsache wurde bereits aus Sicht der EWiPro in Bezug auf die Expansion der Raumzeit-Brücken angesprochen, die sich mit zunehmender Ausdehnung beständig verschnellert. Die Abnahme des gravitativen Einflusses bei zunehmender Entfernung der RePro lässt sich jedoch nicht auf eine Intensitätsabschwächung der GWiPro zurückführen. Schließlich sind diese solitäre WiPro, die keiner Dissipation unterliegen, da sie nicht an ein Medium gebunden sind. Somit wirken GWiPro ebenso wie EWiPro in der ARZ, da sie schließlich auf die Raumzeit der e-mWiPro wirken. Die Tatsache, dass der Einfluss der GWiPro mit zunehmender Ausdehung des raumzeitlichen Bezugsverhältnisses zweier RePro immer stärker abnimmt muss nun darauf zurück zu führen sein, dass mit zunehmender Entfernung voneinander immer weniger GWiPro an die e-mWiPro „angreifen" können. In diesem Sinne müssen GWiPro ebenso wie e-mWipro den RePro entspringen und nicht aus der ARZ des Nichts, so wie EWiPro. Somit ergibt sich ein äußerst symmetrisches Verhältnis dieser Wechselwirkungen, die auf die Bezugsverhältnisse der sichtbare Materie bezogen sind:

- Die raumzeitlichen Bezugsverhältnisse werden durch e-mWiPro bestimmt. Diese wirken in ARZ. Sie werden aus RePro emittiert und wieder von solchen absorbiert.
- Die Expansion der Raumzeit wird durch EWiPro bestimmt. Diese wirken in ARZ dehnend auf die Raumzeit der e-mWiPro. Sie werden aus dem Nichts emittiert und von e-mWiPro absorbiert.
- Die Gravitation der Raumzeit wird durch GWiPro bestimmt. Diese wirken in ARZ komprimierend auf die Raumzeit der e-mWiPro. Sie werden aus RePro emittiert und von e-mWiPro absorbiert.

Dies gleicht einem gewaltigen Kampf, in dem die RePro „versuchen", durch von ihnen ausgesandte GWiPro eine Vereinigung aller RePro zu erreichen, während das Nichts der ARZ beständig durch Entsendung ihrer EWiPro darin „bestrebt ist", alle raumzeitlichen Bezugsverhältnisse auseinanderzureißen und zu zerstreuen. Es wurde bereits darauf hingewiesen, dass es möglich ist, die abstoßenden und anziehenden Wechselwirkungen der Welt in einem derartigen Gleichgewicht zu sehen, dass die Gesamtenergie des Weltprozesses null ergibt. In diesem Sinne versuchen die RePro durch die GWiPro beständig Energie zu bewahren und das Nichts versucht durch seine EWiPro die Energie zurückzuerlangen, die ihm vor langer Zeit – evtl. durch den Urknall – entrissen worden ist. Steckt dahinter womöglich doch eine höhere Intelligenz, die dazu bestrebt ist durch eine Zusammenführung der RePro höhere Ordnungen in der Welt entstehen zu lassen? Dies ist ein mitreißendes Thema, welches jedoch derzeit wissenschaftlich nicht erfassbar ist und somit subjektiven Glaubensentscheidungen überlassen werden muss.

An dieser Stelle erlaubt uns die Einführung der E- und GWiPro die Überwindung der komplementären Aspekte der ARZ der e-mWiPro und der raumzeitlichen Wahrnehmung der Welt aus Sicht der RePro. Die ARZ der e-mWiPro umfasst nämlich nur einen Sonderfall dieser; jene gilt in der Welt nur, solange keine E- und GWiPro auf diese wirken. Dies wäre in einer Welt gegeben, die rein aus e-mWiPro (elektromagnetischer Strahlung) bestehen würde - einer Welt der vollständig unausgedehnten ARZ. Jedoch mit dem Erscheinen von RePro, die elektromagnetisch wechselwirken, beginnen die E- und GWiPro auf die e-mWipro zwischen den RePro zu wirken und es kristallisiert sich eine ausgedehnte Raumzeit heraus, die nun die Grundlage unserer raumzeitlichen Welt darstellt. Es lässt sich formulieren, dass das Erscheinen von RePro in der Welt die Symmetrie der ARZ gebrochen hat.

Dabei ist festzuhalten, dass all diese WiPro sich aufgrund der Gültigkeit des plankschen Wirkungsquantums in ihrer Länge nicht kontinuierlich, sondern nur stufenweise und somit diskret im Rahmen ihrer jeweiligen Eigenfrequenz ausdehnen und kontrahieren können.

Um die Wirkungsweise der GWiPro anschaulich zu verdeutlichen soll diese im Folgenden anhand zweier Beispiele näher dargestellt werden. Dazu muss grundlegend verinnerlicht werden, dass die GWiPro kontrahierend auf die e-mWiPro zwischen RePro wirken. In diesem Sinne ist es keine durch Massen wirkende Schwerkraft, die Sie, verehrter Leser, auf Ihrer Sitzmöglichkeit hält. Vielmehr sind es die GWiPro, die aus den RePro der Erde, des Bodens Ihres Zimmers und Ihrer Sitzmöglichkeit emittiert werden, die die raumzeitlichen Bezugsverhältnisse zwischen diesen und den RePro Ihres Körpers dergestalt kontrahieren, dass der Eindruck aufkeimt, als gäbe es eine direkte gravitative Anziehung der Massen. Dabei ist diese Anziehung nur ein indirekter Effekt der Kontraktion von raumzeitlichen Bezugsverhältnissen.

Da die Emission der GWipro aus den RePro – ebenso wie die der e-mWipro – in ARZ und somit akausal erfolgt, geschieht sie gleichmäßig in alle Richtungen, da es aufgrund der grundlegenden Unbestimmtheit keine ausgezeichneten Richtungen geben kann. Dieser Charakter der gleichmäßigen Emission ist der Grund dafür, dass die Gravitation derart ausgeglichen auf die Raumzeit wirkt. Die kugelförmige Erscheinung der Erde beruht ebenfalls auf dieser raumzeitlich gleichförmigen Ausdehnung der RePro-Bezugsverhältnisse der Erde und den auf diese wirkenden E- und GWiPro. Diese durch die akausal bedingte Emission auftretende Gleichmäßigkeit der WiPro ist die Grundlage für die Vorstellung dieser als Felder der Raumzeit. Im Rahmen der diskreten

Raumzeit werden diese Raumzeitfelder nun in einzelne Bezugsverhältnisse und ihre diskreten Wechselwirkungen unterteilt.

Wenn man sich die e-mWiPro zwischen Mond und Erde einmal als Schläuche vorstellen mag, dann kann man sich die GWiPro wie einen Föhn vorstellen, der diese Schläuche derart erhitzt, dass sie sich zusammen ziehen. Dieser Effekt der e-mWiPro-Kontraktion wird in der direkten Verbindungslinie von Mond und Erde am größten sein, da dort am meisten GWiPro „ansetzen" können. Diese Verhältnismäßigkeit ist nun der Grund dafür, dass die Erde in direkter Verbindung zum Mond in ihrem raumzeitlichen Bezug stärker kontrahiert ist, als anderswo. Diese Kontraktion des raumzeitlichen Bezugsverhältnisses wandert simultan mit dem Mond um die Erde. Aus Sicht der RePro äußert sich diese wandernde Raumzeit-Kontraktion in einer Art Beule, die durch den beständigen Wechsel der Gezeiten empirisch belegt ist. Wenn man nun auf den Vergleich zurückgreift, dass man andere RePro nur durch die verspiegelten Schläuche wahrnehmen kann, dann lässt sich daraus folgern, dass all die äußeren Einflüsse, die auf die Schläuche wirken, sich auch auf die Wahrnehmung anderer RePro auswirken. So führt die Kontraktion der Schläuche zwischen Mond und Erde dazu, dass diese sich raumzeitllich in einem sehr nahen Bezugsverhältnis befinden. Ebenso führt eine Krümmung des Raumzeit-Schlauches durch GWiPro zu einer Krümmung der Laufbahn der e-mWiPro. In diesem Sinne erscheint uns die Raumzeit nur gekrümmt, da die e-mWiPro als Grundlage unserer Wahrnehmung selbst durch GWiPro einer Krümmung unterworfen sind.

14.3. Der Casimir-Effekt

1948 postuliert Hendrik Casimir einen Effekt, der 1958 von Marcus Spaarnay experimentell belegt wird. Dieser Casimir-Effekt beschreibt das Phänomen, dass sich zwei parallel ausgerichtete Platten im Vakuum aufeinander zu bewegen. Im Rahmen der Quantenfeldtheorie wird bisher postuliert, dass die Wirkungen der virtuellen Teilchen außerhalb der beiden Platten größer als zwischen diesen seien und diese somit von außen zusammengedrückt würden. (vgl. Lambrecht, Astrid: Das Vakuum kommt zu Kräften: Der Casimir-Effekt; Artikel in: Physik in unserer Zeit, 36. Jahrgang, Nr. 2, 2005, 85ff.) Die hier vertretene Auffassung des GWiPro-Modells erlaubt die genau entgegengesetzte Sichtweise dieses Effektes. Wenn man das Postulat voraussetzt, dass jeder RePro der sichtbaren Materie beständig mit einer Art Wolke virtueller e-mWiPro umgeben ist, dann lässt sich dies auch für die in diesem Versuch verwendeten Platten postulieren. Die Vakuumphysik selbst ist zu dem Ergebnis gekommen, dass ein absolutes Vakuum nie künstlich hergestellt werden könne, da aufgrund der fluktuierenden Prozesse immer eine gewisse Nullpunktstrahlung gegeben sei. Wenn man den beiden Platten nun ein raumzeitliches Bezugsverhältnis durch e-mWiPro zusprechen mag, so lässt sich der Casimir-Effekt ebenso durch aus den RePro der Platten emittierten GWiPro erklären, die die raumzeitlichen Bezugsverhältnisse zwischen diesen dergestalt kontrahieren, dass sie sich aufeinander zu zu bewegen scheinen. In diesem Falle wäre man Zeuge einer gravitativen Wechselwirkung in quantenmechanischem Maßstab.

14.4. Dunkle Materie

Von enormer Bedeutung für ein Verständnis des hier entwickelten Modells zeigt sich nun das Phänomen der dunklen Materie, mit der sich die heutige Astronomie konfrontiert sieht. Es hat sich herausgestellt, dass der gravitative Einfluss der sichtbaren Materie bei weitem nicht ausreicht, um z.B. die Dynamik und den Zusammenhalt von Galaxien zu begründen. In diesem Sinne muss es einen gewichtigen Anteil von RePro im Universum geben, die nicht wahrnehmbar sind:

> „Anders gesagt, macht die sichtbare Masse nur etwa 2% der Masse aus, die nötig wäre, um das Weltall zu schließen. (...)
> Die dunkle Materie überwiegt die sichtbare Materie um mindestens das Zehnfache, (...)." (Krauss, Lawrence M.: Schwarze Materie, 1995, 144)

Genau durch diese rechnerisch ambitionierte Forderung nach RePro, die nicht wahrnehmbar sind, lässt sich das Modell des komplexen Raumzeitnetzwerkes durch e-mWiPro verdeutlichen. Die RePro der dunklen Materie müssen grundlegend so beschaffen sein, dass sie elektromagnetisch nicht wechselwirken. Und was bedeutet dies? Dies bedeutet, dass wir – die wir aus sichtbaren RePro bestehen – zu diesen dunklen RePro (kurz: dRePro) keinen raumzeitlichen Bezug aufbauen können. Und dieses Verhältnis liegt zusätzlich nicht so, dass dieser Mangel nur ein sporadischer Sonderfall der Materie wäre. Es erscheint vielmehr so, als wäre dieses raumzeitliche Netzwerk, welches unsere sichtbare Welt ausmacht, der Sonderfall. Unsere Welt ist nicht die Spitze eines Eisberges. Sie ist der Schnee auf dieser Spitze.

So wie es sich derzeit darstellt, wirken die dRePro durch ihre GWiPro auf die RePro. Diesmal jedoch wirken sie nicht auf raumzeitliche Bezugsverhältnisse zwischen dRePro und RePro, da diese aufgrund der elektromagnetischen Neutralität der dRePro nicht gegeben sind. Sie wirken einzig auf die e-mWiPro zwischen den RePro. Es lässt sich nicht abstreiten, dass die dRePro in unserer Welt der Raumzeit gegeben zu sein scheinen. Dennoch scheint es ebenso ersichtlich zu sein, dass diese sich in Ermangelung elektromagnetischer Wechselwirkung nicht raumzeitlich einordnen lassen. Es drängt sich der Eindruck auf, dass die bisherige Beschäftigung der Physik mit der sichtbaren Materie erst die Betrachtung eines kleinen Kieselsteins am Strand der Welt zu sein scheint.

15. Eine mathematische Welt?

Mathematik ist die Bestrebung einer deduktiven Logik, die dem Menschen das ermöglichen soll, was ihm vermöge seiner Natur verwehrt bleibt: weitestgehende Neutralität. Doch diese Neutralität ist immer noch die eines Menschen und die Mathematik bleibt eine abstrakte Sprache, die in ihrer Anwendung auf die Welt die Ideale der Natur trefflicher zu erfassen vermag, als es so manche Beobachtung vermag. Dabei gibt es diverse Möglichkeiten, diese Ideale mathematisch zu formulieren:

> „Mit anderen Worten, die Differentialrechnung, die Mathematiker und Physiker in aller Welt verwenden, ist nicht die einzig mögliche! Und so sind wir beim Problem der Parallelen der Erkenntnis angelangt, dass das allgemein akzeptierte mathematische Modell unserer Welt nur eines von mehreren ist." (Aigner, Martin (Hrsg.); Behrens, Ehrhard (Hrsg.): Alles Mathematik. Von Pythagoras zum CD-Player, 2000, 236)

Dabei spalten sich mathematische Aussagen in zwei Kategorien auf. Einerseits in diejenige, die Aussagen über die Welt ermöglicht und andererseits in diejenige, die sich empirisch nicht belegen lassen:

> „Insofern sich die Sätze der Mathematik auf die Wirklichkeit beziehen, sind sie nicht sicher, und insofern sie sicher sind, beziehen sie sich nicht auf die Wirklichkeit."
> (Einstein, Albert; zitiert in: Genz, Henning: Euklid als Physiker; Artikel in: Physik in unserer Zeit, 32. Jahrgang, Nr. 2, 2001, 84)

Weit ab davon, letztere Kategorie als sinnlose Spielerei zu bezeichnen, sind es dennoch jene Aussagen der ersten Kategorie, die für eine Erforschung der Welt wirklich von Bedeutung sind. Dementsprechend sollte Mathematik in ihrem Vollzug nicht von der empirischen Naturwissenschaft getrennt werden:

> „Ich denke – und das ist eine mir wichtige These –, dass auch die Aussagen der Logik und Mathematik auf der Physik beruhen:
> Jeder Beweis ist ein physikalischer Prozess, und folglich ist es die Physik, die sagt, was bewiesen werden kann und was nicht. Die Platonische Welt der mathematischen Theoreme mag es geben. Ohne Beweise wüssten wir von ihr aber nichts.
> Genauer können wir von dieser Welt nur dasjenige wissen, was in unserer Welt bewiesen werden kann, was, anders gesagt, die Physik zu beweisen gestattet. Auch die Mathematik und die Logik gehören demnach zu den Erfahrungswissenschaften und haben teil an der allgemeinen Unsicherheit." (Genz, Henning: Wie die Naturgesetze Wirklichkeit schaffen. Über Physik und Realität, 2002, 183)

Ob derartige Ideale wie die platonischen Körper oder geometrische Figuren wie Dreiecke und Kreise die Buchstaben seien, in denen das Buch des Universums geschrieben sei, so wie es Galileo Galilei in seinem Werk *Il saggiatore* festhält (vgl. Segré, Emilio: Die grossen Physiker und ihre Entdeckungen. Von den fallenden Körpern zu den Quarks, 1997, 58) oder ob diese Ideale Ideale des Menschen sind, die er in seinem Drang nach Wissen der Natur auferlegt hat, um diese gedanklich fassen zu können, scheint ewiger Streitpunkt und bis vor kurzem eher eine Frage des Glaubens gewesen zu sein. Doch die Quantentheorie scheint Licht in diese Angelegenheit zu bringen. Wenn man Physiker als Mathematiker verstehen mag, die einen Hang zur Realität haben, dann tritt in dieser Symbiose ein erstaunlicher Zusammenhang auf, der die weitest gehende Neutralität der Mathematik zu belegen vermag. Kaum ein Mathematiker und Physiker würde eine extrinsische Limitierung der Mathematik anerkennen. Schließlich liegen seinem Vertrauen seitenweise Belege für die Exaktheit der Mathematik zugrunde. Die Mathematik scheint wie ein Fernrohr zu sein, mit dem wir in Winkel und Zeiten des Universums schauen können, deren Kenntnis durch elektromagnetische Wechselwirkungen uns verwehrt bleiben. Verstößt die Mathematik gegen das Postulat der SRT, indem sie uns schneller als das Licht Erkenntnisse über Galaxien oder die Planck-Zeit auf den Schreibtisch zaubert? Manch Physiker spricht sogar von der Mathematik vor dem Urknall. Ist sie doch die Grundlage allen Seins - zumindest unseres Universums? Und was ist mit der Mathematik die in weitere Singularitäten eintaucht? Es heißt, dass nichts, was den Schwarzschildradius eines schwarzen Loches passiert habe, diesen je wieder verlassen könne. Nichts? Nein, die Mathematik inspiziert die tiefsten Tiefen der schwarzen Löcher und taucht manchmal sogar durch sie hindurch, um an einem völlig anderen Ort des Universums wieder aufzutauchen, während der Mathematiker sichtlich fasziniert und doch sicher am irdischen Schreibtische verweilen kann. Derartige Ausflüge, die bis in die Unendlichkeit und zurück reichen und gegen derart viele Grundpostulate und Verbote der Physik verstoßen, lassen den Mathematiker als Mathemagier erscheinen, den nichts aufzuhalten vermag; nicht einmal das Nichts, denn dort tummelt er sich seit neuester Zeit ebenfalls und ist dabei auf erstaunliche Ergebnisse gestoßen.

Viele werden nun einwenden, dass derartige mathematische Exkursionen nur auf dem Papier und nicht in der Realität stattfinden würden. Die Postulate seien somit nur scheinbar verletzt, da sie „nur" in der Realität gelten würden, die Gedanken jedoch frei seien. Und genau hier entblößt sich der wahre Jakob. Mathematik beruht auf Gedanken; ansonsten wäre sie nicht mit derartigen Möglichkeiten – derartiger Macht – ausgestattet. Sie ist eine Sprache in der wir die Welt beschreiben. Ob das Buch der Welt nun selbst in dieser Sprache geschrieben ist, ist nun die abschließend zu stellende Frage. Die Physiker des 20. Jahrhunderts haben diese Frage anhand der Mathematik und somit intrinsisch beantwortet. Heisenberg hat in seiner Unbestimmtheitsrelation darauf hingewiesen, dass die Quantenphänomene im Mikrokosmos nicht mehr im Detail festgelegt werden können, ohne sie zu beeinflussen. Im Weiteren hat sich sogar offenbart, dass diese, den Quantenphänomenen zugrundeliegenden WiPro überhaupt nicht raumzeitlich fassbar und sogar akausal bedingt sind. Schrödinger hat eine entsprechend nach ihm benannte Gleichung entwickelt, die es erlaubt, diese WiPro probabilistisch zu erfassen. Und nicht nur das. Es gibt Physiker die den Wahrscheinlichkeiten Realität und somit einen ontologischen Status zusprechen, der über die Dekohärenztheorie bis in die Quantenmechanik hinein Eingang gefunden hat. Wieder scheint die Mathematik alles geregelt und selbst begrifflich nicht fassbare Phänomene der Quantenwelt in den Griff bekommen zu haben. Doch es stellt sich die Frage, inwiefern dieser stochastische Griff überhaupt mit Exaktheit einher geht. Statistiken sind immer Simplifizierungen, die eben nicht das Individuum, sondern nur den Durchschnitt erfassen. Die Quantenmechanik hat einen treffenden Grund ein derartiges Instrument zu verwenden. Schließlich fehlt in der Quantenwelt von derartigen raumzeitlich nachweisbaren Individuen jede Spur. Doch ist nicht gerade der Einfluss der Akausalität, der Unbestimmtheit und die daraus folgende Unmöglichkeit e-mWiPro individuell zu erfassen ein gewichtiger Grund, der erkennen lässt, dass die Seiten des Buches der Welt leer zu sein scheinen? Tauchen die Buchstaben nicht erst im Größenbereich oberhalb des plankschen Wirkunsquantums auf, ebenso wie die exakte Mathematik? Sind es nicht gerade diese leeren Seiten des Nichts, die den Urgrund und das Potential unserer Welt offenbaren, indem sie der Beschreibung harren? Es trifft zu, das aus Sicht des Mesokosmos das Buch der Welt in der Sprache der Mathematik beschrieben zu sein scheint. Doch wenn wir ein Mikroskop zur Hilfe nehmen und uns die einzelnen Buchstaben einmal näher anschauen, werden wir Zeugen von Unglaublichem. Je näher wir uns die einzelnen Buchstaben anschauen, umso mehr scheinen sie zu verschwimmen, bis sie schlussendlich ganz verschwinden. Genau hier treten Physik und Philosophie auseinander: Die Physik möchte die Welt nicht nur erklären, sonder sie auch greifbar machen. Aus diesem Grund baut sie auf Wahrscheinlichkeitsrechnungen, um die Unbestimmtheit zumindest im Mittel ergreifen zu können. Die Gefahr in diesem Schritt entsteht nun, wenn diese Vorstellung der Wahrscheinlichkeiten – hier im Rahmen der Wellenfunktionen – einem Hang zum Realismus zum Opfer fällt und dessen Konsequenzen metaphysisch verwendet werden. Durch den Schritt der Ontologisierung dieser Wahrscheinlichkeiten, auf der die Dekohärenztheorie aufbaut, werden die Physiker zu Pythagoreern, die das Sein mit der Zahl gleichsetzen. Dies führt zu paradoxen Gedankengängen wie dem von Schrödingers Katze. Dabei wird übersehen, dass derartige probabilistische Berechnungen, die eine Superposition der Wellenfunktionen propagieren nur formalistische Hilfsmittel der Abstraktion sind. E-mWiPro zeichnen sich gerade dadurch aus, dass sie keinem festen Zustand zuzuordnen sind. Ebenfalls entwickeln sie sich in 1D und entspringen akausal der ARZ. Die Dekohärenztheorie begeht einen Kategorienfehler, indem sie das Sein mit der Zahl gleich setzt. Sie versucht einen statistischen Determinismus zu entwerfen; doch dies ist bereits begrifflich ein Widerspruch in sich, so wie der Begriff „Trauerfeier".

Der Philosophie hingegen ist die mathematische Greifbarkeit nicht so sehr von Bedeutung. Ihr liegt eine treffende Beschreibung der Grundstrukturen am Herzen und durch die Quantenmechanik hat die Physik ihr ein großes Geschenk bereitet. Schlussendlich kann die Frage, ob und in welcher Sprache das Buch des Universums geschrieben ist, viel umfassender geklärt werden. Das Buch des Universums ist nicht nicht nur das Universum selbst, sondern zugleich auch die menschliche Vorstellung desselben. Denn um von etwas eine Vorstellung zu haben, muss man in dieses etwas eingebunden sein. Jegliche Buchstaben, Beschreibungen, Deutungen, Erklärungen, Begründungen und auch Berechnungen beruhen auf menschlichen Vorstellungen. Jede dieser Vorstellungen zeichnet sich durch eine Perspektive aus und bereits dies unterscheidet sie von der perspektivlosen Ganzheitlichkeit, die ein Geist benötigen würde, um die gesamte Welt umfassen zu können. Somit wird verständlich, dass nicht einmal das Buch selbst ganzheitlich sein kann. Es ist eine Vorstellung und eine solche wird es bleiben.

Diese Auseinandersetzung ermöglicht es nun, zwei grundlegende Geometrien sinnvoll einzuordnen. Die euklidsche Geometrie kann somit nicht falsch oder wahr sein. Sie entspricht nur ihrem Grad der Abstraktheit. In diesem Sinne beschreibt diese Geometrie die Verhältnismäßigkeiten von RePro, ohne dabei auf die Krümmung verursachenden E- und GWiPro zu achten. Sie kennt nur die Ebene und ist somit von enormer Abstraktheit. Ein Dreieck auf der Erde mit den Eckpunkten Nordpol, London und Tokio kann nur mit der Winkelsumme von 180° aufwarten, wenn es als eine Ebene mitten durch die Erde herausgeschnitten wird, ohne dabei auf raumzeitliche Krümmungen zu achten. Legt man nun ein Dreieck mit diesen Eckpunkten auf die kugelförmige Erde, so erhält man ein Dreieck, welches in seiner Winkelsumme von 180° abweichen wird. Eine derartige nichteuklidische Geometrie belegt die Welt mit Formen und Figuren unter Beachtung der Einflüsse der E- und GWiPro und ist somit weniger abstrakt als die euklidische. Beide Geometrien stellen nur mehr oder weniger abstrakte Perspektiven dar, um die Welt formalistisch zu erfassen.

Dementsprechend kann es keine absolut richtige Mathematik der Welt geben. Jene ist rein menschlich bedingt und somit fehlbar. Es verhält sich ein wenig wie mit der allseits bekannten Geschichte über das Flugpotential der Hummel: Rein rechnerisch dürfe diese nach den Gesetzen der Aerodynamik überhaupt nicht fliegen, da sie für ihre kleinen Flügelchen viel zu gewichtig sei. Ihr scheint dies jedoch egal zu sein, schließlich fliegt sie auch heute noch so durch unsere Gärten, als ob sie wüsste, dass Mathematik nur so zutreffend ist, wie der Mensch, der sie betreibt.

16. Realprozesse

Die diskrete Raumzeit ist untrennbar mit dem Wirken von RePro verknüpft. Doch weshalb ist der Kosmos überhaupt aus der ARZ des Chaos aufgetaucht und wodurch erlangen RePro ihre Anordnung? Gibt es überhaupt empirische Belege dafür, dass materiell erscheinendes grundlegend prozesshaft ist? Schließlich scheinen die Körper unserer Welt sehr greifbar und stabil zu sein.

16.1. Pauli in neuem Licht

Die Entwicklung von der ARZ der e-mWiPro hin zu der raumzeitlichen Ausdehnung der heutigen Welt geht einher mit dem Auftauchen der RePro. Aufgrund des Pauli-Prinzips verlangt das Wirken mehrerer RePro eine gewisse Anordnung dieser, da keiner eine Stelle im kosmischen Netzwerk einnehmen kann, welche bereits von einem anderen RePro besetzt ist. Dies lässt sich aus dem Verständnis des Netzwerkes heraus nachvollziehen, wenn man sich vor Augen führt, dass der einzige raumzeitliche Kontakt zwischen RePro auf e-mWiPro beruht. Es muss klar werden, dass jegliche Wechselwirkung zwischen RePro nicht einfach durch Stöße und Kräfte erklärbar sein kann. Schließlich gibt es keine festen, identischen Körper, sondern nur energetische Prozesse. So bedarf auch jegliche Interaktion zwischen RePro einer energetischen Wechselwirkung. In diesem Sinne können sich zwei RePro nur in einem raumzeitlichen Bezugsverhältnis befinden, wenn zwischen ihnen eine e-mWiPro-Brücke wirkt. Damit dies möglich sein kann, muss im Rahmen der aus dem planckschen Wirkungsquantum entspringenden Diskretheit immer ein gewisser Mindestabstand gewahrt sein. Deswegen muss zwischen RePro immer ein Ausschlussprinzip gelten, welches überhaupt erst raumzeitliche Bezüge zwischen RePro ermöglicht. Falls nämlich zwei RePro an ein und derselben Stelle im Netzwerk wären, dann könnten sie keinen raumzeitlichen Bezug zueinander aufnehmen. Somit könnten sie sich aber auch nicht an ein und derselben Stelle im Netzwerk befinden. Ihre restlichen Raumzeit-Brücken zu den anderen RePro würden jedoch genau dies postulieren. In diesem Sinne entsteht hier ein Widerspruch, der belegt, dass das Pauli-Prinzip auch im Rahmen des diskreten Raumzeit-Netzwerkes von grundlegender Bedeutung sein muss.

„Halten wir uns der Anschaulichkeit wegen an die Bohrsche Atomtheorie, nach der für die Elektronen eines Atoms eine diskrete Folge von Bahnen existiert, so lässt es nach dem Pauli-Verbot die Natur niemals zu, dass zwei oder mehr Elektronen auf derselben Bahn laufen, sondern jede Bahn ist immer nur höchstens einmal besetzt. Das hat, wenn wir von einem Element zum nächstfolgenden aufsteigen, zur Folge, dass das neu hinzukommende Elektron eine weiter nach außen hin liegende Bahn besetzen muss, so dass die Atomhülle gewissermaßen organisch wächst. Es werden der

Reihe nach gewisse Bahngruppen, sog. Schalen, mit Elektronen ausgefüllt, und das ergibt eine Struktur, welche die Zahlen des periodischen Systems erklärt." (March, Arthur: Die physikalische Erkenntnis und ihre Grenzen, 1955, 58)

Es ist diese Struktur, der zur Folge überhaupt erst so etwas wie eine raumzeitliche Anordnung möglich ist.

16.2. Gebrochene Symmetrie

Die Ausdehnung der Raumzeit und die Anordnung der RePro sind somit zwei untrennbare Aspekte unserer Welt. Doch wie lässt sich dieser Bruch der Symmetrie der ARZ nachvollziehen? Was versteht man überhaupt unter einem derartigen Symmetriebruch?

„Wenn die Folgerung aus einem Gesetz weniger symmetrisch ist als das Gesetz selbst, sprechen wir von Symmetriebrechung. Seit Jahrtausenden schon ist der Vorgang bekannt, ohne je voll gewürdigt worden zu sein. Auf ihm beruht die ungeheure Vielfalt und Komplexität der wirklichen Welt." (Barrow, John D.: Theorien für Alles. Die philosophischen Ansätze der modernen Physik, 1992, 155)

Grundlegend für das Verständnis eines Symmetriebruches ist das Analogon des Phasenüberganges. Wenn flüssiges Wasser sich unter null Grad Celsius abkühlt, dann gefriert es. Bei diesem Phasenübergang wird die Symmetrie des flüssigen Wassers gebrochen. Man muss sich nämlich die beständige Bewegung der Wassermoleküle nicht unbedingt als unordentlich vorstellen. Schließlich lässt sich ähnlich einem Sandfeld die größte Unordnung nicht nur als äußerst chaotisch, sondern zugleich auch als durchaus symmetrisch bezeichnen. Bei dem Prozess des Gefrierens wird nun diese Symmetrie gebrochen und ein Zustand niederer Symmetrie entsteht. Schließlich sind Eiskristalle nicht mehr vollständig drehsymmetrisch, sondern nur noch gegenüber gewissen Gradzahlen, da sie nun ein regelmäßiges Muster darstellen. In diesem Sinne entsteht durch diesen Phasenübergang eine Ordnung, die es erlaubt, eine geometrische Orientierung zu postulieren. Indem sich aus den Prozessen die in ARZ verlaufen, Prozesse *herauskristallisiert* haben, deren Iteration gehemmt worden ist, wurde die Symmetrie des Chaos, des Nichts der ARZ gebrochen und es sind RePro entstanden, die relativ zu sich selbst in raumzeitlichen Bezugsverhältnissen stehen.

Bedeutend ist bei diesem Gedankengang, dass der Phasenübergang zwischen Wasser und Eis unter Abgabe von Wärmeenergie stattgefunden hat. Dementsprechend lässt sich postulieren, dass der Phasenübergang von den Prozessen der ARZ hin zu den RePro keine zusätzliche Energie benötigt. Vielmehr lässt sich dieser Symmetriebruch durch Prozesse der Energieabgabe, wie sie z.B. im Rahmen des Modells des heißen Urknalls im Sinne einer zunehmenden Abkühlung des Universums stattgefunden haben könnte, beschreiben. Auf diese Weise lässt sich die Entstehung der RePro und somit der Raumzeit darauf zurückführen, dass dieser Zustand der Welt weniger Energie benötigt, als der, in dem alle Prozesse in ihrer Iteration mit den heutigen e-mWiPro vergleichbar in ARZ verlaufen. Somit holt sich das fluktuierende Nichts durch jeden Symmetriebruch ein wenig von der Energie zurück, welche ihm einmal entrissen worden zu sein scheint.

16.3. Iterationshemmung durch Higgs-WiPro

Im Rahmen dieses Symmetriebruches – durch den sich ebenfalls die Entstehung der EWiPro verdeutlichen lässt – ist es möglich, dass Erscheinen einer energetische Wechselwirkung zu postulieren, die gewisse Prozesse in ihrer Iteration dergestalt hemmt, dass sie nicht mehr wie die der e-mWiPro ablaufen können. In dem Teilchenverständnis der Physik werden diese Prozesse als Higgs-Bosonen bezeichnet:

> Das empirisch gesicherte Standardmodell hat nämlich eine missliche Lücke: Es liefert keine Erklärung für die Masse der Elementarteilchen. Dafür benötigen die Theoretiker nach derzeitigem Stand der Dinge mindestens ein weiteres Boson, wie Teilchen mit ganzzahligem Spin (Eigendrehimpuls) nach dem indischen Physiker Satyendra Nath Bose genannt werden, der fundamentale Eigenschaften solcher Partikel schon 1924 erschlossen hatte.
> Das zusätzliche Boson war 1964 von dem Edinburgher Theoretiker Peter Higgs und anderen Physikern postuliert worden. Es soll insbesondere dafür sorgen, dass das neutrale Z-Boson und die geladenen W-Bosonen – die Austauschteilchen, welche die schwache Wechselwirkung vermitteln – ihre beobachteten großen Massen von 91,2 beziehungsweise 80,4 Milliarden Elektronenvolt erhalten. Aber auch die Massen des nur 510998,9 Elektronenvolt 'schweren' Elektrons und all der anderen Grundbausteine der Materie beruhen nach dieser Theorie auf dem 'Higgs-Feld' und dem zugehörigen Feldteilchen, eben dem Higgs-Boson." (Wolschin, Georg: Higgs-Boson gesichtet?; Artikel in: Spektrum der Wissenschaft, November 2000, 10)

In Bezug auf das renommierte Raumzeitfeld wird das Higgs-Feld, welches als Analogon zu dem durch den Phasenübergang entstandenen Eis verstanden werden kann, wie folgt beschrieben:

> „Das Higgs-Feld bildet ein Hintergrundfeld im Raum, das immer dann lokal gestört wird, wenn sich in ihm ein Teilchen befindet, mit dem es wechselwirkt. Die Störung – die Knubbelbildung – erzeugt die beobachtete 'effektive' Masse des Teilchens.
> Wenn wir versuchen, ein solches Teilchen im Bewegung zu setzen, ziehen wir auch an der Verdichtung, die es umgibt. Sie, und nicht das Teilchen in der Mitte, setzt der Beschleunigung Widerstand entgegen." (Genz, Henning: Die Entdeckung des Nichts. Leere und Fülle im Universum, 2002, 283)

In diesem Verständnis lässt sich die Masse von Teilchen auf eine Wechselwirkung mit dem Higgs-Feld zurückführen:

> „Die Sirupmetapher gibt einige Aspekte des Higgs-Ozeans sehr anschaulich wieder. Um einen in Sirup eingetauchten Tischtennisball zu beschleunigen, müssen Sie ihn viel stärker anstoßen als beim Spiel auf der Platte in Ihrem Keller. Er widersteht Ih-

ren Versuchen, seine Geschwindigkeit zu verändern, nachdrücklicher als außerhalb des Sirups.
Folglich verhält er sich, als hätte das Eintauchen in Sirup seine Masse erhöht. Entsprechend widersetzen sich Elementarteilchen infolge ihrer Wechselwirkung mit dem allgegenwärtigen Higgs-Ozean dem Versuch, ihre Geschwindigkeiten zu verändern – sie erhalten Masse." (Greene, Brian: Der Stoff, aus dem der Kosmos ist. Raum, Zeit und die Beschaffenheit der Wirklichkeit, 2004, 300)

Ebenso wie bereits bei der Auseinandersetzung mit den GWiPro erhärtet sich auch hier der Verdacht, dass jegliche schwere, bzw. träge Masse eines Prozesses nicht grundlegend ist, sondern immer nur auf einer Hemmung seiner Iteration beruht. Die Masse die ein Körper auf der Erdoberfläche hat, beruht auf der Hemmung der beteiligten GWiPro. Die Ruhemasse die RePro zugewiesen werden kann basiert auf **Higgs-WiPro** (kurz: HWiPro). Diese Ruhemasse beruht auf der Grundlage, dass RePro in Bezug auf das kosmische Netzwerk der Raumzeit ein Zustand der relativen Ruhe zueinander zugewiesen werden kann. Dies ist für WiPro jedoch nicht möglich, da diese sich in keinem Zustand der Ruhe befinden können – zumindest nicht relativ zu den RePro aus denen wir bestehen.

Im Rahmen des hier unterbreiteten Modells der prozesshaften diskreten Raumzeit soll die scheinbare Masse der Prozesse nicht durch Teilchen verstanden werden, die sich an andere Teilchen anheften und somit deren Bewegung durch das Raumzeitfeld erschweren. Im Gegensatz zu der Feldvorstellung:

„Die Masse eines Teilchens wird dabei umso größer, je intensiver es mit dem Higgs-Feld wechselwirkt. In gewisser Weise erinnert dieses Feld damit an den alles durchdringenden, chemisch oder physikalisch nicht nachweisbaren 'Äther', der im 19. Jahrhundert als Trägermedium der elektromagnetischen Wellen angenommen wurde – analog zur Luft als Träger des Schalls." (Wolschin, Georg: Higgs-Boson gesichtet?; Artikel in: Spektrum der Wissenschaft, November 2000, 10)

sollen die HWiPro nur dort aus der ARZ des Nichts auftauchen, wo raumzeitlich verankerte Prozesse in Erscheinung treten. Diese HWiPro dürfen hier nicht als Teilchen verstanden werden. Sie sind eher energetische Prozesse, die in ihrer Wirkung, die Iteration der betroffenen Prozesse hemmen. Diese Iterationshemmung führt zu einer scheinbaren Massezunahme und bei bestimmten Prozessen zu dem Auftreten von RePro. Diese durch HWiPro bedingten RePro sind nun wie bereits angesprochen die Grundlage für die raumzeitlichen Bezugsverhältnisse. Sie sind die Knoten im kosmischen Netzwerk.

16.4. Prozess und Materiewellen

„Man hatte also in der Theorie des Lichtes seit einem Jahrhundert den Korpuskelaspekt zu sehr vernachlässigt und sich ausschließlich dem Wellenaspekt zugewandt. Aber hat man nicht in der Theorie der Materie den umgekehrten Fehler begangen? Hat man nicht den Aspekt der 'Wellen' unrechtmäßigerweise vernachlässigt, um nur an den Aspekt 'Korpuskel' zu denken?" (de Broglie, Louis: Licht und Materie. Ergebnisse der neuen Physik, 1939, 163)

All die Phänomene, die e-mWiPro in Beugungs- und Interferenzexperimenten gezeigt haben, lassen sich auch auf RePro übertragen:

„Ein Elektron, das in Richtung auf ein sehr kleines Loch abgeschossen wird, unterliegt nämlich gleich den Lichtwellen der Beugung und erzeugt auf der photographischen Platte helle und dunkle Ringe." (Einstein, Albert; Infeld, Leopold: Die Evolution der Physik, 1987, 243)

Dementsprechend gelten die Aussagen der Wellenmechanik nicht nur für WiPro, sondern ebenso für RePro:

„Das raumzeitliche Verhalten des Elektrons wird eben durch eine Wellenfunktion statistisch beschrieben. Die Wahrscheinlichkeitsfunktion gibt eine Voraussage über das bei einer neuen Messung zu erwartende Resultat. Sie sagt nichts über das Verhalten der Elektronen in der Zwischenzeit. Laufen sie durch ein Gitter, so kann man nicht fragen, durch welchen Spalt sind einzelne geflogen. Sie verhalten sich beim Durchfliegen gar nicht wie kleine Körper, sondern hinter den Spalten erhalten wir das Beugungsbild einer Welle." (Zimmer, Ernst: Umsturz im Weltbild der Physik, 1961, 319)

In diesem Sinne lässt sich – trotz der immer noch verwendeten Teilchen-Terminologie – die reine Teilchenhaftigkeit von RePro nicht mehr aufrecht erhalten:

„Das Elektron ist kein Ding, sondern eine Form, die sich in gewissen charakteristischen Beziehungen gewisser messbarer Größen ausdrückt. Mit anderen Worten: das Elektron ist eine Struktur." (March, Arthur: Die physikalische Erkenntnis und ihre Grenzen, 1955, 60)

In einem relationalen Verständnis lässt sich diese Beschreibung des RePro folgendermaßen formulieren:

„Ein Elektron ist für uns lediglich das Muster seiner Aspekte in seiner Umgebung, (…)." (Whitehead, Alfred North: Wissenschaft und moderne Welt, 1984, 157)

Auf diese Weise widerlegt sich der Materialismus in seiner fortschreitenden Analyse der Materie selbst, da sich der Begriff des Teilchens nicht bis in die Mikrophysik hinein übertragen lässt. Die Beschreibung durch den Begriff der Korpuskel, die an einem bestimmten Ort im Raumzeitfeld ruht, ist nun nicht mehr haltbar. Was für WiPro schon lange gilt, muss schlussendlich auch für RePro postuliert werden.

Die Welt ist somit grundlegend aus Prozessen und ihren gegenseitigen Wechselwirkungen aufgebaut. Ein Zustand des Seins im Sinne einer auf Identität beruhenden Ontologie ist nicht mehr haltbar:

> „Selbst wenn das Elektron seine theoretisch niedrigste Energie besitzt – sich also, wie wir sagen, im 'Grundzustand' befindet -, kann es nicht an einem Ort ruhen, sondern muß ständig in Bewegung bleiben." (Hey, Thomas; Walters, Patrick: Das Quantenuniversum. Die Welt der Wellen und Teilchen, 1998, 71)

Dabei genügt es nicht, der Ontologie eine Erweiterung hinzuzufügen, so wie es Carl Friedrich von Weizsäcker formuliert:

> „Was ist, ändert sich; das Seiende ist bewegt." (Weizsäcker, Carl Friedrich von: Zeit und Wissen, 1992, 862)

Es muss eine vollständige begriffliche Umwertung von einem Sein hin zu den grundlegenden Prozessen dieser Welt vorangetrieben werden. Denn was sich ändert, kann nicht sein. Dies ist das Paradoxon der Identität, welches die Unmöglichkeit beschreibt, Sein und Werden in Einklang zu bringen. Schließlich setzt das Sein Gleichbleibendes voraus; das Werden jedoch verlangt nach Veränderung. Dies Paradoxon lässt sich nur auflösen, wenn man das Sein als menschliches Konstrukt in Form einer Abstraktion versteht und die scheinbare Permanenz auf beständig sich wiederholende Prozesse zurückführt. In diesem Sinne lässt sich die Welt ganz durch das Werden beschreiben. Ein Mensch und selbst sein Geist sind in einem beständigen Wandel begriffen. Seine Identität jedoch beruht auf einer gedanklichen Abstraktion, die es ermöglicht ihn von anderen Menschen zu separieren.

Das einzige was in unserer Welt weitestgehend als Grundlage eines Seins herangezogen werden könnte, ist die Energie, doch einerseits verstößt der Gedanke, dass die Gesamtenergie des Universums null sei, gegen die Annahme des Seins und andererseits *ist* Energie nicht; sie wirkt.

Diese Gedanken sind keineswegs neu – erst die modernen naturwissenschaftlichen Erkenntnisse, die jene Gedanken bestätigen, sind es. Seit der Antike harrt die Metaphysik des Prozesses einer derartigen empirischen Bestätigung:

> „Heraklits Lösung ist: 'Alles ist in Fluss, und nichts ist in Ruhe.' Das ist eine Verneinung von 'Dingen', die sich verändern (oder, so können wir auch sagen, es ist das Setzen von 'Ding' in Anführungszeichen).
> Es gibt keine Dinge – es gibt nur Wandlungen, Prozesse. Es gibt kein Blatt an sich, kein unwandelbares Substrat, das erst feucht und dann trocken ist, es gibt nur den Prozess, das trocknende Blatt.
> 'Dinge' sind eine Illusion, eine falsche Abstraktion von der Realität. Alle Dinge sind wie Flammen, wie Feuer. Eine Flamme kann wie ein Ding aussehen, aber wir wissen, dass sie kein Ding ist, sondern ein Prozess." (Popper, Karl R.: Die Welt des Parmenides. Der Ursprung des europäischen Denkens, 2001, 241)

Heraklit mag derjenige sein, der für eine derartige Position regelmäßig herangezogen wird. Aber auch andere große Denker der Antike – z.B. Aristoteles - vertreten diese Meinung, wie Karl Popper anzuführen weiß:

„In der Welt des Heraklit gab es keine Stabilität mehr. Alles ist in Fluss, nichts ist in Ruhe. Alles ist in Fluss, sogar die Balken, das Bauholz, der Baustoff, aus dem die Welt gemacht ist:
Erde und Felsen oder die Bronze eines Kessels – alles ist in Bewegung. Die Balken verrotten, die Erde wird weggespült oder verweht, sogar die Felsen zerbrechen und verwittern, der Bronzekessel bekommt eine Patina oder setzt Grünspan an:
'Alle Dinge sind ständig in Bewegung, auch wenn ... wir es mit unseren Sinnen nicht wahrnehmen', wie Aristoteles es ausdrückte. Diejenigen, die nicht wissen und nicht denken, glauben, dass nur das Öl verbrennt, während die Schale, in der es brennt, unverändert bleibt; denn wir sehen die Schale nicht brennen. Und doch brennt sie; sie wird von dem Feuer in ihr zerfressen. Wir sehen nicht, wie unsere Kinder heranwachsen, sich verändern und alt werden, und es geschieht doch. (Popper, Karl R.: Die Welt des Parmenides. Der Ursprung des europäischen Denkens, 2001, 44)

Dementsprechend lässt sich die folgende Zusammenfassung des heraklitschen Denkens als grundlegende Annahme für eine fruchtbare Auseinandersetzung mit den Quantenphänomenen anführen:

„(1) Es gibt keine Dinge, die sich verändern: Es ist falsch, die Welt als eine Ansammlung von Dingen zu begreifen – auch nicht sich verändernder Dinge. Die Welt besteht nicht aus Dingen, sondern aus Prozessen.
(2) Was unseren Sinnen als Dinge erscheint, sind mehr oder weniger 'abgemessene' oder 'stetige' Prozesse – gegensätzliche Kräfte, die sich gegenseitig in Schach oder im Gleichgewicht halten.
(3) Wir erscheinen uns selbst als ein Ding – wenn wir uns nicht selbst suchen. 'Ich habe mich selbst gesucht', sagt Heraklit, und was er fand, war kein Ding, sondern ein Prozess, wie eine lodernde Flamme. Feuer, Flammen, wenn sie stetig brennen, erscheinen den Stumpfen, denen, die halb im Schlaf sind, die sich nicht selbst suchen, wie ein Ding – ein sich wandelndes Ding. Aber sie sind kein Ding. Sie sind ein Prozess.
(4) Obwohl es mehr oder weniger trennbare Prozesse gibt, sind alle Prozesse untereinander verbunden. Sie sind nicht trennbar (und zählbar) wie Dinge. Die ganze Welt ist ein Weltprozess.
(5) So gibt es keine Dinge, die auf paradoxe Weise bei Veränderungen mit sich selbst identisch bleiben. Aber die Prozesse, das heißt die Veränderungen, sind mit sich selbst identisch; und das schließt die Gegensätze mit ein, die jede Veränderung und alle Wandlungen ausmachen: Die Gegensätze sind identisch, weil sie nur als zwei Pole eines Kontrastes existieren können, das heißt nur zusammen; oder als Pole eine Veränderung, indem sie den Wandlungsprozess als solchen ausmachen: 'Dasselbe ist lebendig und tot, wach und schlafend, jung und alt. Denn diese sind, wenn sie sich ändern, jene und jene diese... Kalt wird heiß, heiß wird kalt, feucht wird trocken, und trocken wird feucht.'
(6) Das gilt für den gesamten Prozess, die ganze Welt: 'Im Wandel ruht es', weil es im Wandel mit sich selbst identisch ist und wegen der Identität der Gegensätze, die sogar für die Gegensätze, die 'Wandel' und 'Ruhe' genannt werden, gilt.
(7) So kann Heraklit von Gott sagen, daß er, wie der Kosmos, die Identität 'aller Gegensätze' ist: 'Gott ist Tag und Nacht, Winter und Sommer, Krieg und Frieden, Sättigung und Hunger.' (Wie Anaximander identifiziert Heraklit Gott mit einem kosmischen Prinzip.)

Ich fasse zusammen: Heraklit löst das Paradox der Identität der Dinge mit sich selbst während der Veränderung durch eine Theorie der Dinge, welche die Dinge als missverstandene oder falsch gedeutete Erscheinungsformen von oft unsichtbaren Prozessen erklärt. Prozesse, und insbesondere der Weltprozess, sind mit sich selbst identische Veränderungen, welche die Gegensätze mit einschließen, die auf diese Weise gleichzeitig gegensätzlich und identisch sind." (Popper, Karl R.: Die Welt des Parmenides. Der Ursprung des europäischen Denkens, 2001, 320)

Diese sieben Thesen sollten in jedem Buch über die Quantentheorie ganz vorne stehen, in der Absicht dem geneigten Leser mitzuteilen, dass er, wenn er derartige Seiten aufzuschlagen gedenkt, all seine ontologischen Begrifflichkeiten, auf denen sein von der klassischen Welt geformtes Weltbild ruht, fahren lassen kann. Dementsprechend ist es die Auseinandersetzung mit den Phänomenen der Quantenwelt, die einen Menschen in der Wahl seines Weltbildes wirklich voranbringen wird.

Louis de Broglie ist es, der die Anschauung, dass selbst Materie prozesshaft ist, in seiner ästhetischen Formel für Materiewellen formalistisch erfasst hat:

„(...) die Exaktheit der fundamentalen Formel der Wellenmechanik:

$$\lambda = h / mv$$

(...) Die Formel ergibt die Wellenlänge λ der Welle, die mit einer Korpuskel von der Masse m und von der Geschwindigkeit v vermittels der Quantenkonstante h verbunden ist.
So wurde die neue Wellen- und Quantenmechanik auf einer soliden experimentellen Basis begründet. Sie hat uns gelehrt, die Planksche Konstante h als eine Art Bindestrich zwischen dem Wellenbild und dem Korpuskelbild anzusehen. Die beiden Bilder sind gleichzeitig nötig und schränken gegenseitig ihre Gültigkeit ein, weil die Konstante h einen endlichen Wert hat." (de Broglie, Louis: Licht und Materie. Ergebnisse der neuen Physik, 1939, 56)

Um die Brücke, die Karl Popper in seinem Werk *Die Welt des Parmenides* schlägt, zu schließen, ist es hilfreich, aufzuzeigen, dass auch Vertreter der modernen Quantenmechanik im offenkundigen Disput zwischen Sein und Werden schlussendlich dazu geneigt sind, die letzte Position einzunehmen:

„Von hier kommt man zu der Polarität zwischen sein und Werden, und schließlich zu der Lösung des Heraklit, dass die Veränderung selbst das Grundprinzip sei, jener 'unvergängliche Wandel, der die Welt erneuert', wie die Dichter es genannt haben. (Heisenberg, Werner: Gesammelte Werke. Abteilung C: Allgemeinverständliche Schriften. Band 2: Physik und Erkenntnis. 1956 – 1968, 1984, 47)

Dabei lässt sich abschließend - um das Triumvirat zu vervollständigen - zu den Aussagen aus Metaphysik und Physik auch eine derzeitige Meinung aus dem Bereich der Wissenschaftstheorie anführen:

„Es gibt keinen statischen Zustand der Wirklichkeit." (Eisenhardt, Peter; Kurth, Dan; Stiehl, Horst: Du steigst nie zweimal in denselben Fluss. Die Grenzen der wissenschaftlichen Erkenntnis, 1988, 203)

Weshalb man dann bei keinen größeren Ansammlungen von RePro - wie z.B. einem Geschoss – keine quantenmechanischen Effekte wahrnehmen kann? Diese Tatsache lässt sich im Rahmen der soeben zitierten de Broglie-Beziehung beschreiben: Die sich ergebende Wellenlänge λ eines Geschosses ist aufgrund seines großen Impulses derart gering, dass es einfach nicht möglich ist, bei derartig komplexen RePro-Netzwerken eine Interferenz hervorzurufen. Schließlich ist es eine Voraussetzung beim Experiment mit dem Doppelspalt, dass dieser nicht größer sein darf, als die Wellenlänge des verwendeten Prozesses. Deswegen erscheint uns unsere Welt klassisch.

Synopsis
Die bereits verwendete Terminologie, die ein scheinbar raumzeitlich Seiendes als Realprozess (RePro) bezeichnet, erweist sich nicht nur auf der Grundlage von stehenden Solitonen als zutreffend. Auch die modernen Erkenntnisse der Quantenmechanik haben empirisch erwiesen, dass all dies, was im ontologischen Sinne als materiell bezeichnet wird, grundlegend prozesshaft ist.
Diese Erkenntnisse sprechen dafür, dass jegliches Sein nur noch als eine unzulässige Abstraktion angesehen werden sollte, welche auf unsere persönliche Einbindung in die Grobheit des Mesokosmos zurückzuführen ist. Ein modernes Weltbild jedoch muss grundlegend auf der Welt im Allerkleinsten aufbauen, um sich ein solides Fundament zu sichern. In diesem Sinn schließt sich der Kreis, indem jede Kosmologie maßgeblich auf der Quantentheorie aufbauen muss.

16.5. Die Grenze zwischen quantenmechanischer und quasiklassischer Welt

Es stellt sich nun die Frage, wo die quasiklassische Welt beginnt. Derzeit ist es Wissenschaftlern gelungen, quantenmechanische Effekte für relativ komplexe Ansammlungen von RePro zu verwirklichen. Selbst mit Fullerenen können am Doppelspalt Interferenzen nachgewiesen werden. Fullerene sind nach dem amerikanischen Architekten Richard Buckminster Fuller benannte Moleküle des Kohlenstoffs C_{60}, die aus 60 Atomen bestehen und fast so kugelförmig aussehen, wie die von dem soeben erwähnten Architekten verwirklichten Gebäude.
Wenn man voraussetzt, dass es erst e-mWiPro sind, die zwischen RePro einen raumzeitlichen Bezug herstellen und dabei bedenkt, dass e-mWiPro selbst in ARZ verlaufen, so bleibt nur ein Schluss übrig, wenn sich RePro ebenso wie e-mWiPro verhalten. Derartige RePro befinden sich in keinem raumzeitlichem Bezugsverhältnis. Diese Freiheit erlaubt es ihnen, beide Spalten des Doppelspaltes zu passieren und somit mit sich selbst zu interferieren, da derartige Entfernungen außerhalb der Raumzeit keinerlei Bedeutung haben. In diesem Sinne kann diesen freien RePro (kurz: fRePro) ebenfalls wie den e-mWiPro keinerlei Bewegung in der Raumzeit zugewiesen

werden. Ihre einzigen nachweisbaren Wirkungen in unserer Welt sind **Ereignisse**. Dementsprechend gelten für fRePro all die Voraussagen in Bezug auf ihre 1D-Ausbreitung, die bereits eingehend für die e-mWiPro behandelt worden sind. Der einzige Unterschied ist nun der, dass e-mWiPro Raumzeit-Brücken zwischen RePro herstellen, fRePro jedoch nicht. Wenn ein fRePro mit einem Detektor in Wechselwirkung tritt, dann geschieht dies wiederum durch einen e-mWipro. Eine Wiedereinknüpfung in ein Raumzeitnetzwerk geschieht bei einem fRePro somit nicht direkt, sondern nur indirekt durch eine energetische Wechselwirkung. Die Ursache dafür liegt darin, dass sich ein e-mWiPro mit c und somit in ARZ ausbreitet. Dementsprechend gibt es aus Sicht des e-mWiPro keinerlei Distanz zwischen Emitter- und Absorber-RePro. Dies ermöglicht das Knüpfen einer instantanen Raumzeit-Brücke zwischen diesen beiden RePro. Da fRePro jedoch aufgrund der HWiPro in ihrer Iteration gehemmt sind, können sie sich nicht mit c bewegen. Deswegen können sie auch keine Raumzeitbrücken knüpfen. Sie können nur in Netzwerke eingebunden sein oder nicht. In diesem Sinne muss es, wie bereits bei den dRePro der Dunklen Materie postuliert, RePro geben, die sich außerhalb des kosmischen Raumzeitnetzwerkes aufhalten können:

„Somit sind auch nichträumliche und nichtzeitliche Existenzformen der Materie denkbar." (Komarow, W. N.: Auf den Spuren des Unendlichen, 1978, 196)

Die Bindung eines solchen RePro in ein raumzeitliches Netzwerk ist energetisch bedingt. In diesem Sinne wirken die jeweiligen energetischen WiPro wie ein Kleber, der die RePro in einer Ordnung festhält:

„***Raum und Zeit beziehen sich auf die Ordnung von Dingen und Ereignissen in der wirklichen Welt.*** Da eine Möglichkeit aber wie ein Gedachtes [oder ein fRePro] (...) weder ein Ding noch ein Ereignis ist, existiert sie nicht in der Raumzeit." (Malin, Shimon: Dr. Bertlmanns Socken. Wie die Quantenphysik unser Weltbild verändert, 2006, 226 [Hervorhebung durch den Verfasser])

Widersetzt sich ein RePro dieser energetischen Bindung, so erfährt er die Effekte, die die Lorentz-Transformation beschreibt. Diese Effekte sind es, die es zumeist verhindern, dass derartig eingebundene RePro gewisse Energiebarrieren überwinden können. Dennoch geschieht dies ab und an.

16.6. Der Tunneleffekt

Eine derartige Energiebarriere ist z.B. die Coulombbarriere. Diese beschreibt die energetische Abstoßung positiv geladener RePro (Protonen), die verhindert, dass Atomkerne unter normalen Bedingungen nicht miteinander fusionieren können. Normalerweise sind die Temperaturen in unserer Sonne und auch in anderen Sternen viel zu niedrig, um die Coulombbarriere zu überwinden. Umso erstaunlicher ist es, dass es derartige thermonukleare Fusionsreaktionen sind, aus denen Sterne ihre Energie beziehen. In einem normalen raumzeitlichen Verständnis lässt sich dieser Vorgang keineswegs nachvollziehen. Erst die Quantenmechanik erlaubt es im Rahmen der Unbestimmtheit von Energie und Zeit eine relativ geringe Wahrscheinlichkeit zu postulieren, in der sich ein entsprechender RePro auch außerhalb der jeweiligen Energiebarriere aufhalten kann. Es sei somit möglich, dass diese Barrieren durchtunnelt werden. Im Sinne des hier unterbreiteten Raumzeitkonzeptes lässt sich dieser Vorgang nun folgendermaßen beschreiben:
Wenn man voraussetzt, dass es im Rahmen der Energie-Zeit-Unbestimmtheit in seltenen Fällen zu einer Lösung von sämtlichen WiPro-Bindungen zu einem bestimmten RePro kommen kann. So ist dieser für einen Moment nicht mehr raumzeitlich und energetisch an ein bestimmtes Raumzeit-Netzwerk gebunden. Solange kein anderer WiPro mit diesem fRePro wechselwirkt, ist er energetisch ungebunden und kann sich frei bewegen, ohne durch energetische Barrieren gehindert zu werden. Denn derartige Barrieren gelten immer nur für bestimmte energetische raumzeitliche Netzwerke. Der fRePro ist in gewissem Sinne autark und kann erst wieder energetisch wechselwirken, wenn er durch entsprechende WiPro in ein anderes Netzwerk eingebunden wird. Eine raumzeitliche Bindung äußert sich somit immer durch das Wirken, bzw. Auftauchen von Energie in einem entsprechenden Netzwerk. Wenn die Bindung gelöst ist, gelten keine energetischen Barrieren und indem z.B. der fRePro dann aus einem Netzwerk von untereinander gebundenen RePro herausgetunnelt ist, wird dessen vorherige Bindungsenergie frei und es hat eine Kernspaltung stattgefunden. Die Emission eines solchen fRePro geschieht wiederum in ARZ, da es ja gerade seine raumzeitliche Einordnung ist, die durch den Tunneleffekt gelöst wird. In diesem Sinne ist die Richtung seiner Emission so wie bei allen 1D-Verbindungen relativ zu dem Raumzeitnetzwerk akausal bedingt.

16.7. A watched pot never boils

Wenn es kein Entrinnen aus einer energetischen Bindung gibt, solange entsprechende WiPro den betroffenen RePro in ein raumzeitliches Netzwerk einbinden, dann müsste eine künstlich aufrecht erhaltene Verbindung eine weitestgehende Beibehaltung des Netzwerkes mit sich bringen.

Diese Anschauung verbirgt sich hinter der Überschrift dieses Kapitels. Schließlich kann eine Beobachtung immer nur durch die Wechselwirkung eines beobachtenden Subjektes mit einem e-mWiPro vonstatten gehen. Wenn man nun etwas beobachten möchte, dann muss man es mit e-mWipro bestrahlen, um kurz darauf einige wenige der remittierten (sprich: reflektierten) e-mWiPro wahrnehmen zu können. Übrigens ist jede Beobachtung ein Blick in die Vergangenheit, da bei Wechselwirkungen mit e-mWiPro – aus Sicht der RePro - schließlich immer eine gewisse Zeit zwischen (R)emission und Absorption vergeht. Wenn man nun einen RePro mit e-mWiPro „bestrahlt", um diesen zu beobachten, dann müsste dieser Vorgang jenen raumzeitlich festbinden, selbst wenn er zum „heraustunneln" prädestiniert wäre. Dieser Effekt wird als Zenon-Effekt bezeichnet:

> „Der Ursprung (...) [des Zenon-Effektes] liegt in den 1970er Jahren. Damals leiteten Physiker an der Universität von Texas in Austin theoretisch ab, dass ein instabiles Quantensystem- beispielsweise ein radioaktiver Atomkern - am Zerfallen gehindert würde, wenn man nur oft genug hinsähe." (Morsch, Oliver: Zeno und der Quanten-Schnellkochtopf; Artikel in: Spektrum der Wissenschaft, Februar 2002, 14)

Dieses theoretische Postulat wird 1997 von einem Team um den Physiker Mark Raizen – wiederum an der Universität von Texas – experimentell nachgewiesen. (vgl. ibid) In diesem Sinne kann der Zeno-Effekt als Beleg für die Theorie der Raumzeit-Brücke angesehen werden, die RePro energetisch aneinander bindet. Raizen hat jedoch noch mehr herausgefunden. Wenn man nämlich einen radioaktiven Atomkern verzögert beobachtet, dann lässt sich der nukleare Zerfall sogar beschleunigen. (vgl. ibid., 15) Dieser Anti-Zenon-Effekt lässt sich dadurch beschreiben, dass eine verzögerte Beobachtung eine Raumzeit-Brücke von außen aufbaut, die den Tunneleffekt dadurch zu beschleunigen scheint, indem sie einen RePro, der sich gerade im Verlust der vorherigen energetischen Bindung und somit an der Schwelle zur ARZ befindet, durch eine Wechselwirkung von außen in gewissem Sinne aus seiner vorherigen Bindung herausreißt. Dementsprechend mag der gesamte Weltprozess zwar holistisch vorstellbar sein, die einzelnen energetischen Einbindungen jedoch sind immer lokal. Auch hier erweist sich somit eine Beschreibung im Sinne einer energetischen Bindung durch WiPro im Rahmen eines raumzeitlichen Netzwerkes als zulässig.

17. Kosmologie

Welche kosmologischen Konsequenzen ergeben sich aus der hier erarbeiten Vorstellung diskreter Prozessnetzwerke? Wie entwickelt sich unser Verständnis von Raum und Zeit in Anbetracht kosmischer Weiten? Welche Bedeutung hat die Negation einer objektiv wahren und absoluten Realität für das einzelne Individuum? Wesentlich für die Auseinandersetzung mit all diesen weltbewegenden Fragen ist die Kritk an der Beschränktheit des eigenen Horizonts. Ebenso wie für die Auseinandersetzung mit den Phänomenen der Quantenwelt muss auch für kosmologische Betrachtungen akzeptiert werden, dass jegliches gedankliche Eindringen in diese Welten in unserer Vorstellung verankert ist und somit maßgeblich durch subjektive Denkrahmen bestimmt wird.

17.1. Menschliche Perspektiven und ihre Grenzen

Eine Auseinandersetzung mit dem Weltprozess im Ganzen ist ein gedankliches Wagnis, dessen Grenzen jederzeit bewusst sein sollten. Die Geschichte der Kosmologie zeugt von dem Widerstreit der mannigfaltigsten Anschauungen. (vgl. Kanitscheider, Bernulf: Kosmologie, 2002) Dabei muss das forschende Subjekt immer davor gefeit sein, gerade in diesen Maßstäben nicht all zu sehr in einen Glauben an eine womöglich Objektivität abzurutschen. Bedeutend für jegliche Astronomie ist das Wechselspiel aus Mathematik und Empirie. Die Auseinandersetzung mit dem Weltprozess im Allerkleinsten hat darauf aufmerksam gemacht, dass es keine Beobachtung ohne energetische Wechselwirkung geben kann – dies gilt ebenso für den Weltprozess im Allergrößten. Dementsprechend muss bei jeglicher Kosmologie berücksichtigt werden, dass sich die gegenwärtige Astronomie direkt nur mit baryonischer Materie - sprich sichtbaren RePro - und ihren Wechselwirkungen beschäftigen kann. All die weiteren dunklen Seiten unseres Weltprozesses können nur indirekt durch ihre Auswirkungen auf RePro und ihre Wechselwirkungen erfahren werden. In diesem Sinne belaufen sich die einigermaßen gefestigt erscheinenden Erkenntnisse über das Universum nur auf den Schnee auf der Spitze des Eisberges:

> „Nur fünf Prozent der Materie und Energiedichte im Kosmos sind uns bekannt: Die normale baryonische Materie, aus der die Elemente und auch wir selbst aufgebaut sind." (Börner, Gerhard: Ein Universum voll dunkler Rätsel; Artikel in: Spektrum der Wissenschaft, Dezember 2003, 33)

Es ist unausweichlich, dass unsere menschliche Beschreibung über den Weltprozess aufgrund dieser Einschränkung noch mannigfaltiger Revisionen bedarf. Schließlich wirft die Auseinandersetzung mit den Phänomenen der Quantenwelt zwei Gedankengänge in das Rampenlicht, die darauf hinweisen, dass es über unseren Weltprozess im Ganzen kein absolutes und empirisch belegbares Wissen geben kann:

Erstens ist jegliche Erforschung einer Struktur nur möglich, indem man selbst in diese Struktur eingebunden ist. Durch diese Einbindung verändert man jedoch einerseits die Struktur selbst und andererseits erlebt man diese nur aus einer bestimmten Perspektive. Um somit eine Struktur vollständig überblicken zu können, müsste man außerhalb dieser stehen. Dieses Außerhalbstehen mag im Weltbild der klassischen Physik vielleicht noch eine gültige Vorstellung gewesen sein. Die Erforschung des Mikrokosmos jedoch hat aufgezeigt, dass Wissen immer nur durch Teilhabe an dem zu Wissenden ermöglicht wird. Beobachtung kann somit nie passiv, sondern immer nur aktiv sein. Dementsprechend würde ein Stehen außerhalb der Struktur – welches grundlegende Voraussetzung für eine objektiven Überblick sein muss – jegliche Erkenntnis über die Struktur unterbinden. Somit erweist sich das Postulat der reinen Objektivität erneut als Widerspruch in sich:

> „Prinzipiell unmöglich ist es, sich das Universum von außen anzusehen und als spezielle Massenverteilung zu interpretieren. Die Gesetze, die das Verhalten des Universums als Ganzes bestimmen, folgen vielleicht aus denen, die für Abläufe in ihm gelten. Das bedeutet aber nicht, dass sie schlicht dieselben sind. Der Leser ist gut beraten, wenn er Spekulationen über das Universum als Ganzes nicht allzu ernst nimmt."
> (Genz, Henning: Symmetrie – Bauplan der Natur, 1987, 410)

Zweitens orientiert sich jegliche Naturwissenschaft grundlegend nach kausalen Strukturen. Wenn sie nämlich keine Wirkungen auf Ursachen zurückführen könnte, dann würde sie sich ihrer eigenen Grundlage entzogen sehen. Nun verhält es sich so, dass die wissenschaftliche Auseinandersetzung mit der Welt der Quantenprozesse ergeben hat, dass akausale bedingte Prozesse grundlegend im Weltprozess verankert sind:

> „Das Einzelereignis im atomaren Bereich geschieht ohne Ursache, weil es sie nicht gibt, nicht, weil wir sie nicht kennen. (Staudinger, Hansjürgen: Singularität und Kontingenz, 1985, 134)

Dementsprechend stellt sich die Frage inwiefern der Kausalität als Rückrad der Naturwissenschaften überhaupt noch eine durchgängige Geltung in der Beschreibung der Natur zugesprochen werden darf, wenn sie selbst nicht kontinuierlich gewahrt ist. Die Beantwortung dieser Frage fällt selbst aus der Festung der Kausalität – der Physik – durchaus kritisch aus:

> „Dadurch verliert das Kausalitätsprinzip in seiner üblichen Fassung jeden Sinn. Denn wenn es prinzipiell unmöglich ist, alle Bedingungen (Ursachen) eines Vorganges zu kennen, ist es leeres Gerede zu sagen, jedes Ereignis habe eine Ursache." (Born, Max: Physik im Wandel meiner Zeit, 1983, 34)

Insbesondere in Bezug auf naturwissenschaftliche Extrapolationen, die sich mit dem früheren Zustand des Weltprozesses beschäftigen, gerät die Vorstellung der Kausalität, die auf der Vorstellung einer kontinuierlichen zeitlichen Entwicklung basiert, beträchtlich ins Wanken. Denn was bedeutet überhaupt früher? Wenn man der Anschauung, dass Zeit untrennbar mit Prozessen verbunden ist, glauben mag, dann stellt sich die Frage, welchen Sinn der Begriff „früher" überhaupt annehmen kann, wenn es keine grundlegenden Wechselwirkungsprozesse zwischen RePro gibt:

> „Zum andern merken sie an, dass unser Mann, der die Expansion des Kosmos persönlich mitgemacht und aus der Nähe beobachtet haben soll, in mehr als einer Hinsicht hypothetisch wäre.
> Folgen wir ihm nämlich in der Zeit zurück ins frühe Universum, müssen wir ihn in dem Augenblick, in dem die Bedingungen für Leben zu unwirtlich werden, durch eine Atomuhr ersetzen. Früher oder später aber wird es sogar für Atome und Nukleonen – und für überhaupt alles aus Materie – zu heiß. Was aber verstehen wir unter Zeit, wenn nichts mehr übriggeblieben ist, um sie zu messen?" (Barrow, John D.; Silk, Joseph: Die linke Hand der Schöpfung. Der Ursprung des Universums, 1995, 238)

Fällt nicht mit dem verschwimmen des Kauslitätsbegriffes in Ermangelung einer kontinuierlichen Abfolge der Zeit auch der Begriff der Empirie?

> „Dieser Ansatz übersieht aber, dass die Grundvoraussetzung der Empirie, die Struktur von Zeit, in der Nähe des Urknalls immer mehr fraglich wird. Genau dann, wenn die heutigen allgemein anerkannten physikalischen Theorien richtig sind, ist diese Grundvoraussetzung einer jeden Erfahrungswissenschaft, einer jeden Empirie – die Existenz von Fakten – umso weniger erfüllbar, je mehr man sich in seinen Vorstellungen dem fiktiven Anfang des Universums nähert.
> Dort besteht eine strukturlose Einheit, die es nicht erlaubt, zwischen "vorher und nachher" zu unterscheiden, denn es existiert nichts zu Unterscheidendes. Daher kann die Naturwissenschaft über diesen Anfang kein gesichertes empirisches Wissen haben, denn dieser Anfang liegt aus den genannten Gründen jenseits des Geltungsbereiches aller Empirie." (Görnitz, Thomas; Görnitz, Brigitte: Der kreative Kosmos. Geist und Materie aus Information, 2002, 36)

Dabei muss man die Grenzen des Kausalitätsbegriffes nicht in so weiter Ferne oder so kleinem Maßstab suchen. Man muss stets im Hinterkopf behalten, dass das Forschen nach Kausalitäten in den Prozessen der Welt nicht objektiv sein kann. Vielmehr ist es das Belegen dieser Prozesse mit einer Schablone, die es dem Menschen ermöglicht, *eine* Ursache mit *einer* Wirkung zu verknüpfen. Dieses Denken beruht auf den Vorstellungen der klassischen Mechanik. Falls es zutrifft, dass sich ein Massenpunkt auf seiner Trajektorie durch die kontinuierliche Raumzeit bewegt, dann mag es ersichtlich sein, dass eine Wirkung auf diesen Massenpunkt als Ursache für seine Bewegungsänderung angesehen werden kann. Das Modell des kosmischen Netzwerkes jedoch verbietet eine derartige Einfachheit der Anschauung, da es grundlegend holistisch aufgebaut ist. In diesem Sinne verändert jede Veränderung eines RePro auch all seine Bezugsverhältnisse zu anderen RePro und so weiter. In diesem Sinne mag der Kosmos ein äußerst komplexes Netzwerk sein, welches sich weit ab davon befindet linear beschrieben werden zu können. Indem dieses Netzwerk sich beständig auf sich selbst bezieht, erhält es einen hohen Grad an Selbstorganisation aufrecht. Aus diesem gewaltigen Prozessnetzwerk einzelne Veränderungen oder sogar einzelne Wirkungen herauszufiltern um diese auf einzelne Ursachen zurückzuführen ist nicht möglich. In diesem Sinne ist das Denken in linearen Kausalitäten ein Unterfangen von äußerster Abstraktion. Das Denken in derartigen Kategorien gleicht der Frage, wer daran Schuld sei, dass der Büroangestellte *XY* die Postbeamtin *XX* ermordet habe: War es ihre Frisur, seine schwere Kindheit oder ist er einfach nur ein schlechter Mensch? Hat sie es provoziert? Hat die Gesellschaft versagt? Waren seine Eltern schuld, da sie ihn ja schließlich gezeugt haben? Waren es deren Eltern? War es das Ereignis *AB*, welches seine Urgroßeltern zusammengeführt hatte? Waren es die Steinzeitmenschen, von denen er abstammt? War es der Komet *FG*, der die Prozesse auf der Erde so gelenkt hat, dass dies geschehen musste? Waren es die Kohlenstoffatome, die sich vor langer Zeit in den Prozessen des Weltalls gebildet haben? War es der Urknall oder Gott? Unser Denken in kausalen Abfolgen verkennt die Komplexität unserer Weltprozesse. Es ist ein Fossil aus vergangenen klassischen Zeiten. Ein Fossil, welches in unserer Gesellschaft noch sehr lebendig zu sein scheint. Schlussendlich versagt jegliche Kausalität in Konfrontation mit dem Mikrokosmos und dem **Transformationsprinzip**: Wir können nicht beschreiben, was genau eine Ursache zu einer Wirkung macht. Dieser Bereich ist grundlegend unbestimmt und so wird uns klar, dass „Ursache" und „Wirkung" nur Begriffe sind, mit denen wir die Abläufe der Prozesse unserer Welt belegen. Unter diesen Umständen ist jegliche Kosmologie eine Wissenschaft, die sich grundlegend auf schwerlich belegbare Extrapolationen berufen muss:

> „Wir haben gesehen, dass Selbstreferenzprobleme die vollständige experimentelle Zugänglichkeit einer universell gültigen Theorie verhindern. Experimentelle Zugänglichkeit und universelle Gültigkeit stehen in einem Spannungsverhältnis, mit und ohne Determinismus." (Breuer, Thomas: Quantenmechanik: Ein Fall für Gödel?, 1997, 73)

Nichtsdestotrotz ist sie von enormer metaphysischer Bedeutung für den Menschen. Weist sie diesen doch darauf hin, wie klein er wirklich ist.

17.2. Ein diskretes Universum

Die Zersplitterung des kontinuierlichen Raumzeitfeldes verlangt nach einer Umschichtung der Vorstellung, die wir uns vom Universum machen. Die bisherige Vorstellung eines von der Materie unabhängigen Raumzeitfeldes birgt einige Fragen in sich, die zugleich als Kritik gegen diese Annahme gelten können. Wenn ein derartiges Feld postuliert wird, stellt sich natürlich die Frage nach dessen Begrenzung. Welches Ausmaß hat dieses Feld? Wo hört es auf und wo beginnt es? Was befindet sich hinter diesem Feld und was ist die Grenze dieses Feldes?

Einstein entgegnet diesen Fragen mit den Erkenntnissen seiner ART. Das Raumzeitfeld unseres Universums sei derart gekrümmt, dass es in sich selbst übergehe. Jede Bewegung in diesem Raumzeitfeld könne somit ähnlich wie auf der Erde unbegrenzt fortgeführt werden. Man würde dann irgendwann wieder am Ausgangspunkt ankommen. Diese elegante Lösung zeigt somit auf, dass das Raumzeitfeld überhaupt keine Grenzen habe und es somit auch keinen Mittelpunkt desselben geben könne. Selbst wenn das Universum im Großen und Ganzen einen flachen – sprich quasieuklidischen – Eindruck zu machen scheint, so liege dass an der aus unserer Sicht sehr geringen Krümmung der Raumzeit. Das Postulat einer vierdimensionalen gekrümmten Raumzeit wirft jedoch die Frage auf, worin sich diese befindet:

> Zwar nicht quantitativ formal, wohl aber qualitativ ontologisch bedarf man einer höheren Dimension, als sie die jeweils gekrümmte Mannigfaltigkeit hat.
> Die mathematische Kosmologie setzt sich legitim über diesen Zusammenhang hinweg, eine Vorgehensweise, derer sich eine philosophisch-wissenschaftstheoretische Analyse nicht bedienen kann." (Meurers, Joseph: Kosmologie heute. Eine Einführung in ihre philosophischen und naturwissenschaftlichen Problemkreise, 1984, 218)

Die Tendenz höhere Dimensionen zu postulieren führt jedoch in einen infiniten Regress, da zu jeder Beschreibung einer höheren Dimension eine weitere noch höhere Dimension postuliert werden muss, die die vorherige Dimension umfasst. Dies ähnelt dem Prinzip der ineinander verschachtelten russischen Holzpuppen - den Matrjoschkas. Wenn man eine Puppe komplett umschließen möchte, benötigt man eine größere Puppe. Dabei sollte man umgekehrt vorgehen! Um die Dimensionalitäten im megakosmischen Maßstab nachvollziehen zu können, sollte man untersuchen, welche Dimensionalitäten im Mikrokosmos gegeben sind. Dort gelten nur 1D-Bezugsverhältnisse zwischen je zwei RePro. Erst die Einordnung der RePro verbunden durch 1D-WiPro in das Nichts erübrigt weitere Fiktionen, die versuchen Raum und Zeit als absolutes Feld, auch dort noch anzusiedeln, wo es keine RePro mehr gibt. In diesem Sinne muss die Anschauung in Betracht gezogen werden, dass unser gesamter Kosmos ein gewaltiges und äußerst komplexes Netzwerk sein könnte, welches sich in der ARZ des Nichts befindet. In diesem Sinne gibt es keine Grenzen, da der Feldcharakter nicht als grundlegend, sondern nur als gröbere Umschreibung der diskreten Bezugsverhältnisse anerkannt wird. In diesem Sinne müsste man sich dieses kosmische Netzwerk als eine Art Inseluniversum vorstellen:

> „Bei dem kosmischen Modell des Insel-Universums befindet sich eine Materieverteilung, die einen klar umgrenzten Raumbereich einnimmt, in einem unendlich großen Raum – wie eine Insel in einem sich räumlich unendlich weit erstreckenden Ozean.
> Wie schon im Fall des räumlich begrenzten Universums besäße dieses auch im vorliegenden Modell einen Schwerpunkt als ausgezeichneten Ort. Befänden wir uns in diesem 'Mittelpunkt der Welt', dann sähen wir – nicht notwendig, aber der allgemeinen Vorstellung entsprechend – eine im großen und ganzen in alle Richtungen gleiche Abnahme der Materiedichte. Die Gesamtmasse des Universums wäre somit in einem begrenzten Bereich innerhalb des unendlichen Raumes konzentriert." (Suchan,

> Berthold: Die Stabilität der Welt. Eine Wissenschaftsphilosophie der Kosmologischen Konstante, 1999, 31)

Jedoch nicht in diesem soeben zitierten Sinne, dass es sich in einer unendlichen Raumzeit befinde. Vielmehr seien die Galaxien in ihren Superhaufen und ihre gegenseitigen e-mWiPro-Wechselwirkungen in einer Art wabenartigen Struktur angeordnet, die selbst die gekrümmte Raumzeit darstellen. Da jegliche dieser Wechselwirkungen nun nicht nur in der Raumzeit ablaufen, sondern diese selbst ausmachen, lässt sich unsere gesamte empirisch nachweisbare Welt in diesem Sinne nachvollziehen. Die Prozesse des umgebenden Nichts dürfen nicht als unendlich ausgedehnter Raum aufgefasst werden. Schließlich sind Begriffe wie der der Ausdehnung einzig auf räumliche Verhältnismäßigkeiten anwendbar. Die ARZ des Nichts hingegen darf mit raumzeitlichen Begriffen überhaupt nicht belegt werden.

Schlussendlich stellt sich in dieser kosmologischen Vorstellung unsere raumzeitliche Welt nur als Schaumkrone auf dem flukturierenden Meer des Nichts dar. Je tiefer der forschende Geist in dessen Tiefen zu tauchen gedenkt, um so weiter entfernt er sich in seinen subjektiven Abstraktionen von den empirisch überprüfbaren Vorstellungen von der Welt.

Das Postulat eines Multiversums, welches neben unserer Welt noch viele andere beherbergt ist in diesem Sinne eine metaphysische Extrapolation, die auf durchaus kritisierbaren Grundlagen fußt. Eine derartige Annahme lässt sich z.B. auf die Viele-Welten-Theorie von Everett zurückführen. Diese erweist sich jedoch als Folge einer unzulässigen Abstraktion, da sie eine mathematische Vorstellung mit der Wirklichkeit gleichsetzt. Dieser Pythagoreismus ist jedoch nicht gerechtfertigt. Schließlich darf man nie vergessen, dass das, was wir über das Universum denken, in unserem Geist verankert ist und nicht irgendwo da draußen. Es gibt nämlich kein „da draußen" mehr. Es gibt nur subjektive Einordnungen in ein kosmisches Netzwerk und unsere Sicht auf diesen holistischen Weltprozess hängt grundlegend von unserer Position in diesem ab.

17.3. Das subjektive Weltbild

Die Entwicklung unseres Weltbildes verläuft äquivalent zu der der naturwissenschaftlichen Paradigmen. In dem Wandel dieser Anschauungen kristallisiert sich heraus, dass das Verständnis von Raum und Zeit grundlegend als identisch mit dem jeweiligen Denkrahmen betrachtet werden kann. Zu dem Zeitpunkt, als Raum und Zeit noch als absolute Bühne aufgefasst werden, gilt auch das Weltbild, welches aus der klassischen Mechanik entwächst, als eines, welches objektive Wahrheit verkörpert. Die zunehmende Einbeziehung der Raumzeit in kosmische Wechselwirkungen führt nun dazu, dass unser Platz in der Welt und die Art und Weise wie wir diese erleben, maßgeblich von unserem Aufenthaltsort in dieser bestimmt wird. In diesem Verständnis wurzelt der lokale Realismus, dessen Vertreter sich bewusst sind, dass jegliche Auseinandersetzung eines Subjektes mit der Welt immer an seine lokale Umgebung gebunden ist. Deswegen könne der forschende Geist die absolute objektive Wahrheit nie erreichen, sondern sich dieser nur immer weiter nähern. Die Quantenmechanik hat nun zusätzlich zu der Erkenntnis geführt, dass jedes Feld nur eine Vorstellung ist, die in ihrem Detail diskret sein muss. Außerdem kann jeglicher raumzeitliche Bezug nur durch energetische Wechselwirkungen begründet werden. Da stellt sich die Frage, weshalb man zu diesen raumzeitlichen, energetischen Bezugsverhältnissen überhaupt noch eine zusätzliche Raumzeit *an sich* postulieren müsse. Gleiches gilt für jegliche Objektivität, die sich durch die Notwendigkeit einer strukturellen Eingebundenheit, um etwas über eine Struktur zu erfahren, selbst als unmöglich erweist. Weshalb sollte man annehmen, dass es derartige objektive Wahrheiten in den Tiefen unserer Welt gebe, wenn sie niemals von einem Menschen gedacht werden können. Wozu sollte man undenkbare Gedanken postulieren? Gedanken sind immer die eines Subjektes und jene sind es, die Ihnen, verehrter Leser, die Sicht Ihrer Welt offenbaren. All die Eindrücke die Sie beständig wahrnehmen beruhen auf energetischen Wechselwirkungen. Wenn Sie diese Wahrnehmungen machen, dann besetzen Sie eine bestimmte Stelle des raumzeitlichen Netzwerkes. Deswegen kann das, was Sie sehen, niemals von jemand anderem wahrgenommen werden. Wenn Sie einen Vogel an Ihrem Fenster vorbeifliegen sehen, dann haben Sie nur bestimmte Aspekte dieses Vogels wahrgenommen. Diese Aspekte beruhen auf den e-mWiPro, die von einigen RePro des Vogels remittiert worden und von den Sehzellen in Ihren Augen absorbiert worden sind. Dieser raumzeitliche Bezug besteht nur zwischen bestimmten RePro von Ihnen und dem Vogel. Wenn neben Ihnen jemand sitzen würde, dann würde dieser jemand nicht den gleichen Vogel wahrnehmen können. Er würde seine eigenen subjektiven Aspekte von bestimmten RePro des Vogels wahrnehmen. Aber niemals den Vogel selbst. Jeder Mensch erlebt seine grundlegend eigene Welt und diese Wahrnehmung kann er mit niemandem teilen. Dieses Teilhaben ist niemals passiv. Es ist durch und durch aktiv und prozesshaft. Dabei ist es unser Bewusstsein, welches unsere Welt konstruiert.

Sieht sich hier ein Hase eine Regenwolke an oder ist es eine Ente, die sich der Sonne zuwendet?

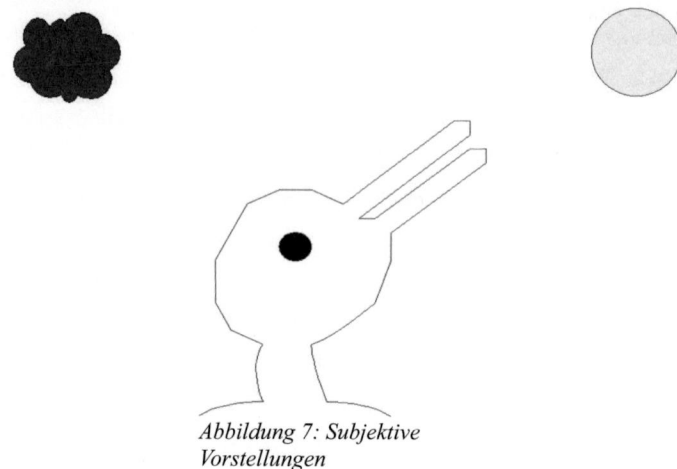

Abbildung 7: Subjektive Vorstellungen

Keines von beidem trifft wirklich zu. Ente, Hase, Wolke und Sonne entstehen in unserem Kopf als Vorstellungen. Dabei ist interessant, dass unser Geist immer nur eine Vorstellung auf einmal umsetzen kann. Faszinierend ist auch die Konstruktionsfähigkeit des Geistes, welche sich unter Ausnutzung des blinden Fleckes offenbaren lässt. Halten Sie sich bitte einmal die Hase-Enten-Zeichnung vor Ihre Nase, schließen Ihr linkes Auge und fokussieren Sie dabei die Wolke. Wenn Sie nun das Papier langsam von Ihrem Gesicht wegbewegen, wird die Sonne irgendwann verschwinden. Dieses Phänomen beruht darauf, dass der blinde Fleck in Ihrer Retina keine lichtempfindlichen Sehzellen aufweist. Dieses Loch wird von ihrem Gehirn einfach mit dem Muster- und Farbeindruck aufgefüllt, der um dieses herum wahrgenommen wird.

Wenn Sie nun Ihr Zimmer betrachten, dann seien Sie sich bewusst, dass all dies, was Sie in diesem wahrnehmen nur auf Ihren Vorstellungen beruht. Sie können diese Vorstellungen mit niemandem vergleichen und schon gar nicht sind sie objektiv. Jeder Mensch betreibt somit Metaphysik. Schließlich beruht jeder einzelne seiner Gedanke auf einem Denkrahmen und somit immer auf Annahmen, die nie einer vollständigen empirischen oder gar objektiven Überprüfung unterzogen werden können:

> „Metaphysisch sind diejenigen Erkenntnisansprüche, die nicht durch methodische Erfahrung prüfbar sind – was aber nicht heißt, dass sie damit nicht informativ, nicht widerlegbar – nicht falsifizierbar im allgemeinen Sinne – sind." (Popper, Karl R.; Herbert Keuth (Hrsg.): Logik der Forschung, 1998, 57)

Diese Verhältnismäßigkeit metaphysischer Weltbilder führt das denkende Subjekt dahin, dass es aus der mannigfaltigen Auswahl der einzelnen Denkrahmen selbst entscheiden kann, welches es als Grundlage seiner Vorstellungen akzeptieren möchte. Diese Akzeptanz beruht immer auf einem subjektiven Glauben, denn eine greifbare und erfahrbare, endgültige Bestätigung des eigens gewählten Denkrahmens wird es nie geben:

> Die Metaphysik ist ein Restaurant, in dem man eine Speisekarte mit dreißigtausend Seiten bekommt, aber nichts zu essen." (Barrow, John D.: Warum die Welt mathematisch ist, 1993, 9)

Mit jeder Veränderung Ihres Standortes verändern Sie ihre raumzeitlichen Bezugsverhältnisse zu all den anderen RePro in Ihrem Zimmer. Dabei wechselwirken Sie beständig mit anderen Aspekten dieser RePro. Der stabile Eindruck der konstanten Wahrnehmung beruht auf einer Illusion. All dies, was Sie zu sehen scheinen, beruht auf der beständigen Iteration der Prozesse sowie der unaufhörlichen Remission von e-mWiPro, von denen einige wenige mit den RePro ihrer Sehzellen wechselwirken. Diese e-mWiPro sind die einzigen Verbindungen zwischen Ihnen und Ihrer raumzeitlichen Welt. Doch zugleich sind diese der Grund dafür, dass Sie niemals eine direkte Verbindung mit den anderen RePro des Weltprozesses aufnehmen können:

> „Mit Hilfe von Elektrizität nehmen wir jeden Menschen und jeden Anblick unserer Umgebung wahr; jeder, den wir berühren oder küssen, ist dabei in Wahrheit ewig unserem Zugriff entzogen, weil glühende Elektronen von unseren Fingern oder Lippen stets einen direkten Kontakt verhindern." (Bodanis, David: Das Universum des Lichts. Von Eddisons Traum bis zur Quantenstrahlung, 2005, 17)

Betrachten Sie Ihren Kugelschreiber. Haben Sie Ihn je wirklich festgehalten oder überhaupt berührt? Was bedeutet das überhaupt: „berühren"? Es gibt kein seiendes etwas, welches je berührt werden könnte. Es erscheint nur so, da die Wellenlänge der RePro Ihres Kugelschreibers viel zu klein ist, um diesen Aspekt von ihm wahrzunehmen. In Wirklichkeit besteht er aus sich beständig iterierenden energetischen Prozessen, die sich durch ihre gegenseitige Wechselwirkung fortlaufend energetisch an eine bestimmte raumzeitliche Ordnung binden. Wenn Sie dächten, Sie würden mit Ihrer Hand diesen Stift halten, dann sind diese begrifflichen Vorstellungen streng genommen falsch. Dieser Akt des Festhaltens beruht auf einem gewaltigen energetischen Wechselspiel der Prozesse. Dabei wirkt das Pauli-Prinzip dergestalt, dass die Prozesse, die ihren Stift ausmachen, überhaupt nicht festgehalten werden können. Vielmehr schweben sie aufgrund der energetischen Wechselwirkung zwischen den Prozessen, die Ihre Hand ausmachen. Ebenso verhält es sich mit Ihrer Sitzmöglichkeit und Ihren Füßen auf dem Boden. Raumzeitlich betrachtet schweben Sie immer ein wenig über den „Dingen". Denn Vorstellungen wie z.B. Berührungen von Dingen sind nun nicht mehr gültig. Dieses Zeilen wurden nicht durch das Tippen von Fingern auf einer Tastatur verfasst. Die einzelnen Tasten der Tastatur weichen nämlich bereits nach unten, bevor sie von den Fingern berührt werden können. Alles was sich in einem raumzeitlichen Bezug zueinander befindet, kann sich nicht an der gleichen Stelle im Netzwerk befinden. In diesem Sinne ist das Pauli-Prinzip ein äußerst fundamentales Prinzip, welches als die Grundlage unserer raumzeitliche Welt angesehen werden kann. All der Druck, den Sie spüren, wenn Sie Ihren Griff um den Kugelschreiber verstärken, beruht nicht auf seiner dinglichen Konsistenz. Vielmehr sind es nur die Prozesse Ihrer Finger, die durch die vermittelnden e-mWiPro „eingedrückt" werden. Die langsam weichende Mulde die für kurze Zeit auf Ihrer Fingerkuppe erscheint, wenn Sie den Griff lösen, rührt nicht von einem Ding her. Sie ist energetischen Urspsrungs. Wenn Sie nun den Griff ganz lösen, dann greifen all die GWiPro der ihn umgebenden RePro an seine e-mWiPro-Brücken. Da die Erde aus den meisten RePro besteht, ist ihr Zug am stärksten, so dass Ihr Stift wie von Geisterhand nach unten, gen Boden gezogen zu werden scheint, indem sich seine raumzeitlichen Bezugsverhältnisse zwischen ihm und der Erde so weit wie möglich komprimieren. Fällt er nun auf den Boden und bekommt das Pauli-Prinzip zu spüren, so werden diese GWiPro gehemmt und die Erscheinung der Masse des Stiftes entsteht. Dabei beruht jedes Wiegen auf einer Waage immer nur auf einer teilweisen Enthemmung dieser Hemmung gegen einen Widerstand. Wenn in Ihrem Zimmer nun weitestgehende elektromagnetische Dunkelheit herrschen würde, dann würde jeder RePro immer nur mit den RePro seiner direkten Umgebung in einem raumzeitlichen Bezugsverhältnis stehen. Dabei reicht dies aus, um ein ganzheitliches Raumzeitnetzwerk entstehen zu lassen. Sie selbst könnten sich in einer derartigen Dunkelheit auch nur über direkte Tastempfindungen einen raumzeitlichen Überblick über Ihr Zimmer verschaffen, indem Sie beständig Ihre raumzeitlichen Bezugsverhältnisse zu den RePro in Ihrem Zimmer verändern.

18. Ihre Welt liegt in Ihrer Verantwortung

„Die Welt, wie sie uns erscheint, ist unsere Interpretation im Lichte unserer von uns selbst erfundenen Theorien." (Popper, Karl R.: Vermutungen und Widerlegungen. Das Wachstum der wissenschaftlichen Erkenntnis; Teilband I: Vermutungen, 1994, 279)

Die offenkundige Akausalität die sich in den energetischen Wechselwirkungen der Quantenwelt offenbart, weist darauf hin, dass unser Denken nicht determiniert sein kann. Ebenso zeugt der beständige Wandel der vorherrschenden naturwissenschaftlichen Paradigmen, die als Grundlage für Weltbilder gelten mögen, dass der Mensch dazu fähig ist, den Denkrahmen, durch den er bereit ist, die Welt zu erblicken, selbst zu wählen. Er sollte dabei noch einen Schritt weiter gehen. Die Wahl seines Weltbildes bestimmt nämlich nicht nur den Rahmen einer dahinter liegenden objektiven Welt. Vielmehr kann er auch das Bild zu dem Rahmen wählen. Denn dieses Bild *ist* seine Welt. Über eine dahinter liegende Welt kann nicht gesprochen werden, da man sich bereits dann wieder ein Bild von ihr machen würde. Sie haben die Wahl, die Welt als seiend im Sinne der klassischen Mechanik anzuerkennen oder Sie verwerfen dieses ontologische Weltbild und öffnen sich der offenkundigen Prozesshaftigkeit des komplexen holistischen Weltprozesses. Dabei sollten Sie beachten, dass das ontologische Bild nur das reine Sein und die Bewegungen des Seienden beschreiben kann. All das Werden und Vergehen, das Entstehen und Bestehen der Prozesse um Sie herum, das Blühen einer Blume, die Entwicklung Ihres Selbst kann nur verstanden werden, wenn Sie all den ontologischen Ballast abwerfen, der Sie an die Illsuion der Passivität bindet.

Wie würden Sie sich wohl in einer Welt verhalten, die rein fiktiv wäre – in einer Welt, in der Sie keinerlei Konsequenzen von Bedeutung für Ihr Verhalten zu erwarten hätten.
Schließen Sie bitte Ihre Augen und geben Sie sich für einen kurzen Moment diesem Tagtraum hin. Würden Sie sich nicht völlig anders verhalten - von den Zwängen unserer weltlichen Beschränkungen befreit einen anderen Lebensstil pflegen? - Ja? Dann tätigen Sie diesen Schritt. Es ist der Schritt von der Illusion der Objektivität in Ihre subjektive Welt. Denn eine andere Welt als die des Subjektes gibt es nicht. Die Bedeutungen, die wir Handlungen und Konsequenzen beimessen, sind immer subjektiv. Indem wir jedoch anerkennen, dass jede subjektive Welt in der Dauer ihrer Existenz beschränkt ist, dann werden wir auch erkennen, dass Bedeutungen und Konsequenzen von beschränkter Dauer sind. Diese Dauer existiert nur in der Raumzeit. Aus Sicht der e-mWiPro – in der ARZ – jedoch, gibt es keinerlei Bedeutung oder Konsequenzen. Dies gilt auch für das gesamte Universum. All die menschlichen Bedenken und Zwänge unseres Lebens haben nur die Geltung, die wir ihnen zusprechen. Für das Universum ist es nicht von Bedeutung, ob es die Erde und ihre Bewohner gibt oder nicht. Wir leben bereits in der Welt ohne

Konsequenzen und Bedeutung. Spätestens in Konfrontation mit dem Tod wird gewahr, dass alle Lebewesen gleich sind.

Wenn wir dies akzeptieren, fällt es leicht, in der Bedeutungslosigkeit der Welt eine Chance zu sehen. Es ist diese Bedeutungslosigkeit – die Nichtexistenz einer reinen, absoluten, objektiven, realistischen Wahrheit -, die es uns ermöglicht, unsere Welt durch unseren eigenen Denkrahmen zu erblicken. Erst die Bedeutungslosigkeit der Welt offenbart uns unsere Freiheit. In diesem Sinne ist es nicht von Bedeutung, was uns in unserem Leben widerfährt. Es ist nur von Bedeutung, wie wir damit umgehen. Wir haben den Lauf unseres Lebens nicht in der Hand. Wir können nicht entscheiden, wo wir wann als wer geboren werden. Die Komplexität der Welt scheint uns fest in ihrem Griff zu halten - einem Griff in Raum und Zeit. Außerhalb von Raum und Zeit jedoch ist dieser Griff machtlos und wenn wir akzeptieren mögen, dass nicht unser Geist, sondern nur unser Körper an Raum und Zeit gebunden ist, dann haben wir zwar nicht den Lebensweg unseres Körpers, jedoch die Aussicht, die wir dabei genießen in der Hand – ja, in der Hand; denn die Erkenntnis der Äquivalenz der weltlichen Prozesse hat gezeigt, dass der Unterschied zwischen Körper und Energie nur von oberflächlicher Beschaffenheit ist. Indem wir unseren Denkrahmen – die Sicht unserer Welt – wählen, können wir somit auch die Komplexität, der unser Körper unterworfen ist, ein wenig lenken. Dieser Schritt ereignet sich jedoch weniger in Konfrontation mit einer objektiven Welt; eher die Konfrontation mit uns selbst, mit unserer Subjektivität ist es, die diese Selbsterkenntnis ermöglichen wird. Eine Selbsterkenntnis, die uns – klassisch ausgedrückt - darauf hinweist, dass unsere Welt unser Selbst selbst ist.

19. non fingo?

In Bezug auf all das was im Rahmen dieser Seiten geschrieben und von Ihnen gelesen worden ist besteht keinerlei Bezug zu einer objektiven Wahrheit. Sicherlich gibt es unzählige Stellen, an denen jeder naturwissenschaftlich gebildete Leser herbe Kritik zu leisten weiß. Aber genau diesen Effekt hervorzurufen ist das Begehr des Uhrhebers dieser Zeilen. Es lässt sich nämlich keineswegs mehr die erkenntnistheoretische Ansicht vertreten, die Newton noch als selbstverständlich ansieht:

> „Hypotheses non fingo." (Newton, Isaac: Philosophiae naturalis principia 2. 20; zitiert in: Bury, Ernst: In medias res, 2003, 5678; http://www.digitale-bibliothek.de/band27.htm)

Ernst Mach interpretiert diesen Ausspruch folgendermaßen:

> „Wollte man das 'hypotheses non fingo' ohne Vorbehalt nehmen, so würde es heißen: 'Ich vermute nichts über das hinaus, was ich sehe, ich mache mir über die Beobachtung hinaus gar keine Gedanken.'" (Mach, Ernst: Erkenntnis und Irrtum. Philosophie von Platon bis Nietzsche, 1998, 51436f.; [vgl. Mach-Erkenntnis, 1905, 239] http://www.digitale-bibliothek.de/band2.htm)

Wie bereits angeführt gibt es keine Objektivität und schon lange keine objektiven Beobachtungen. Dementsprechend sind all die Aussagen all der forschenden Geister in dieser Welt *erdacht*:

> „Es gibt keine Permanenz für naturwissenschaftliche Begriffe, denn sie sind lediglich unsere Interpretationen natürlicher Phänomene. Wir machen bloß eine temporäre Erfindung, die den Teil der Welt betrifft, der uns gerade zugänglich ist." (Bronowski, Jacob: The Origins of Knowledge and Imagination, 1978, 96; Übersetzung: Glasersfeld, Ernst von)

So ist es auch mit dieser Arbeit geschehen. Es wird im Rahmen dieser Blätter eine intensive Entwicklung durchlebt und schriftlich manifestiert die auf der subjektiven Vorstellung des Autors, dass man die Welt prozessartig und durch diskrete Wechelwirkungen beschreiben müsse, aufbaut. Auch wenn andere naturwissenschaftlich gebildetere Verfasser konsistentere Werke verfasst haben mögen, so ist hier hoffentlich die Anschauung herübergekommen, dass all diese Paradigmen nicht entdeckt, sondern von denkenden Menschen erarbeitet werden. In diesem Sinne erheben all die hier niedergeschriebenen Sätze keinerlei Anspruch auf Wahrheit. Sie sind vielmehr ein Experiment, welches darstellen soll, wie sehr sich ein jeder Mensch seine eigene subjektive Weltanschauung zusammensammeln kann und dies alltäglich durch die Konstruktion einer eigenen scheinbaren Realität umsetzt:

> Die Subjekt-Objekt-Trennung – ohne die es keine beobachtbaren Phänomene gibt – wird durch die verwendeten Beobachtungsmittel und durch Abstraktion erzwungen. Das heißt, die Realität wird durch Abstraktion konstruiert." (Primas, Hans; Gans, Werner: Quantenmechanik, Biologie und Theoriereduktion; Aufsatz in: Kanitscheider, Bernulf (Hrsg.): Materie – Leben – Geist. Zum Problem der Reduktion der Wissenschaften, 1979, 29)

Hinter allen Aussagen und Gedanken stecken auch immer Meinungen. Diese dürfen nie als absolut angesehen werden. Sie sind immer nur Denkanstöße und Grundlage einer fruchtbaren Diskussion. Einer Diskussion, die gehalten wird, um fortlaufend eine adäquatere Weltanschauung zu erarbeiten. Eine Weltanschauung, die immer subjektiv bleiben wird, denn seit Xenophanes ist bekannt:

> „Schein (Meinen) haftet an allem." (Xenophanes: Fragment 34; zitiert in Diels, Hermann: Die Fragmente der Vorsokratiker, 1957, 20)

20. Praktische Konsequenzen

Welche praktischen Konsequenzen man aus der hier vertretenen Anschauung ziehen kann? Die einzige Möglichkeit den Griff des auch heute noch grundlegenden ontologischen Weltbildes der klassischen Physik zu lösen, ist der, unser Denken gemäß unseren modernen Vorstellungen zu verändern. Unser Denken können wir nur ändern, wenn wir die Begriffe unsere Sprache modernisieren. In diesem Sinne ist es notwendig, die Begrifflichkeit der Ontologie im Sinne der Kopenhagener Deutung als oberflächlich zu bemängeln. Jene muss grundlegend durch eine Sprache ersetzt werden, die sich an dem tieferliegenden Prozesscharakter unseres Weltprozesses orientiert. Indem man publik auf eine derartige Terminologie verwendet, hat man grundlegenden Einfluss auf das Denken anderer Menschen. Dieses Umdenken wird uns keiner absoluten Wahrheit nähern, dennoch ist es von großer Bedeutung für das gesamte Weltbild eines jeden Menschen – schließlich ersetzt es totes Sein durch lebendiges Wirken. Welche Entwicklung seines Bildes von den Prozessen der Welt kann ein Subjekt zukünftig erwarten, wenn sein Denken immer noch an den ewig gestrigen Dingen haftet?

Alle Prozesse, zu denen selbst Raum und Zeit gezählt werden müssen, beruhen auf besonderen Formen der Energie. Sie selbst, verehrter Leser, und alles in Ihrer raumzeitlichen Welt beruht auf energetischen Wechselwirkungen. Ihre strukturelle Einbindung in dieses Netzwerk der Wechselwirkungen ist so vollkommen, dass es erscheinen mag, als wären diese Prozesse, die Sie in Ihrer scheinbaren Außenwelt wahrzunehmen scheinen, objektiv vorhanden. Dabei sind Sie und diese Prozesse untrennbar miteinander verknüpft. Wenn Sie etwas wahrnehmen, dann nehmen Sie auch immer sich selbst wahr. In diesem Sinne darf es abschließend erlaubt sein, jedem Forschenden eine Erweiterung der antiken Weisheit - nosce te ipsum - zu unterbreiten. Dies gilt insbesondere den Naturwissenschaftlern, die sich darauf besinnen müssen, dass sie all die Prozesse, welche sich unter ihrem Mikroskop oder vor ihrem Teleskop abzuspielen scheinen, erst näher verstehen werden können, wenn sie die Prozesse auf beiden Seiten ihrer Instrumente und die der Instrumente selbst in ihre Klärungen miteinbeziehen. In großen Bereichen der Naturwissenschaften wird diese untrennbare Komplexität der Prozesse noch durch den Glauben an das abstrakte Irrlicht der Objektivität sträflich ausgeblendet:

> „Die philosophische Analyse grenzt die Möglichkeit der Interpretation ein, und, was noch wichtiger ist, sie macht bewusst, welche philosophischen, vor allem ontologischen, Vorentscheidungen gerade hinter den Interpretationen stehen, die unschuldig behaupten, sie seien nur objektiv naturwissenschaftlich." (Bauberger, Stefan: Was ist die Welt? Zur philosophischen Interpretation der Physik, 2003, 237)

Es ist dieser Glaube, der die Naturwissenschaften in ihrer heutigen Auseinandersetzung mit den Prozessen der Welt grundlegend in eine Sackgasse führen wird. Schlussendlich wird erst die

Auseinandersetzung mit der grundlegenden Subjektivität eines jeden Forschers eine moderne und intersubjektive Naturwissenschaft begründen. An ihrer Schwelle hat zu stehen:

Erkennst du dich selbst, so erkennst du auch den Weltprozess!

Literaturverzeichnis

Ackermann, Peter: Komplementarität und Zeit; Aufsatz in: **Kannegiesser, Karlheinz (Hrsg.); Ackermann, Peter (Hrsg.); Eisenberg, Wolfgang (Hrsg.); Herwig, Helge (Hrsg.):** Erfahrung des Denkens – Wahrnehmung des Ganzen. Carl Friedrich von Weizsäcker als Physiker und Philosoph, Berlin 1989, 127ff.
Aczel, Amir D.: Die göttliche Formel. Von der Ausdehnung des Universums, Reinbek bei Hamburg 2002
Aichelburg, Peter C. (Hrsg.): Zeit im Wandel der Zeit, Braunschweig 1988
Aigner, Martin: Diskrete Mathematik, Braunschweig 1993
Aigner, Martin (Hrsg.); Behrens, Ehrhard (Hrsg.): Alles Mathematik. Von Pythagoras zum CD-Player, Braunschweig 2000
Al-Khalili, Jim: Quantum. Moderne Physik zum Staunen, Heidelberg 2005
Arendes, Lothar: Gibt die Physik Wissen über die Natur? Das Realismusproblem in der Quantenmechanik, Würzburg 1992
Audretsch, Jürgen (Hrsg.); Mainzer, Klaus (Hrsg.): Philosophie und Physik der Raumzeit, Mannheim 1988
Audretsch, Jürgen; Mainzer, Klaus: Vom Anfang der Welt. Wissenschaft, Philosophie, Religion, Mythos, München 1989
Audretsch, Jürgen (Hrsg.): Verschränkte Welt. Faszination der Quanten, Weinheim 2002
Bader, Franz: Die Schrödinger-Gleichung; Aufsatz in: Physik in unserer Zeit, 29. Jahrgang, Nr. 3, Weinheim 1998, 113ff.
Barrow, John D.: Warum die Welt mathematisch ist, Frankfurt am Main 1993
Barrow, John D.; Silk, Joseph: Die linke Hand der Schöpfung. Der Ursprung des Universums, Heidelberg 1995
Barrow, John D.: Theorien für Alles. Die philosophischen Ansätze der modernen Physik, Heidelberg 1992
Barrow, John D.: Die Natur der Natur. Wissen an den Grenzen von Raum und Zeit, Heidelberg 1993
Barrow, John D.: Ein Himmel voller Zahlen. Auf den Spuren mathematischer Wahrheit, Heidelberg 1994
Barrow, John D.: Die Entdeckung des Unmöglichen. Forschung an den Grenzen des Wissens, Heidelberg 1999
Barrow, John D.: Das 1x1 des Universums. Neue Erkenntnisse über die Naturkonstanten, Frankfurt am Main 2004
Barrow, John D.: Einmal Unendlichkeit und zurück. Was wir über das Zeitlose und Endlose wissen, Frankfurt 2006
Bartels, Andreas: Kausalitätsverletzungen in allgemeinrelativistischen Raumzeiten, Berlin 1986
Bartels, Andreas: Grundprobleme der modernen Naturphilosophie, Paderborn 1996
Bauberger, Stefan: Was ist die Welt? Zur philosophischen Interpretation der Physik, Stuttgart 2003
Baumann, Kurt (Hrsg.); Sexl, Roman (Hrsg.): Die Deutungen der Quantentheorie. Originalabhandlungen, Braunschweig 1984
Baumgartner, Hans Michael (Hrsg.): Das Rätsel der Zeit. Philosophische Analysen, München 1993
Bavnik, Bernhard: Ergebnisse und Probleme der Naturwissenschaften, Leipzig 1944
Becker, Volker J.: Gottes geheime Gedanken. Was uns westliche Physik und östliche Mystik über Gott und Geist, Urknall und Universum, Sinn und Sein sagen können. Ein philosophischer Exkurs an die Grenzen von Wissenschaft und Verstand, Norderstedt 2006

Berkeley, George: Schriften über die Grundlage der Mathematik und Physik, Frankfurt am Main 1985
Berkeley, George: Alciphron oder der Kleine Philosoph, Hamburg 1996
Blome, Hans-Joachim; Zaun, Harald: Der Urknall. Anfang und Zukunft des Universums, München 2004
Bodanis, David: Bis Einstein kam, Frankfurt am Main 2003
Bodanis, David: Das Universum des Lichts. Von Eddisons Traum bis zur Quantenstrahlung, Reinbek bei Hamburg 2005
Böhme, Gernot (Hrsg.): Theoriediskussion Protophysik. Für und wider eine konstruktive Wissenschaftstheorie der Physik, Frankfurt am Main 1976
Böhme, Gernot (Hrsg.): Klassiker der Naturphilosophie. Von den Vorsokratikern bis zur Kopenhagener Schule, München 1989
Börner, Gerhard: Ein Universum voll dunkler Rätsel; Artikel in: Spektrum der Wissenschaft, Heidelberg Dezember 2003, 28ff.
Bohm, David: Die implizite Ordnung. Grundlagen eines dynamischen Holismus, München 1987
Bohm, David: Fragmentierung und Ganzheit; Aufsatz in: **Dürr, Hans-Peter (Hrsg.):** Physik und Transzendenz. Die großen Physiker unseres Jahrhunderts über ihre Begegnung mit dem Wunderbaren, München 1986, 263ff.
Bohr, Niels: Das Bohrsche Atommodell, Stuttgart 1964
Bohr, Niels: Atomphysik und menschliche Erkenntnis: Aufsätze und Vorträge aus den Jahren 1930-1961, Braunschweig 1985
Boltzmann, Ludwig: Entropie und Wahrscheinlichkeit, Frankfurt am Main 2000
Born, Max; Heisenberg, Werner; Jordan, Pascual: Zur Begründung der Matrizenmechanik, Stuttgart 1962
Born, Max: Zur statistischen Deutung der Quantenmechanik, Stuttgart 1962
Born, Max: Bemerkungen zur statistischen Deutung der Quantenmechanik; Aufsatz in: Ausgewählte Abhandlungen, Band 2, Göttingen 1963, 454ff.
Born, Max: Physik im Wandel meiner Zeit, Braunschweig 1983
Born, Max: Physik und Metaphysik; Aufsatz in: **Dürr, Hans-Peter (Hrsg.):** Physik und Transzendenz. Die großen Physiker unseres Jahrhunderts über ihre Begegnung mit dem Wunderbaren, München 1986, 79ff.
Bräuer, Kurt: Die fundamentalen Phänomene der Quantenmechanik und ihre Bedeutung für unser Weltbild, Berlin 2000
Braitenberg, Valentin; Hosp, Inga (Hrsg.): Die Natur ist unser Modell von ihr. Forschung und Philosophie, Reinbek bei Hamburg 1996
Brentano, Franz: Philosophische Untersuchungen zu Raum, Zeit und Kontinuum, Hamburg 1976
Breuer, Reinhard: Die Pfeile der Zeit. Über das Fundamentale in der Natur, München 1984
Breuer, Thomas: Quantenmechanik: Ein Fall für Gödel?, Heidelberg 1997
Broadhurst, Tom; Scannapieco, Evan; Petitjean, Patrick: Die Macht der kosmischen Leere; Artikel in: Spektrum der Wissenschaft, Heidelberg November 2002, 36ff.
Briggs, John; Peat, David F.: Die Entdeckung des Chaos. Eine Reise durch die Chaos-Theorie, München 1990
Broglie, Louis de: Untersuchungen zur Quantentheorie, Leipzig 1927
Broglie, Louis de: Einführung in die Wellenmechanik, Leipzig 1929
Broglie, Louis de: Licht und Materie. Ergebnisse der neuen Physik, Hamburg 1939
Broglie, Louis de: Die Elementarteilchen. Individualität und Wechselwirkung, Hamburg 1943
Broglie, Louis de: Physik und Mikrophysik, Hamburg 1950
Bronowski, Jacob: The Origins of Knowledge and Imagination, New Haven 1978

Buchmüller, Wilfried: Die Struktur des Vakuums und der Ursprung der Materie; Artikel in: Physik in unserer Zeit, 29. Jahrgang, Nr. 5, 211ff.
Büchel, Wolfgang: Philosophische Probleme der Physik, Freiburg 1965
Büchel, Wolfgang: Die Relativität von Raum und Zeit – Realität und Konstruktion; Aufsatz in: **Kanitscheider, Bernulf (Hrsg.):** Moderne Naturphilosophie, Würzburg 1984, 163ff.
Bunge, Mario; Kalnay, Andres J.: Welches sind die Besonderheiten der Quantenphysik gegenüber der klassischen Physik?; Aufsatz in: **Haller, Rudolf (Hrsg.); Götschl, Johann (Hrsg.):** Philosophie und Physik, Braunschweig 1975, 25ff.
Burger, Paul: Die Einheit der Zeit und die Vielheit der Zeiten. Zur Aktualität des Zeiträtsels, Würzburg 1993
Bury, Ernst: In medias res, 2003; http://www.digitale-bibliothek.de/band27.htm
Calder, Nigel: Einsteins Universum, Frankfurt am Main 1980
Calder, Nigel: Schlüssel zum Universum. Das Weltbild der modernen Physik, Hamburg 1981
Calder, Allan: Das Unendliche – Prüfstein des Konstruktivismus; Artikel in: Spektrum der Wissenschaft Spezial: Das Unendliche, Heidelberg Mai 2001, 54ff.
Cassirer, Ernst: Zur Einsteinschen Relativitätstheorie. Erkenntnistheoretische Betrachtungen, Hamburg 2001
Ciompi, Luc: Außenwelt - Innenwelt. Die Entstehung von Zeit, Raum und psychischen Strukturen
Cline, David B.: Die Suche nach Dunkler Materie; Artikel in: Spektrum der Wissenschaft, Oktober 2003 Heidelberg, 44ff.
Cline, James, M.: Der Ursprung der Materie; Aufsatz in: Spektrum der Wissenschaft, November 2004 Heidelberg, 32ff.
Colerus, Egmont: Vom Punkt zur vierten Dimension. Geometrie für jedermann, Wien 1935
Cramer Friedrich: Symphonie des Lebendigen, Frankfurt am Main 1996
Davies, Paul C. W.: Mehrfachwelten. Entdeckungen der Quantenphysik, Düsseldorf und Köln 1981
Davies, Paul C. W.: Gott und die moderne Physik, München 1986
Davies, Paul C. W.: Die Urkraft. Auf der Suche nach einer einheitlichen Theorie der Natur, Hamburg 1987
Davies, Paul C. W.; Brown, Julian R.: Der Geist im Atom. Eine Diskussion der Geheimnisse der Quantenphysik, Berlin 1988
Davies, Paul C. W.; Gribbin, John: Auf dem Weg zur Weltformel. Superstrings, Chaos, Komplexität. Über den neuesten Stand der Physik, München 1997
Davies, Paul C. W.: Der rätselhafte Fluss der Zeit, Heidelberg 2003
Delahaye, Jean-Paul: Ist das Unendliche in der Mathematik paradox?; Artikel in: Spektrum der Wissenschaft Spezial: Das Unendliche, Heidelberg Mai 2001, 12ff.
Deppert, Wolfgang: Zeit. Die Begründung des Zeitbegriffs, seine notwendige Spaltung und der ganzheitliche Charakter seiner Teile, Stuttgart 1989
d`Espagnat, Bernard: Quantentheorie und Realität. Artikel in: Spektrum der Wissenschaft, Heidelberg Januar 1980, 69ff.
d`Espagnat, Bernard: Auf der Suche nach dem Wirklichen. Aus der Sicht eines Physikers, Berlin 1983
Diels, Hermann: Die Fragmente der Vorsokratiker, 1957
Dieudonne, Jean: Geschichte der Mathematik 1700 – 1900, Braunschweig 1985
Dirac, Paul A. M.: Die Prinzipien der Quantenmechanik, Leipzig 1930
Dosch, Günter (Hrsg.): Teilchen, Felder und Symmetrien. Quantenfeldtheorie und die Einheit der Naturgesetze, Heidelberg 1994

Drieschner, Michael; Mersch, Dieter: Carl Friedrich von Weizsäcker zur Einführung. Gespräch Dieter Mersch mit Carl Friedrich von Weizsäcker, Hamburg 1992
Drieschner, Michael: Moderne Naturphilosophie. Eine Einführung, Paderborn 2002
Dürr, Hans-Peter (Hrsg.): Quanten und Felder. Philosophische und physikalische Betrachtungen zum 70. Geburtstag von Werner Heisenberg, Braunschweig 1971
Dürr, Hans-Peter: Über die Wechselwirkung der Elementarteilchen; Aufsatz in: Die Naturwissenschaften, 60, Berlin 1973, 274ff.
Dürr, Hans-Peter; Zimmerli, WalterCh. (Hrsg.): Geist und Natur. Über den Widerspruch zwischen naturwissenschaftlicher Erkenntnis und philosophischer Welterfahrung, München 1991
Dvali, Georgi: Die geheimen Wege der Gravitation. Serie: Der beschleunigte Kosmos; Artikel in: Spektrum der Wissenschaft, Heidelberg Juli 2004, 48ff.
Ebeling, Werner; Engel, Harald; Herzel, Hanspeter: Selbstorganisation in der Zeit, Berlin 1990
Eddington, Stanley Arthur: Raum, Zeit und Schwere, Braunschweig 1923
Eddington, Stanley Arthur: Das Weltbild der Physik und ein Versuch seiner philosophischen Deutung, Braunschweig 1931
Eddington, Stanley Arthur: Die Naturwissenschaft auf neuen Bahnen, Braunschweig 1935
Eddington, Stanley Arthur: Philosophie der Naturwissenschaft, Bern 1949
Ehlers, Jürgen (Hrsg.); Börner, Gerhard (Hrsg.): Gravitation, Heidelberg 1996
Eigen, Manfred; Winkler, Ruthild: Das Spiel. Naturgesetze steuern den Zufall, München 1990
Einstein, Albert: Zur Elektrodynamik bewegter Körper; Annalen der Physik 17, Berlin 1905, 891ff.
Einstein, Albert: Über einen die Erzeugung und Verwandlung des Lichtes betreffenden heuristischen Gesichtspunkt; Annalen der Physik 17, Berlin 1905, 132ff.
Einstein, Albert: Ist die Trägheit eines Körpers von seinem Energiegehalt abhängig?; Annalen der Physik 18, Berlin 1905, 639ff.
Einstein, Albert: Die Grundlage der allgemeinen Relativitätstheorie; Annalen der Physik. 49, Berlin 1916, 769ff.
Einstein, Albert: Geometrie und Erfahrung, Berlin 1921
Einstein, Albert: Die Hypothese der Lichtquanten, Stuttgart 1965
Einstein, Albert; Infeld, Leopold: Die Evolution der Physik, Reinbek bei Hamburg 1987
Eisenhardt, Peter; Kurth, Dan; Stiehl, Horst: Du steigst nie zweimal in denselben Fluss. Die Grenzen der wissenschaftlichen Erkenntnis, Reinbek bei Hamburg 1988
Eisenhardt, Peter; Kurth, Dan; Stiehl, Horst: Wie neues entsteht. Die Wissenschaft des Komplexen und Fraktalen, Reinbek bei Hamburg 1995
Eisenhardt, Peter (Hrsg.); Saltzer, Walter G. (Hrsg.); Kurth, Dan (Hrsg.); Zimmermann Rainer E. (Hrsg.): Die Erfindung des Universums? Neue Überlegungen zur philosophischen Kosmologie, Frankfurt am Main 1997
Englert, Berthold-Georg; Walther, Herbert: Komplementarität in der Quantenmechanik; Artikel in: Physik in unserer Zeit, 23. Jahrgang, Nr. 5, Weinheim 1992, 213ff.
Esfeld, Michael: Quantentheorie: Herausforderung an die Philosophie!; Aufsatz in: **Audretsch, Jürgen (Hrsg.):** Verschränkte Welt. Faszination der Quanten, Weinheim 2002, 197ff.
Euklid: Die Elemente. Buch I – XIII, Darmstadt 1980
Everett, Hugh: Relative State´ Formulation of Quantum Mechanics; Aufsatz in: Reviews of Modern Physics, 29, New Jersey 1957, 454ff.
Falkenburg, Brigitte: Teilchenmetaphysik. Zur Realitätsauffassung in Wissenschaftsphilosophie und Mikrophysik, Mannheim 1994

Ferber, Rafael: Zenons Paradoxien der Bewegung und die Struktur von Raum und Zeit, Stuttgart 1995
Ferris, Timothy: Chaos und Notwendigkeit. Report zur Lage des Universums, München 2000
Feynman, Richard P.: Charakter of Physical Law, Cambridge 1976
Feynman, Richard P.: QED: The Strange Theory Of Light And Matter, New Jersey 1988
Feynman, Richard P.: Vom Wesen physikalischer Gesetze, München 1993
Filler, Andreas: Euklidische und nichteuklidische Geometrie, Mannheim 1993
Fischer, Ernst Peter; Herzka, Heinz S.; Reich, K. Helmut (Hrsg.): Widersprüchliche Wirklichkeit, München 1992
Fischer, Hans Rudi; Schmidt, Siegfried J. (Hrsg.): Wirklichkeit und Welterzeugung, Heidelberg 2000
Fraser, Julius T.: Die Zeit. Auf den Spuren eines vertrauten und doch fremden Phänomens, München 1991
Freudenthal, Hans (Hrsg.): Raumtheorie, Darmstadt 1978
Friedmann, Alexander: Die Welt als Raum und Zeit, Frankfurt am Main 2002
Fritzsch, Harald: Vom Urknall zum Zerfall. Die Welt zwischen Anfang und Ende, München 1983
Fritzsch, Harald: Die verbogene Raumzeit. Newton, Einstein und die Gravitation, München 1996
Funke, Gerhard: Gesichtspunkte zur Beurteilung von Wissenschaftsbegriffen, Stuttgart 1983
Gaarder, Jostein: Sofies Welt. Roman über die Geschichte der Philosophie, 1993
Gehrig, Helmut (Hrsg.): Zeit und Ewigkeit, Karlsruhe 1970
Gell-Mann, Murray: Das Quark und der Jaguar. Vom Einfachen zum Komplexen – die Suche nach einer neuen Erklärung der Welt, München 1994
Genz, Henning: Symmetrie – Bauplan der Natur, München 1987
Genz, Henning: Wie die Zeit in die Welt kam. Die Entstehung einer Illusion aus Ordnung und Chaos, München 1996
Genz, Henning: Euklid als Physiker; Artikel in: Physik in unserer Zeit, 32. Jahrgang, Nr. 2, Weinheim 2001, 84ff.
Genz, Henning: Die Entdeckung des Nichts. Leere und Fülle im Universum, München 2002
Genz, Henning: Wie die Naturgesetze Wirklichkeit schaffen. Über Physik und Realität, München 2002
Gerlach, Walther: Die Sprache der Physik, Bonn 1962
Gierer, Alfred: Die gedachte Natur. Ursprünge der modernen Wissenschaft, Reinbek bei Hamburg 1998
Giulini, Domenico; Filk, Thomas: Am Anfang war die Ewigkeit. Auf der Suche nach dem Ursprung der Zeit, München 2004
Glasersfeld, Ernst von: Radikaler Konstruktivismus, Frankfurt am Main 1997
Goethe, Johann Wolfgang von: Stücke in: Faust. Anthologie einer deutschen Legende, 2006, http://www.digitale-bibliothek.de/band120.htm
Görnitz, Thomas: Quanten sind anders. Die verborgene Einheit der Welt, Heidelberg 1999
Görnitz, Thomas; Görnitz, Brigitte: Der kreative Kosmos. Geist und Materie aus Information, Heidelberg 2002
Gorge, Viktor: Philosophie und Physik. Die Wandlung zur heutigen erkenntnistheoretischen Grundhaltung in der Physik, Berlin 1960
Greene, Brian: Das elegante Universum. Superstrings, verborgene Dimensionen und die Suche nach der Weltformel, Berlin 2000

Greene, Brian: Der Stoff, aus dem der Kosmos ist. Raum, Zeit und die Beschaffenheit der Wirklichkeit, Berlin 2004
Gregory Richard L.: Auge und Gehirn. Psychologie des Sehens, Reinbek bei Hamburg 2001
Greiner, Walter: Ist das Vakuum wirklich leer? Gedanken eines Physikers, Stuttgart 1980
Gribbin, John: Auf der Suche nach Schrödingers Katze. Quantenphysik und Wirklichkeit, München 2002
Groot, H.: Raum und Zeit. Eine Untersuchung der metaphysischen Grundlagen unserer Naturwissenschaft, Frankfurt am Main 1950
Gründler, Wolfgang: Die gebändigte Vielfalt. Komplementarität und Kompetition naturwissenschaftlicher Theorien, Berlin 1990
Grun, Jürgen: Zeitrichtung. Ein philosophischer Grenzgang, Frankfurt am Main 1993
Guillen, Michael: Brücken ins Unendliche. Die menschliche Seite der Mathematik, München 1984
Guth, Alan H.: Die Geburt des Kosmos aus dem Nichts. Die Theorie des inflationären Universums, München 1999
Haken, Hermann; Wunderlin, Arne: Die Selbststrukturierung der Materie. Synergetik in der unbelebten Welt, Braunschweig 1991
Harrison, Edward R.: Kosmologie, Darmstadt 1983
Hartmann, Hans: Triumph der Idee. Schöpfer des neuen Weltbildes, Stuttgart 1959
Hawking, Stephen W.: Einsteins Traum. Expeditionen an die Grenzen der Raumzeit, Reinbek bei Hamburg 1993
Hawking, Stephen; Penrose, Roger: Raum und Zeit, Reinbek bei Hamburg 1998
Heidegger, Martin: Sein und Zeit, Tübingen 1993
Heisenberg, Werner: Wandlungen in den Grundlagen der Naturwissenschaft, Stuttgart 1947
Heisenberg, Werner: Das Naturbild der heutigen Physik, 1955
Heisenberg, Werner: Physikalische Prinzipien der Quantentheorie, Mannheim 1958
Heisenberg, Werner: Physik und Philosophie, Ulm 1959
Heisenberg, Werner; Bohr, Niels: Die Kopenhagener Deutung der Quantentheorie, Stuttgart 1963
Heisenberg, Werner; Blum, Walter (Hrsg.); Dürr, Hans-Peter (Hrsg.); Rechenberg, Helmut (Hrsg.): Gesammelte Werke. Abteilung C: Allgemeinverständliche Schriften. Physik und Erkenntnis, Band 1: 1927 – 1955; Band 2: 1956 – 1968; Band 3: 1969 – 1976, München 1984
Heisenberg, Werner: Quantentheorie und Philosophie. Vorlesungen und Aufsätze, Stuttgart 1987
Heisenberg, Werner: Ordnung der Wirklichkeit, München 1989
Held, Carsten: Die Bohr-Einstein-Debatte. Quantenmechanik und physikalische Wirklichkeit, Paderborn 1998
Helmholtz, Hermann: Über die Erhaltung der Kraft, Weinheim 1983
Hering, Wilhelm Tim: Wie Wissenschaft ihr Wissen schafft, Reinbek bei Hamburg 2007
Hey, Thomas; Walters, Patrick: Das Quantenuniversum. Die Welt der Wellen und Teilchen, Heidelberg 1998
Hildesheimer, Arnold: Die Welt der ungewohnten Dimensionen, Leiden 1953
Hoffman, Banesh: Einsteins Ideen. Das Relativitätsprinzip und seine historischen Wurzeln, Heidelberg 1991
Hogan, Craig J.; Kirshner, Robert P.; Suntzeff, Nicholas P.: Die Vermessung der Raumzeit mit Supernovae; Artikel in: Spektrum der Wissenschaft, Heidelberg März 1999, 40ff.
Jammer, Max: Das Problem des Raumes, Darmstadt 1960
Jammer, Max: Der Begriff der Masse in der Physik, Darmstadt 1981

Jammer, Max: Zu den philosophischen Konsequenzen der neuen Physik; Aufsatz in: **Radnitzky, Gerard (Hrsg.); Andersson, Gunnar:** Voraussetzungen und Grenzen der Wissenschaft, Tübingen 1981, 129ff.

Janich, Peter: Die Protophysik der Zeit. Konstruktive Begründung und Geschichte der Zeitmessung, Frankfurt am Main 1980

Janich, Peter: Was heißt und woher wissen wir, dass unser Erfahrungsraum dreidimensional ist?, Stuttgart 1996

Jordan, Pascual: Das Bild der modernen Physik, Hamburg-Bergedorf 1947

Jordan, Pascual: Physik im Vordringen, Braunschweig 1949

Kamlah, Andreas (Hrsg.); Reichenbach, Maria (Hrsg.): Hans Reichenbach. Gesammelte Werke. Band 3. Die philosophische Bedeutung der Relativitätstheorie & Band 5. Philosophische Grundlagen der Quantenmechanik und Wahrscheinlichkeit, Braunschweig 1979

Kanitscheider, Bernulf: Vom absoluten Raum zur dynamischen Geometrie, Zürich 1976

Kanitscheider, Bernulf: Wissenschaftstheorie der Naturwissenschaft, Berlin 1981

Kanitscheider, Bernulf (Hrsg.): Moderne Naturphilosophie, Würzburg 1984

Kanitscheider, Bernulf: Hermann Weyl und die Philosophie der Naturwissenschaft; Aufsatz in: **Deppert, Wolfgang (Hrsg.); Hübner, Kurth (Hrsg.); Oberschelp, Arnold (Hrsg.); Weidemann, Volker (Hrsg.):** Exakte Wissenschaften und ihre philosophische Grundlegung. Vorträge des Internationalen Hermann-Weyl-Kongresses, Kiel 1985, Frankfurt am Main 1988, 423ff.

Kanitscheider, Bernulf: Von der mechanistischen Welt zum kreativen Universum. Zu einem neuen philosophischen Verständnis der Natur, Darmstadt 1993

Kanitscheider, Bernulf: Im Innern der Natur. Philosophie und Physik, Darmstadt 1996

Kanitscheider, Bernulf: Es hat keinen Sinn, die Grenzen zu verwischen; Artikel in: Spektrum der Wissenschaft, Heidelberg November 1999, 80ff.

Kanitscheider, Bernulf: Kosmologie, Stuttgart 2002

Kanitscheider, Bernulf: Die Materie und ihre Schatten, Aschaffenburg 2007

Kant, Immanuel: Kritik der reinen Vernunft, Darmstadt 1983

Kippenhahn, Rudolf: Licht vom Rande der Welt. Das Universum und sein Anfang, Stuttgart 1984

Kohl, Karl: Die korpuskularen Quanten der Gravitation. Die Ursache der Gravitation; Sonderheft der Zeitschrift Archimedes, Regensburg 1972

Komarow, W. N.: Auf den Spuren des Unendlichen, Thun und Frankfurt am Main 1978

Konersmann, Ralf: Kritik des Sehens, Leipzig 1997

Korteweg, D.J.; de Vries, C.: On the change of form of long waves advancing in a rectangular canal and on a new type of long stationary waves, Phil. Mag. 39, 1895, 422ff.

Krauss, Lawrence M.: Schwarze Materie, Frankfurt am Main 1995

Kuhn, Wilfried; Strnad, Janez: Quantenfeldtheorie. Photonen und ihre Deutung, Braunschweig 1995

Landau, L.D.; Lifschitz, E.M.: Lehrbuch der theoretischen Physik I. Mechanik, 1987

Lesch, Harald; Müller, Jörn: Kosmologie für Fußgänger. Eine Reise durch das Universum, 2001

Lesch, Harald und das Quot-Team: Quantenmechanik für die Westentasche, 2007

Lambrecht, Astrid: Das Vakuum kommt zu Kräften: Der Casimir-Effekt; Artikel in: Physik in unserer Zeit, 36. Jahrgang, Nr. 2, Weinheim 2005, 85ff.

Laugwitz, Detlef: Zahlen und Kontinuum. Eine Einführung in die Infinitesimalmathematik, Darmstadt 1986

Lauwerier, Hans: Unendlichkeit. Denken im Grenzenlosen, Reinbek bei Hamburg 1993

Layzer, David: Die Ordnung des Universums, Frankfurt am Main 1995

Lenk, Hans: Interpretation und Realität. Vorlesungen über Realismus in der Philosophie der Interpretationskonstrukte, Frankfurt am Main 1995
Ludwig, Günther: Wie kann man durch Physik etwas von der Wirklichkeit erkennen?, Wiesbaden 1979
Lyre, Holger: Quantentheorie der Information. Zur Naturphilosophie der Theorie der Ur-Alternativen und einer abstrakten Theorie der Information, Wien 1998
Mach, Ernst: Erkenntnis und Irrtum, 1905; Philosophie von Platon bis Nietzsche, 1998; http://www.digitale-bibliothek.de/band2.htm
Mach, Ernst: Die Mechanik in ihrer Entwicklung, Darmstadt 1991
Mainzer, Klaus: Symmetrien der Natur. Ein Handbuch zur Natur- und Wissenschaftsphilosophie, Berlin 1988
Malin, Shimon: Dr. Bertlmanns Socken. Wie die Quantenphysik unser Weltbild verändert, Reinbek bei Hamburg 2006
March, Arthur: Natur und Erkenntnis. Die Welt in der Konstruktion des heutigen Physikers, Wien 1948
March, Arthur: Die physikalische Erkenntnis und ihre Grenzen, Braunschweig 1955
Marder, Leslie: Reisen durch die Raumzeit. Das Zwillingsparadoxon – Geschichte einer Kontroverse, Braunschweig 1979
Maxwell, James Clerk: Über physikalische Kraftlinien, Darmstadt 1976
Meschkowski, Herbert: Das Problem des Unendlichen. Mathematische und philosophische Texte von Bolzano, Guthberlet, Cantor, Dedekind, München 1977
Meurers, Joseph: Metaphysik und Naturwissenschaft. Eine philosophische Studie über naturwissenschaftliche Problemkreise der Gegenwart, Darmstadt 1976
Meurers, Joseph: Kosmologie heute. Eine Einführung in ihre philosophischen und naturwissenschaftlichen Problemkreise, Darmstadt 1984
Meyenn, Karl von (Hrsg.); Enz, Charles P. (Hrsg.): Wolfgang Pauli. Das Gewissen der Physik, Braunschweig 1988
Mie, Gustav: Grundlagen einer Theorie der Materie; Annalen der Physik, Band 37, Berlin 1912, 511ff.
Minkowski, Hermann: Gesammelte Abhandlungen, Band 2, Leipzig 1911
Mittelstaedt, Peter: Der Zeitbegriff in der Physik. Physikalische und philosophische Untersuchungen zum Zeitbegriff in der klassischen und in der relativistischen Physik, Mannheim 1976
Morsch, Oliver: Zeno und der Quanten-Schnellkochtopf; Artikel in: Spektrum der Wissenschaft, Heidelberg Februar 2002, 14f.
Mühlhölzer, Felix: Objektivität und Realität; Aufsatz in: **Weingartner, Paul (Hrsg.); Czermak, Johannes (Hrsg.):** Erkenntnis- und Wissenschaftstheorie. Akten des 7. internationalen Wittgenstein Symposiums 22. bis 29. August 1982 in Kirchberg am Wechsel (Österreich), Wien 1983, 391ff.
Nagel, Ernest; Newman, James R.: Der Gödelsche Beweis, München 1987
Neuser, Wolfgang (Hrsg.); Neuser von Öttingen, Katharina (Hrsg.): Quantenphilosophie, Heidelberg 1996
Newton, Isaac: Mathematische Prinzipien der Naturlehre, Darmstadt 1963
Novikov, Igor D.; Sharov, Alexander S.: Edwin Hubble. Der Mann, der den Urknall entdeckte, Berlin 1993
Osserman, Robert: Geometrie des Universums. Von der Göttlichen Komödie zu Riemann und Einstein, Braunschweig 1997
Patt, Hans-Josef: Aufbau, Beschreibung und Experimente mit einer neuartigen Maschine zur Untersuchung eindimensionaler linearer und nichtlinearer Wellenphänomene, 2007; http://www.uni-saarland.de/fak7/patt/welcome.html
Paul, Harry: Photonen. Experimente und ihre Deutung, Braunschweig 1985

Pauli, Wolfgang: Physik und Erkenntnistheorie, Braunschweig 1984
Pauli, Wolfgang: Writings on Physics and Philosophie, Heidelberg 1994
Paulus, Gerhard G.: Der Doppelspaltversuch in moderner Form; Artikel in: Physik in unserer Zeit, 36. Jahrgang, Nr. 4, Weinheim 2005, 154
Penrose, Roger: Schatten des Geistes. Wege zu einer neuen Physik des Bewusstseins, Heidelberg 1996
Perkowitz, Sidney: Eine kurze Geschichte des Lichts. Die Erforschung eines Mysteriums, München 1998
Pfaff, Matthias: Das Prinzip der Komplementarität als Versöhnung von wissenschaftlicher und poetischer Vernunft, Aachen 1989
Pietschmann, Herbert: Die Spitze des Eisberges. Von dem Verhältnis zwischen Realität und Wirklichkeit, Stuttgart 1994
Planck, Max: Wege zur physikalischen Erkenntnis. Reden und Vorträge. Band 1 & 2, Leipzig 1943
Popper, Karl R.: Objektive Erkenntnis. Ein evolutionärer Entwurf, Hamburg 1984
Popper, Karl R.: Vermutungen und Widerlegungen. Das Wachstum der wissenschaftlichen Erkenntnis. Teilband I & II, Tübingen 1994
Popper, Karl R.: Herbert Keuth (Hrsg.): Logik der Forschung, Berlin 1998
Popper, Karl R.: Die Welt des Parmenides. Der Ursprung des europäischen Denkens, München 2001
Precht Herbert: Das wissenschaftliche Weltbild und seine Grenzen, München 1960
Prigogine, Ilya: Vom Sein zum Werden. Zeit und Komplexität in den Naturwissenschaften, München 1979
Prigogine, Ilya; Nicolis, Gregoire: Die Erforschung des Komplexen. Auf dem Weg zu einem neuen Verständnis der Naturwissenschaften, München 1987
Prigogine, Ilya; Stengers, Isabelle: Das Paradox der Zeit. Zeit, Chaos und Quanten, München 1993
Primas, Hans; Gans, Werner: Quantenmechanik, Biologie und Theorienreduktion; Aufsatz in: **Kanitscheider, Bernulf (Hrsg.):** Materie – Leben – Geist. Zum Problem der Reduktion der Wissenschaften, Berlin 1979, 15ff.
Putnam, H.: Realismus in der Philosophie und Realismus in der Physik; Artikel in: Physikalische Blätter 45, Nr. 4, Weinheim 1989, 107ff.
Quine, Willard Van Orman: Theorien und Dinge, Frankfurt am Main 1985
Radnitzky, Gerard (Hrsg.); Andersson, Gunnar: Voraussetzungen und Grenzen der Wissenschaft, Tübingen 1981
Rae, Alastair I. M.: Quantenphysik: Illusion oder Realität?, Stuttgart 1996
Randow, Gero von: Das Ziegenproblem. Denken in Wahrscheinlichkeiten, Reinbek bei Hamburg 1996
Röhrle, Erich A.: Komplementarität und Erkenntnis. Von der Physik zur Philosophie, Münster 2001
Röseberg, Ulrich (Hrsg.): Mathematik und Wirklichkeit, Berlin 1991
Rössler, Otto E.: Endophysik. Die Welt des inneren Beobachters, Berlin 1992
Rompe, Robert: P. A. M. Dirac und die Begründung der relativistischen Quantentheorie, Berlin 1985
Rucker, Rudi: Die Ufer der Unendlichkeit. Analysen und Spekulationen über die mathematischen, physikalischen und wirklichen Ränder unseres Denkens, Frankfurt am Main 1989
Rudolph, Enno: Komplementarität und Zeit. Philosophische Anmerkungen zur Genese eines modernen interdisziplinären Problems; Aufsatz in: **Link, Christian (Hrsg.):** Die Erfahrung der Zeit. Gedenkschrift für Georg Picht, Stuttgart 1984, 98ff.

Russel, John Scott: Report on Waves. Fourteenth meeting of the British Association for the Advancement of Science, York, September 1844, London 1845, 311ff.
Rust, Alois: Die organismische Kosmologie von Alfred N. Whitehead, Frankfurt am Main 1987
Sautoy, Marcus du: Die Musik der Primzahlen. Auf den Spuren des größten Rätsels der Mathematik, München 2004
Sawelski, F. S.: Die Masse und ihre Messung, Thun und Frankfurt am Main 1977
Sawelski, F. S.: Die Zeit und ihre Messung. Von der billionstel Sekunde bis zu Jahrmilliarden, Thun und Frankfurt am Main 1977
Scheuer, Hans Günther: Die Prozessphilosophie Alfred North Whiteheads und die Physik des 20. Jahrhunderts, Aachen 2005
Schiller: Gedichte 1789-1805, 2005; http://www.digitale-bibliothek.de/band103.htm
Schommers, Wolfram: Zeit und Realität. Physikalische Ansätze – Philosophische Aspekte, Zug 1997
Schonefeld, Wolfgang: Protophysik und Spezielle Relativitätstheorie, Würzburg 1999
Schröder, Ulrich E.: Spezielle Relativitätstheorie Frankfurt am Main 2005
Schrödinger, Erwin: Die Natur und die Griechen, Hamburg 1957
Schrödinger, Erwin: Geist und Materie, 1959
Schrödinger, Erwin: Die Wellenmechanik, Stuttgart 1963
Schrödinger, Erwin: Die Struktur der Raumzeit, Darmstadt 1987
Schrödinger, Erwin: Mein Leben, meine Weltansicht, München 2007
Schwabl, Franzl: Quantenmechanik, Berlin 1993
Schwarz, Gerhard: Raum und Zeit als naturphilosophisches Problem, Wien 1992
Schwinger, Julian: Einsteins Erbe. Die Einheit von Raum und Zeit, Heidelberg 2000
Segrè, Emilio: Die grossen Physiker und ihre Entdeckungen. Von den fallenden Körpern zu den Quarks, München 1997
Sens, Eberhard (Hrsg.): Am Fluss des Heraklit. Neue kosmologische Perspektiven, Frankfurt am Main 1993
Sexl, Roman U.: Was die Welt zusammenhält. Physik auf der Suche nach dem Bauplan der Natur, Frankfurt am Main 1984
Sitter, Willem de: On the relativity of inertia. Remarks concerning Einsteins latest hypothesis, 1217ff.; Aufsatz in: Proceedings of the Academie van Wetenschappen 19, Wetenschappen 1917,
Sitter, Willem de: Das sich ausdehnende Universum; Artikel in: Die Naturwissenschaften, 1931, 19. Jahrgang, Heft 18, Berlin 1931, 365ff.
Smolin, Lee: Warum gibt es die Welt? Die Evolution des Kosmos, München 1999
Smolin, Lee: Quanten der Raumzeit; Artikel In: Spektrum der Wissenschaft, Heidelberg März 2004, 54ff.
Sommerfeld, Arnold: Atombau und Spektrallinien, Band 1 & 2, Thun 1978
Stachel, John (Hrsg.): Einsteins Annus mirabilis, 2001; Albert Einstein: Leben und Werk, 2005; http://www.digitale-bibliothek.de/band122.htm
Staudinger, Hansjürgen: Singularität und Kontingenz, Stuttgart 1985
Steinhardt, Paul J.; Ostriker, Jeremiah P.: Die Quintessenz des Universums (Serie Kosmologie. Teil 1); Artikel in: Spektrum der Wissenschaft, Heidelberg März 2001, 32ff.
Strogatz, Steven: Synchron. Vom rätselhaften Rhythmus der Natur, Berlin 2004
Strohmeyer, Ingeborg: Transzendental-philosophische und physikalische Raumzeit-Lehre. Eine Untersuchung zu Kants Begründung des Erfahrungswissens mit Berücksichtigung der speziellen Relativitätstheorie, Mannheim 1980
Strohmeyer, Ingeborg: Quantentheorie und Transzendentalphilosophie, Heidelberg 1995
Suchan, Berthold: Die Stabilität der Welt. Eine Wissenschaftsphilosophie der Kosmologischen Konstante, Paderborn 1999
Tarassow, Lew: Wie der Zufall will? Vom Wesen der Wahrscheinlichkeit, Heidelberg 1993

Treder, Hans Jürgen: Relativität und Kosmos. Raum und Zeit in Physik, Astronomie und Kosmologie, Braunschweig 1968
Treder, Hans Jürgen: Philosophische Probleme des physikalischen Raumes. Gravitation, Geometrie, Kosmologie und Relativität. Gesammelte Arbeiten, Berlin 1974
Veltman, Martinus J. G.: Das Higgs-Boson; Artikel in: Spektrum der Wissenschaft, Heidelberg Januar 1987, 52ff.
Verhulst, Jos: Der Glanz von Kopenhagen. Geistige Perspektiven der modernen Physik, Stuttgart 1994
Vollmer, Gerhard: Wissenschaftstheorie im Einsatz. Beiträge zu einer selbstkritischen Wissenschaftsphilosophie, Stuttgart 1993
Vollmer, Gerhard: Wieso können wir die Welt erkennen?, Stuttgart 2003
Wahsner, Renate; Borzeszkowski, Horst-Heino von: Die Wirklichkeit der Physik. Studien zu Idealität und Realität in einer messenden Wissenschaft, Frankfurt am Main 1992
Walther, Thomas; Walther, Herbert: Was ist Licht? Von der klassischen Optik zur Quantenoptik, München 1999
Wandschneider, Dieter: Raum, Zeit, Relativität. Grundbestimmungen der Physik in der Perspektive der Hegelschen Naturphilosophie, Frankfurt am Main 1982
Watzlawick, Paul: Wie wirklich ist die Wirklichkeit? Wahn, Täuschung, Verstehen, München 1996
Weidner, Jens: Knoten und die Quantenfeldtheorie; Artikel in: Spektrum der Wissenschaft, Heidelberg Oktober 1990, 38ff.
Weiß, Herbert: Wellenmodell eines Teilchens, Unterhaching 1991
Weissmantel, Christian (Hrsg.); Lenk, Richard (Hrsg.); Forker, Wolfgang (Hrsg.); Ludloff, Rudolf (Hrsg.); Hoppe, Johannes (Hrsg.): Atom. Struktur der Materie, Leipzig 1970
Weizsäcker, Carl Friedrich von: Zum Weltbild der Physik, Stuttgart 1960
Weizsäcker, Carl Friedrich von: Die Einheit der Natur, München 1984
Weizsäcker, Carl Friedrich von: Aufbau der Physik, München 1985
Weizsäcker, Carl Friedrich von: Die Tragweite der Wissenschaft, Stuttgart 1990
Weizsäcker, Carl Friedrich von: Zeit und Wissen, München 1992
Wengenmayr, Roland: Die Kraft aus dem Vakuum; Artikel in: Physik in unserer Zeit, 28. Jahrgang, Nr. 3, Weinheim 1997, 135ff.
Wenzl, Alois: Der Begriff der Materie und das Problem des Materialismus, München 1958
Westphal, Christian: Von der Philosophie zur Physik der Raumzeit, Frankfurt am Main 2002
Weyl, Hermann: Philosophie der Mathematik und Naturwissenschaft, München 1928
Weyl, Hermann: Geometrie und Physik; Artikel in: Die Naturwissenschaften, 19. Jahrgang, Heft 3, Berlin 1931, 49ff.
Wheeler, John Archibald: Gravitation und Raumzeit. Die vierdimensionale Ereigniswelt der Relativitätstheorie, Heidelberg 1991
Wheeler, John Archibald; Edwin, Taylor F.: Physik der Raumzeit. Eine Einführung in die spezielle Relativitätstheorie, Heidelberg 1994
Whitehead, Alfred North: Philosophie und Mathematik, Wien 1949
Whitehead, Alfred North: Wissenschaft und moderne Welt, Frankfurt am Main 1984
Whitehead, Alfred North: Prozeß und Realität, Frankfurt am Main 1987
Wilber, Ken (Hrsg.): Das holographische Weltbild, 1986 München
Wittgenstein, Ludwig: Tractatus logico-philosophicus, Frankfurt am Main 1984
Wolschin, Georg: Higgs-Boson gesichtet?; Artikel in: Spektrum der Wissenschaft, Heidelberg November 2000, 10f.

Wunner, G.: Gibt es Chaos in der Quantenmechanik?; Artikel in: Physikalische Blätter 45, Nr. 5, Weinheim 1989, 139ff.
Yam, Philip: Das zähe Leben von Schrödingers Katze; Artikel in: Spektrum der Wissenschaft, Heidelberg November 1997, 56ff.
Zee, Anthony: Magische Symmetrie. Die Ästhetik in der modernen Physik, Frankfurt am Main 1990
Zeh, H. Dieter: Zeit in der Natur; Aufsatz in: **Krug, H.-J. (Hrsg.); Pohlmann, L (Hrsg.):** Evolution und Irreversibilität, Berlin 1998, 10ff.
Zeh, H. Dieter: Ist das Problem des quantenmechanischen Messprozesses nun endlich gelöst?; Gastkommentar in: **Wheeler, John Archibald; Tegmark, Max:** 100 Jahre Quantentheorie; Artikel in: Spektrum der Wissenschaft, Heidelberg April 2001, 72
Zeh, H. Dieter: The Physical Basis of The Direction of Time, Heidelberg 2001
Zeh, H. Dieter: Wozu braucht man „Viele Welten" in der Quantentheorie?, September 2007, 10; www.zeh-hd.de
Zeilinger, Anton: Einsteins Schleier. Die neue Welt der Quantenphysik, München 2003
Zeilinger, Anton: Einsteins Spuk. Teleportation und andere Mysterien der Quantenphysik, München 2005
Zimen, Karl-Erik: Strahlende Materie, Berlin 1990
Zimmer, Ernst: Umsturz im Weltbild der Physik, München 1961
Zurek, Wojciech Hubert: Decoherence and Einselection; Aufsatz in: **Blanchard, Ph.; Giulini, D.; Joos, E.; Kiefer, C.; Stamatescu, I.-O. (Ed.):** Decoherence: Theoretical, Experimental and Conceptual Problems, Heidelberg 2000, 309ff.

Internetnachweis

Atominstitut/Kernphysik; Technische Universität Wien:
http://www.kph.tuwien.ac.at/deutsch/sinegordon/energie/energie.html

Physics World:
http://physicsworld.com/cws/article/print/9746

Newton-Zitat:
http://de.wikiquote.org/wiki/Wahrheit(a-m)

Bildnachweis

Abb. 1: http://www.spacetelescope.org/images/html/heic0515a.html
Abb. 2: http://de.wikipedia.org/wiki/Bild:Crab_3.6_5.8_8.0_microns_spitzer.png;
   Lizenz: http://creativecommons.org/licenses/by/2.5/deed.de
Abb. 3: http://gallery.spitzer.caltech.edu/Imagegallery/image.php?image_name=sig06-028
Abb. 4: http://www.ma.hw.ac.uk/solitons/soliton1.html